高等职业教育港口机械专业规划教材(试用)

Jisuanji Huitu Jichu Jiaocheng

计算机绘图基础教程

(AutoCAD 2004 中文版)

汪诚强 主编
殷 航 主审

人民交通出版社

内 容 提 要

本书主要介绍 AutoCAD 2004 中文版的基础知识和绘制二维工程图的各项功能。内容包括：基础知识，基本绘图，图层，对象捕捉与追踪，基本编辑，选择对象，尺寸标注，文本标注，图块，夹点编辑，绘图布局与打印输出。

本书为高等职业教育港口机械专业规划教材，也适用于机械类、机电类专业计算机绘图课程的教学，亦可供技术培训和有关工程技术人员学习参考。

图书在版编目（CIP）数据

计算机绘图基础教程：AutoCAD2004 中文版/汪诚强主编．—北京：人民交通出版社，2004.12（重印 2007.9）
ISBN 978-7-114-05349-8

Ⅰ. 计… Ⅱ. 汪… Ⅲ. 自动绘图－应用软件，AutoCAD 2004－教材 Ⅳ. TP391.72

中国版本图书馆 CIP 数据核字（2004）第 114245 号

高等职业教育港口机械专业规划教材（试用）

书　　名：计算机绘图基础教程（Auto CAD2004 中文版）
著 作 者：汪诚强
责任编辑：周往莲
出版发行：人民交通出版社
地　　址：(100011) 北京市朝阳区安定门外外馆斜街 3 号
网　　址：http://www.ccpress.com.cn
销售电话：(010) 59757973，59757969
总 经 销：人民交通出版社发行部
经　　销：各地新华书店
印　　刷：北京鑫正大印刷有限公司
开　　本：787 × 1092　1/16
印　　张：13.5
插　　页：2
字　　数：330 千
版　　次：2004 年 12 月　第 1 版
印　　次：2012 年 1 月　第 7 次印刷
书　　号：ISBN 978-7-114-05349-8
印　　数：14001 – 16000 册
定　　价：25.00 元

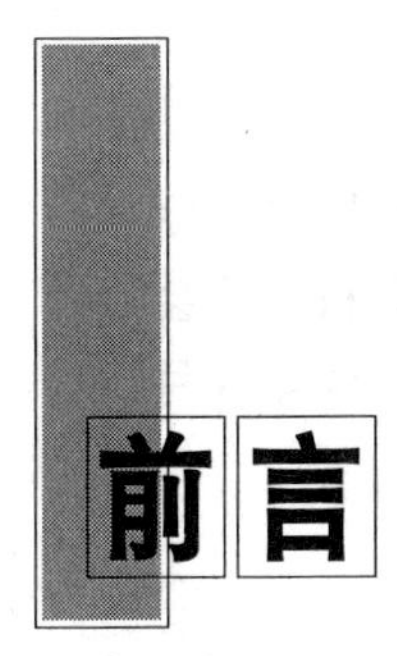

前言

交通职业教育教学指导委员会交通工程机械学科委员会自1992年成立以来,对本学科港口机械、筑路机械两个专业的教材编写工作一直十分重视,把教材建设工作作为学科委员会工作的重中之重,在“八五”和“九五”期间,先后组织人员编写了十多种专业急需教材,供港口机械和筑路机械两个专业内部使用,解决了各学校专业教材短缺的困难。

随着港口和公路建设事业的不断发展,港口机械和公路施工机械的更新换代速度加快,各种新工艺、新技术、新设备不断出现,对本学科的人才培养提出了更高的需求。另外,根据目前职业教育的发展形势,多数重点中专学校已改制为高等职业技术学院,中专学校一般同时招收中专和高职学生,本学科教材使用对象的主体已经发生了变化。为适应这一形势,交通工程机械学科委员会于2000年5月在云南交通学校召开了二届二次会议,制定了“十五”教材编写出版规划,并确定了“十五”教材编写的原则为:

1.拓宽教材的使用范围。本套教材主要面向高职,也可用于相关专业的职业资格培训和各类在职培训,亦可供有关技术人员参考。

2.教材内容难易适度,改变了以往教材内容偏多、偏深、偏难的现象,注重理论联系实际,便于学生自学。

3.在教材内容的取舍和主次的选择方面,照顾广度,控制深度,力求针对专业,服务专业,对与本专业密切相关的内容予以足够的重视。

4.教材编写立足于国内工程机械使用的实际情况,结合典型机型,系统介绍工程机械设备的基本结构和工作原理,同时,有选择地介绍一些国外的新技术、新设备,以便拓宽学生的视野,为学生进一步深造打下基础。

“十五”期间公开出版的港口机械专业教材共6种,包括《内燃机构造与原理》、《港口机械修理》、《计算机绘图基础教程》、《港口起重机械》、《港口输送机械与集装箱机械》和《港口电气设备》。

《计算机绘图基础教程》是高等职业教育港口机械专业规划教材之一,适用于高等职业教育机械类、机电类专业的计算机绘图课程教学。本书主要介绍AutoCAD 2004中文版的基础知识和绘制二维工程图的各项功能。

参加本书编写工作的有:南通航运职业技术学院汪诚强(编写第1、2、3(3.1、3.2)、4、5、6(6.1~6.4)、7、12、13、14、15章)、徐丹(编写第3(3.3~3.13)、8、9章)、曹雪玉(编写第6(6.5~6.22)、10、11章)。全书由汪诚强主编,上海海事大学高等技术学院殷航主审。

本教材在编写过程中得到交通系统各院(校)领导和教师的大力支持,在此表示感谢!

编写高职教材,我们尚缺少经验,书中不妥和疏漏之处,敬请读者指正。

交通职业教育教学指导委员会

交通工程机械学科委员会

2004年3月

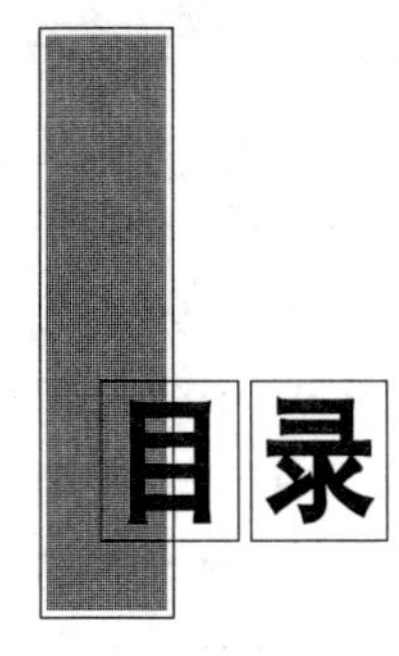

目录

第1章　CAD简介

CAD是Computer Aided Design的缩写，即计算机辅助设计，也就是使用计算机和信息技术来辅助工程师和设计师进行产品或工程的设计。CAD技术是一项综合性的、正在迅速发展和应用的高新技术。

CAD技术起源于20世纪60年代初，美国麻省理工学院的博士生Ivan研制出世界上第一台利用光笔的交互式图形系统，并在一篇题为“计算机辅助设计纲要”的论文中第一次提出了计算机辅助设计和制造的概念。但在60年代，由于计算机及图形设备价格昂贵，技术复杂，只有一些实力雄厚的大公司，如波音公司、通用汽车公司等才能使用这一技术。80年代时，由于集成电路技术的进一步发展，微型计算机进入市场，CAD技术取得了大发展。90年代时，由于PC平台的性能越来越好，促进了CAD技术的广泛普及并向更高水平发展。

CAD技术综合了信息技术和制造业、工程设计等各个行业的技术。它应用广泛，几乎覆盖了机械、航天、电子、建筑、轻工、服装、影视等各个领域。它是促进科技成果转化，提高产品和工程设计水平，缩短新产品开发周期，降低成本，大幅度提高劳动生产率的重要技术手段，是提高企业自主开发能力、技术创新能力和市场应变能力，参与国际竞争的重要条件。美国国家工程科学院在1989年曾将CAD/CAM技术评选为当今最具影响的十大科技成就之一，并名列第四位。

CAD技术发展迅速，目前在发达国家和我国已得到广泛应用。现代的工程师、设计师使用计算机代替绘图板、绘图尺已经成为一种潮流。作为21世纪的工程技术人员，能熟练使用计算机辅助设计软件，将大大提高设计水平和效率。

在众多的计算机绘图软件中，由美国Autodesk公司推出的通用计算机辅助绘图和设计软件包AutoCAD多年来一直处于领先的地位。它堪称迄今为止流行最广、普及最多的计算机绘图软件。

Autodesk公司于1982年11月推出其第一代产品，并命名为MicroCAD，也就是AutoCAD最早的雏形(R1)。在随后的几年中，Autodesk公司不断对AutoCAD产品进行升级，1988年10月推出AutoCAD R10，国内推出了相应的汉化版本，AutoCAD也因此为国人广泛地认识和接受。1990年8月，AutoCAD R11版改版完成，自R11版起，AutoCAD就已具备网络功能。两年后，也就是1992年8月，AutoCAD R12版问世，R12版开始采用类似Windows软件的对话框来增加使用亲切感，用户界面更为友好。1994年11月，AutoCAD R13版改版完成，这个版本最大的特色就是为了顺应Windows软件的流行，是一个可执行于DOS环境与Windows环境的双用版。1997年4月，AutoCAD R14版问世了，这是该软件发展的一个重要的里程碑，它必须在Windows95或NT下运行，而且其效率比以前的版本要高许多。1999年3月，Autodesk公司隆重推出AutoCAD跨世纪版本——AutoCAD 2000，并宣称AutoCAD 2000是一体化的、功能丰富的、面向未来的、世界领先的设计软件，可以将用户与设计信息、用户与设计群体、用户和整个网络紧密地联系在一起。2001年，Autodesk公司推出了AutoCAD 2002，该版本在运行速度、图形处理、网络功能等方面都达到了崭新的水平，已成为智能化的CAD软件平台。它所提供的协作设计环境、CAD标准管理器及新增的功能和性能使得用户可以更加有效、准确地与设计工作组成员共享信息，完成设计工作。2003 年，Autodesk 公司推出了最新版本——AutoCAD 2004，该版本拥有全新的用户界面，绘图速度更快、精度更高，又新增了许多功能，能够顺畅地帮助用户表达设计构想，定制个性化的设计环境，形成合理的设计流程。

在 AutoCAD 绘图软件发展的过程中，Autodesk 公司已推出了 18 个版本，从 1982 年到现在，经历了从 DOS 环境到 Windows 图形交互界面，从个人设计到协同设计、共享资源信息的转变，其制作日趋完美，功能更加强大，并进一步向智能化方向发展。

第 2 章　基 础 知 识

2.1　作 图 原 则

利用 AutoCAD 作图，一般可以遵守以下作图原则：

(1)作图步骤　设置图幅→设置单位→设置图层→设置辅助功能→开始绘图。

(2)在模型空间始终用 1:1 的比例绘图，打印时可在图纸空间内设置打印比例。

(3)为了有效地组织图形，应将不同类型的图形元素对象设置为不同的图层、颜色及笔宽。

(4)作图时，应随时根据命令提示行的提示决定下一步动作，这样可以减少误操作，提高绘图效率。

(5)精确绘图时，要充分使用对象捕捉和栅格捕捉功能。

(6)图框和图形不要绘制在一幅图中，在模型空间绘制成图形，在布局中将图框按块插入，然后打印出图。

(7)为了避免每绘制一幅新图就要进行有关的设置，可将一些常用设置，如图层、标注样式、文字样式、栅格捕捉等内容设置在某个图形样板文件中(即另存为 *.dwt 文件)。可根据不同要求，设置多个样板文件，以后绘制新图时，可在“创建新图形”对话框中单击“使用样板”按钮，并打开所需的样板文件，这时该图形文件有关常用设置与该样板文件相同，从而可避免大量重复劳动。

2.2　命 令 输 入

当进入绘图状态，即可输入各种命令。AutoCAD 有多种命令输入方法。

1. 从工具栏中输入命令

屏幕上有许多已经打开的工具栏，工具栏上有一些代表某种功能的小按钮，按钮上的图标形象地说明了它的功能。例如按钮 ╱ 代表绘制直线。用鼠标单击它即可以执行相应的绘制直线命令。

2. 从下拉菜单中输入命令

AutoCAD 有许多命令，不可能同时都以工具栏按钮的形式显示在屏幕上，利用下拉菜单也可以方便地输入各种命令。AutoCAD 2004 的下拉菜单与 Windows 应用软件的下拉菜单基本相同。屏幕上的第二行为菜单栏，点击其中一项，可立即弹出一个下拉菜单，再点击其中的不带任何标志的项，立即执行该命令；点击带有三角标志的项，则会再弹出一个子菜单；点击带有“…”的项，就会弹出一个对话框。另外，许多菜单项的右侧有一个按键组合，这是该菜单命令的快捷键，表明该菜单命令可以通过快捷键直接打开和执行。如按下“Ctrl + S”组合键，则执行保存命令。

3. 从屏幕菜单中输入命令

从屏幕菜单中输入命令与从下拉菜单中输入命令类似。屏幕菜单是为了兼容老版本的

AutoCAD 而设计的，由于它的局限性，目前，该菜单一般不用。用户可以单击“工具→选项”菜单项，在弹出“选项”对话框后，选择“显示”选项卡，再单击“窗口元素”选项区中的“显示屏幕菜单”复选框。如果复选框中已有“√”，表示显示屏幕菜单；否则，不显示屏幕菜单。用鼠标单击即可在这两种状态中切换。

4. 从键盘上直接输入命令

AutoCAD 中的绝大部分命令，当命令行窗口的提示为“命令:”时，均可以从键盘上输入(不分大小写)。对一些不常用的命令，若在工具栏或在下拉菜单中找不到，则可以通过键盘输入命令。从键盘键入命令的名称后，再按空格键、回车键或鼠标右键即执行该命令。

部分命令通过键盘输入时可以缩写，此时可以只键入缩写的字母即可执行该命令。如“CIRCLE”命令的缩写为“C”。

5. 命令的重复

不管上一个命令是如何输入的，在“命令:”提示下，只要按空格键，或按回车键，或在绘图区单击鼠标右键、再在快捷菜单中选择“重复”命令就可以重复输入上一个命令。

6. 命令的终止

按 Esc 键就可以终止正在执行的命令。

在执行某些命令的过程中，按 Esc 键可终止该命令，但不取消该命令已经执行完的部分。如执行绘制直线命令，并已经绘制了几条连续的线，按 Esc 键就终止命令，但已经绘好的线条并不消失。

连续按两次 Esc 键，可以取消夹点编辑方式显示的夹点。

AutoCAD 的许多命令是需要连续输入响应的，如选择目标、绘直线、做偏移操作等等，要结束一个连续步骤，可以按空格键，或按回车键，或按鼠标右键、再在快捷菜单中单击“确认”。

7. 执行透明命令

所谓透明命令是指可以在其他命令执行过程中运行的命令，执行完透明命令后，再恢复执行原来的命令。透明命令一般用于环境的设置或辅助绘图。以透明方式键入命令时，要在命令名前加单引号“'”。

举例:

在绘制直线的过程中透明执行平移命令。

命令:Line ↙

指定第一点:(用鼠标在绘图区域内点取一点)

指定下一点或[放弃(U)]:(用鼠标在绘图区域内点取另一点)

指定下一点或[放弃(U)]:'pan↙

按 Esc 或 Enter 键退出，或单击右键显示快捷菜单。(按住鼠标左键移动图形，再按 Esc 键退出)

指定下一点或[放弃(U)]:(再用鼠标在绘图区域内点取另一点)

指定下一点或[闭合(C)/放弃(U)]:↙

2.3 点的输入

绘图时，经常要输入一些点，如线段的端点、圆弧的端点、圆的圆心、两条线的交点等。一般可用以下方式给出定点:

(1)用定标设备(如鼠标)在屏幕的绘图窗口内取点。

(2)用对象捕捉方法输入一些特殊点(如线段的端点、圆的圆心等)。

(3)通过键盘输入点的坐标来确定点。

(4)在指定的方向上通过给定距离来确定点。

(5)通过跟踪得到一些点。

2.4 坐 标 系 统

用户在绘图的过程中,有时需要准确地定位点,这就要利用坐标系统来精确地定位点。AutoCAD 的坐标系统有世界坐标系(WCS)和用户坐标系(UCS)两种。

用户可在不同的坐标系下输入坐标,其中,世界坐标系(WCS)是固定不变的。但有时候,在世界坐标系(WCS)构造模型相当困难,需要用户坐标系(UCS)。

1. 世界坐标系和用户坐标系

1)世界坐标系(World Coordinate System)

世界坐标系是 AutoCAD 的基本坐标系。绘制新图时,在默认状态下,AutoCAD 使用的是世界坐标系(WCS),它由三个相互垂直并相交的坐标轴 X、Y、Z 组成,交点为原点, X 轴正方向在屏幕上水平向右,Y 轴正方向在屏幕上垂直向上,Z 轴正方向垂直屏幕向外,指向用户,坐标原点在绘图窗口左下角。图形中的任何一点都是用相对于原点(0,0,0)的距离和方向来表示的。为了帮助用户直观地看到世界坐标系,AutoCAD 默认在绘图窗口左下角处显示世界坐标系(WCS)图标。在图标中 X 轴和 Y 轴的相交处有一小方框,这表明是世界坐标系(WCS),否则是用户坐标系(UCS),据此,在屏幕上用户可了解当前处于哪个坐标系中。

虽然世界坐标系(WCS)是固定的,但可以从任何角度来观察它。用户不能重新定义世界坐标系(WCS)。

2)用户坐标系(User Coordinate System)

用户坐标系(UCS)是用户自己建立的坐标系统。用户坐标系(UCS)是在世界坐标系(WCS)的基础上,通过改变坐标系的原点和方向而产生。AutoCAD 提供了可变的用户坐标系以方便用户绘图。例如,要在倾斜的屋顶上画一个圆就不太容易,因为圆处于三维空间的某一平面上。如果能把这个倾斜的平面定义成另一个坐标系的 XY 平面,那么,画三维空间的圆就变成了简单的二维问题。

2. 坐标的输入

在二维空间中,坐标方式分为绝对直角坐标、相对直角坐标、绝对极坐标、相对极坐标四种,如图 2-1 所示。下面以在 XY 平面为例,分别介绍它们的输入方法。

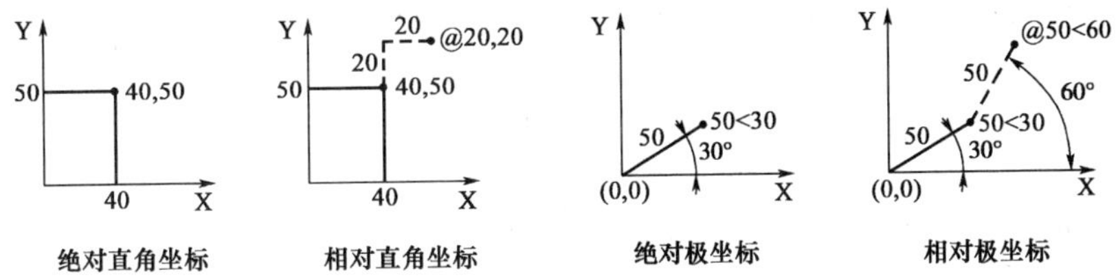

图 2-1 四种坐标方式

1)绝对直角坐标的输入

绝对直角坐标是以原点(0,0)为基点定位所有的点。在绝对直角坐标系中,X、Y二轴线在原点(0,0)相交,AutoCAD默认坐标原点位于绘图区左下角。绝对直角坐标要求用户输入该点的X和Y坐标值,中间用“,”隔开。

绝对直角坐标的格式:X,Y

例:100,200

2)相对直角坐标的输入

相对直角坐标是相对前一点的直角坐标。如果用户知道要确定的点相对前一个点的位移,可采用相对直角坐标输入方法。相对直角坐标值前必须加符号“@”,相对前一点沿X、Y轴正方向位移值为正,反之为负。

相对直角坐标的格式:@X,Y

例:@100,30

3)绝对极坐标的输入

绝对极坐标以原点为极点,绝对极坐标要求用户输入该点到极点的连线长度以及该连线与X轴正方向的夹角,中间用“<”号隔开。AutoCAD默认角度值以逆时针方向为正,如果角度是顺时针,则要在角度值前加负号。

绝对极坐标的格式:长度<夹角

例:100<60

4)相对极坐标的输入

相对极坐标是相对前一个点的极坐标。如果用户知道要确定的点相对前一个点的极坐标,可采用相对极坐标输入方法。相对极坐标值前必须加符号“@”,要求用户输入该点到前一点的连线长度、连线与零角度方向的夹角,中间用“<”号隔开。默认零角度方向与X轴的正方向是一致的,角度值以逆时针方向为正。

相对极坐标的格式:@长度<夹角

例:@100<60

举例:

用绘制直线命令绘如图2-2所示的正方形。正方形的边长为100,左下角A点的绝对直角坐标为(150,100)。

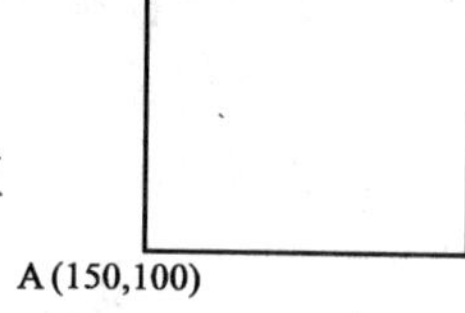

图2-2 用绘制直线命令绘正方形

命令:LINE↙

指定第一点:150,100↙

指定下一点或[放弃(U)]:@100,0↙

指定下一点或[放弃(U)]:@100<90↙

指定下一点或[闭合(C)/放弃(U)]:@100<180↙

指定下一点或[闭合(C)/放弃(U)]:C↙

2.5 用户界面

AutoCAD 2004中文版的用户界面如图2-3所示,它由标题栏、菜单栏、工具栏、绘图窗口、十字光标、滚动条、坐标系图标、模型/布局选项卡、命令行窗口、状态栏等组成。

1. 标题栏

标题栏在屏幕的顶部,用来显示当前正在运行的程序名称及当前打开的图形文件名。当创建新图形文件而尚未保存时，则图形文件名显示 Drawing1、Drawing2、Drawing3……。在标题栏右侧有 3 个按钮，分别为窗口最小化按钮、还原或最大化按钮和关闭应用程序按钮。

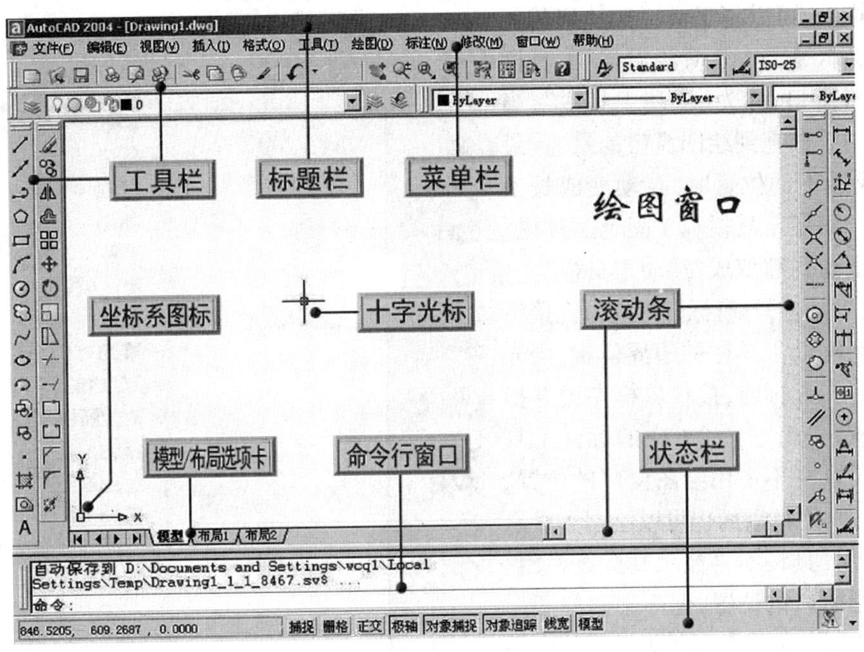

图 2-3　AutoCAD 2004 中文版用户界面

2. 菜单栏

标题栏的下面是菜单栏，用户只要单击菜单栏中的某一项，就会出现下拉菜单。AutoCAD 2004 中文版的下拉菜单包含了绝大部分的 AutoCAD 命令，它们按照功能的不同分别放在不同的菜单组中。

3. 工具栏

工具栏是为了提高命令的输入速度而设定的命令按钮的集合。工具栏提供的命令按钮是一些形象、直观的图形符号，所以也把这些命令按钮称为图形按钮。用鼠标点击这些图形按钮即可打开和执行相应的命令。AutoCAD 2004 中共包含有 29 个工具栏。用户还可以创建新的工具栏或对已有工具栏进行编辑。

1)工具栏的打开与关闭

AutoCAD 2004 中文版安装后首次运行时，界面中显示有“标准”、“对象特性”、“绘图”、“修改”等 4 个工具栏。对于二维作图，通常在界面上再打开“标注”和“对象捕捉”工具栏，置于绘图窗口的右侧。用户可以用以下两个方法之一在界面上打开更多的工具栏，或关闭已打开的工具栏。

(1)将鼠标光标移动到已打开的工具栏上，按下鼠标右键，将出现工具栏的快捷菜单，如图 2-4 所示，单击任一没有“√”的菜单项，即可在绘图窗口打开该菜单项对应的工具栏，再把它拖至屏幕的合适位置，以供后用；若单击已有“√”的菜单项，则关闭该菜单项对应的工具栏。

(2)单击 “视图→工具栏” 菜单项，弹出如图 2-5 所示的“自定义”对话框。单击“工具栏”选项卡，在“工具栏”列表中单击工具栏选项前的复选框，单击空白的复选框，使之显示“√”，则在绘图窗口中出现该工具栏；单击含有“√”的复选框，则清除“√”，即关闭相应的工具栏。

2)工具栏的位置

工具栏可以移动到合适的位置。将鼠标光标移动到工具栏的边框上,按下鼠标左键并拖动,可以将工具栏拖动到其他地方。当新打开一个工具栏后,该工具栏显示在绘图窗口,称为"浮动工具栏",当"浮动工具栏"被拖到绘图窗口的最左、最右、最上或最下的位置时,自动变成长条状,并成为"固定工具栏"。"固定工具栏"被拖到绘图窗口就变成"浮动工具栏"。

"浮动工具栏"具有标题栏。可直接将光标移动到浮动工具栏的边界位置,当光标变成双箭头光标时,按住鼠标左键并拖动可改变其形状,如图 2-6 中的标注工具栏。浮动工具栏不占用绘图窗口的位置,即在浮动工具栏的后面仍可以绘图和显示图形。固定工具栏不再显示其标题栏,它要占用绘图窗口的位置,但不会遮挡图形的显示。所以一般将常用的工具栏锁定在绘图窗口的侧边作为固定工具栏,而将临时使用的工具栏设置为浮动工具栏。

3)子工具栏

有些工具栏中图形按钮的右下角带有三角符号,表示该按钮下面还有子工具栏。将光标移到该按钮,按住鼠标左键便可弹出子工具栏,按住左键沿子工具栏移动可选择所需的按钮,图 2-6 中所示的是"标注"工具栏中"窗口缩放"按钮弹出的子工具栏。

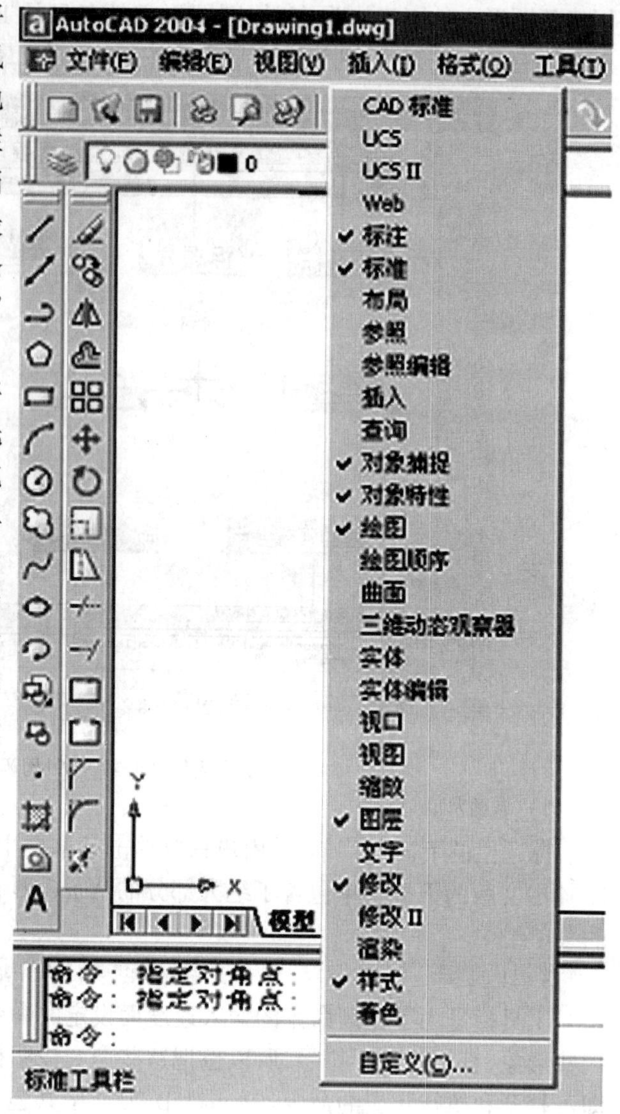

图 2-4　工具栏快捷菜单

4. 绘图窗口

在 AutoCAD 界面中,中间较大的区域就是绘图窗口,是用户绘制、编辑和显示图形的工作区域。从 AutoCAD 2000 起 AutoCAD 支持多文档工作环境,用户可以同时打开多个图形文件分别对它们进行编辑。AutoCAD 的绘图区域是无限大的,可以对它进行缩放、平移等操作。

在系统缺省的情况下,绘图窗口的背景是黑色的,用户可以对此作适当调整。单击"工具→选项"菜单项,弹出"选项"对话框,然后单击"显示"选项卡,如图 2-7 所示。单击"窗口元素"选项区的"颜色"按钮,弹出如图 2-8 所示的"颜色选项"对话框,在此设置 AutoCAD 界面的颜色。

5. 十字光标

AutoCAD 绘图窗口中显示的绘图光标为十字光标,其两条十字线的交点反映当前光标的位置。它主要用于绘图时点的定位和对象的选择。通常,十字光标由用户的定点设备(如鼠标等)进行控制,它具有定位点和拾取对象两种状态。调整图 2-7 中"十字光标大小"滑块的位置,可设置十字光标在屏幕上的显示大小。

自定义
命令 工具栏 特性 键盘 工具选项板
工具栏(T)
CAD 标准
UCS
UCS II
Web
标注
标准
布局
参照
参照编辑
插入
查询
对象捕捉
对象特性
绘图
菜单组(M)
ACAD
新建(N)...
重命名(R)...
删除(D)
大图标(L)
显示工具栏提示(S)
在工具栏提示中显示快捷键(K)
关闭(C) 帮助(H)

图 2-5 “自定义”对话框

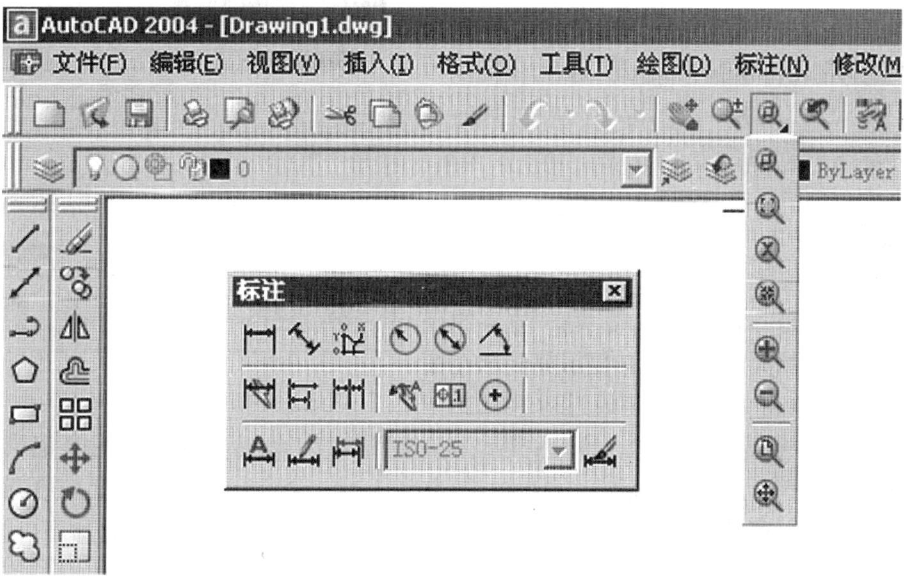

图 2-6 浮动工具栏和子工具栏

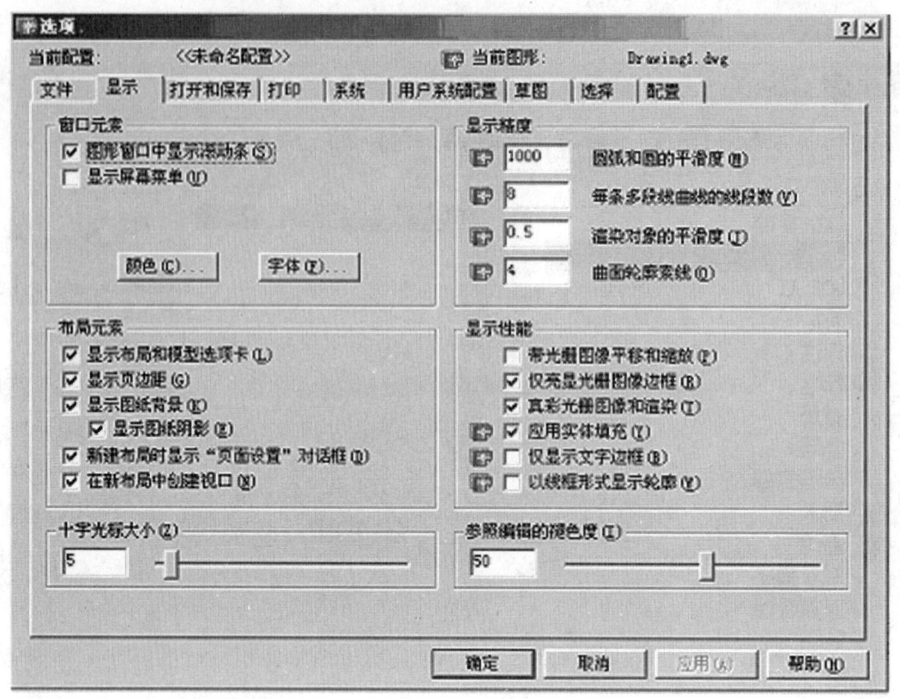

图 2-7 “选项”对话框中的“显示”选项卡

6. 坐标系图标

坐标系图标显示的是当前所使用的坐标形式。用户可以单击“视图→显示→UCS 图标→开”菜单项来设置显示或隐藏它。

7. 模型/布局选项卡

在“模型”选项卡中，用户只能工作在模型空间，创建物体的几何模型。“布局”选项卡模拟一张图纸，“布局”选项卡中图纸范围内的所有内容就是打印结果的内容。用鼠标点击相应选项卡，可方便地进行切换。

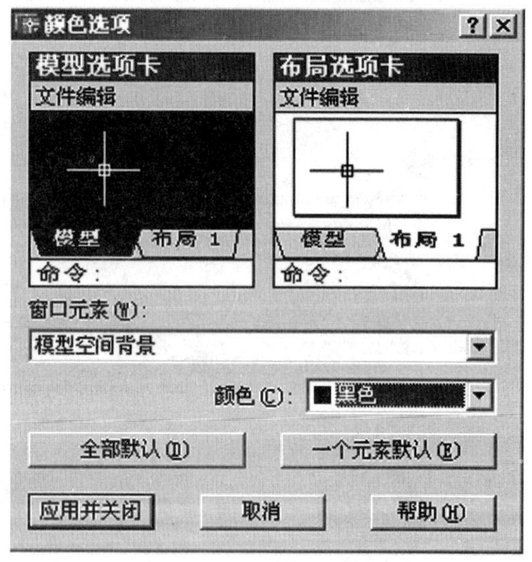

图 2-8 “颜色选项”对话框

8. 命令行窗口

命令行窗口显示作图命令和系统提示信息。AutoCAD 的操作是一种交互方式，用户输入的任何命令以及系统的大部分响应和提示都显示在命令行窗口中(有些命令的响应是通过对话框的方式完成的)。命令行窗口分为两个部分：提示用户输入信息的命令行和显示命令记录的窗口。在默认状态下，命令行位于系统窗口的下面，行数为 3 行。命令行的窗口高度是可调的，用鼠标上下拖拽命令行窗口的上边缘，可以改变命令行窗口的大小。另外，命令行窗口可拖动到其他位置。

AutoCAD 还提供了与命令行窗口相似的文本窗口，如图 2-9 所示。用户只要按下 F2 键，即可从图形窗口切换到文本窗口，再按 F2 键即从文本窗口切换到图形窗口。

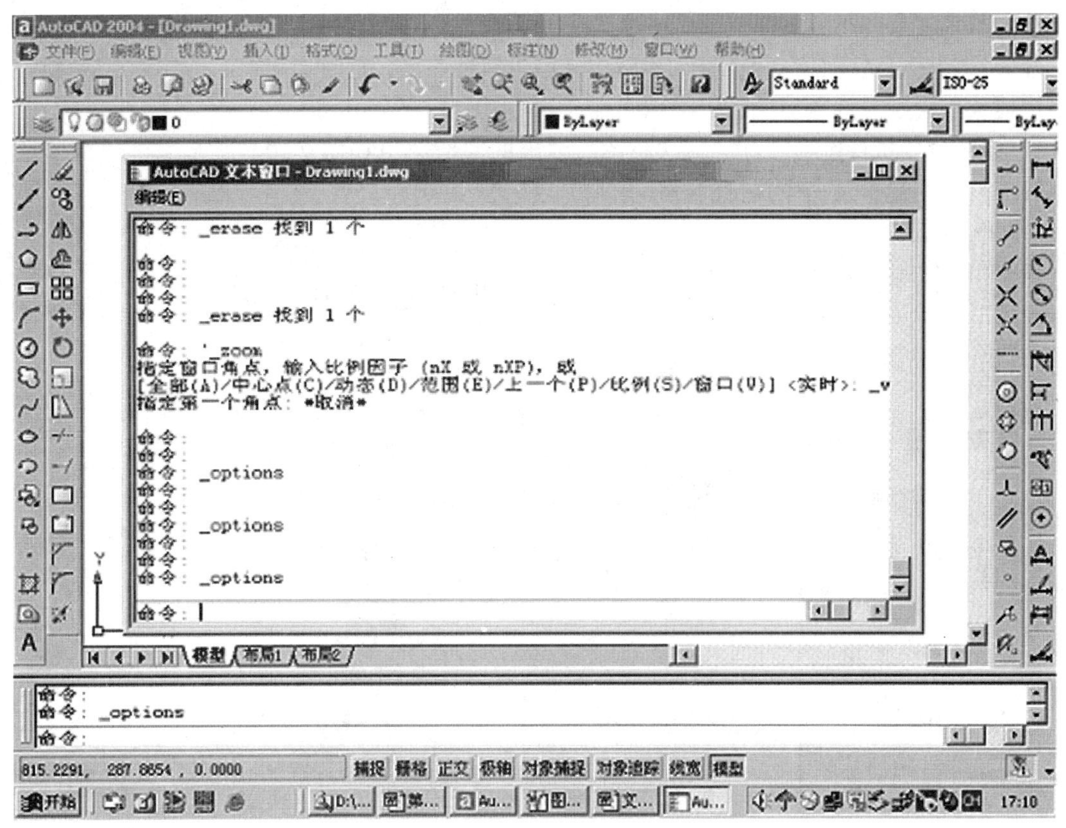

图 2-9　文本窗口

9. 状态栏

状态栏位于窗口的底部。状态栏的左侧显示光标的当前信息。当鼠标光标在绘图窗口时，显示其坐标位置；当光标位于工具栏按钮上或下拉菜单项上时，显示命令的提示信息。

状态栏的右侧有各种辅助绘图的开关按钮，分别是"捕捉"、"栅格"、"正交"、"极轴"、"对象捕捉"、"对象追踪"、"线宽"、"模型"或"图纸"等，这些开关用来反映当前的作图状态，可用于精确绘图中对象上特定点的捕捉、定距离捕捉、捕捉某设定角度上的点、显示线宽及在模型空间和图纸空间的转换等。由于以上的辅助绘图功能使用非常频繁，所以将它们设置在状态栏，以便随时观察和改变其状态。

2.6　鼠标右键的功能

在 AutoCAD 2004 中，鼠标的右键具有十分丰富的功能，当 AutoCAD 处于不同状态，将鼠标光标置于不同的位置，单击鼠标右键，可弹出内容各不相同的快捷菜单，这些快捷菜单为用户提供了快捷、高效的绘图操作方法。

1. 绘图窗口快捷菜单

当光标位于绘图窗口时：

(1)按下 Ctrl 键或 Shift 键，单击鼠标右键，这时 AutoCAD 弹出对象捕捉快捷菜单，如图 2-10a)所示。

(2)当未执行任何命令并未选择对象时，单击鼠标右键，弹出的快捷菜单如图 2-10b)所示。

该快捷菜单主要包括重复或放弃上一个命令及编辑命令选项等。

(3)当未执行任何命令但选择了对象时,单击鼠标右键,弹出的快捷菜单如图 2-10c)所示。该快捷菜单用于对选择对象进行编辑。

(4)在命令执行过程中,单击鼠标右键,弹出的快捷菜单如图 2-10d)所示。该快捷菜单的内容与执行的命令及命令执行的进程有关。

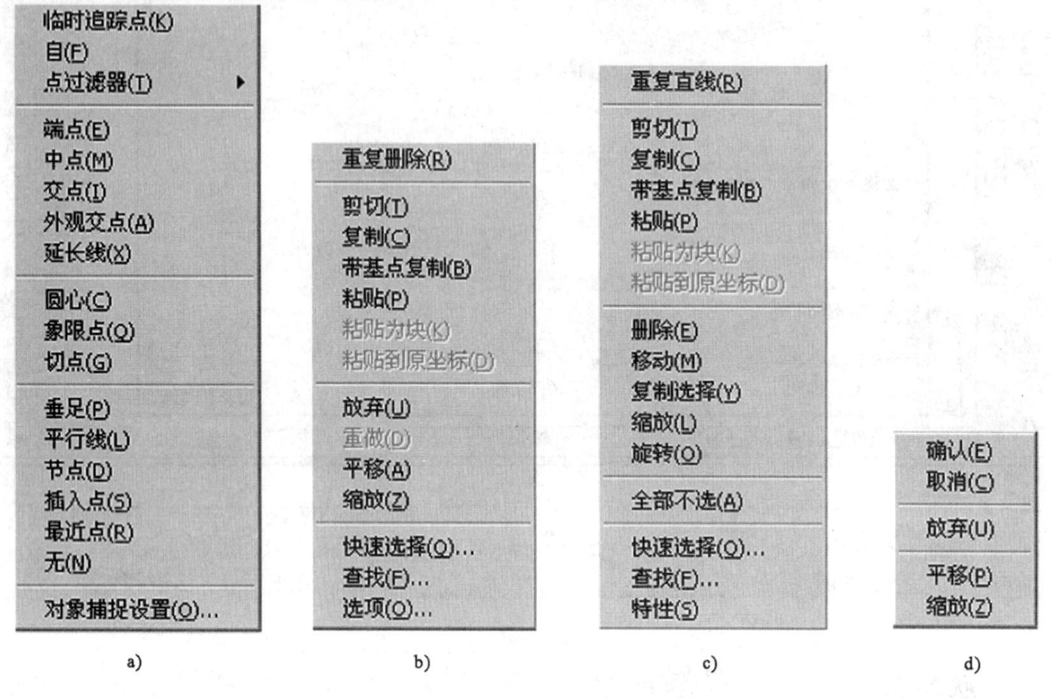

图 2-10　绘图窗口快捷菜单

2. 命令行窗口快捷菜单

当光标位于命令窗口时,单击鼠标右键,弹出的快捷菜单如图 2-11 所示。用户可以通过该快捷菜单了解并选择近期内已执行的命令。

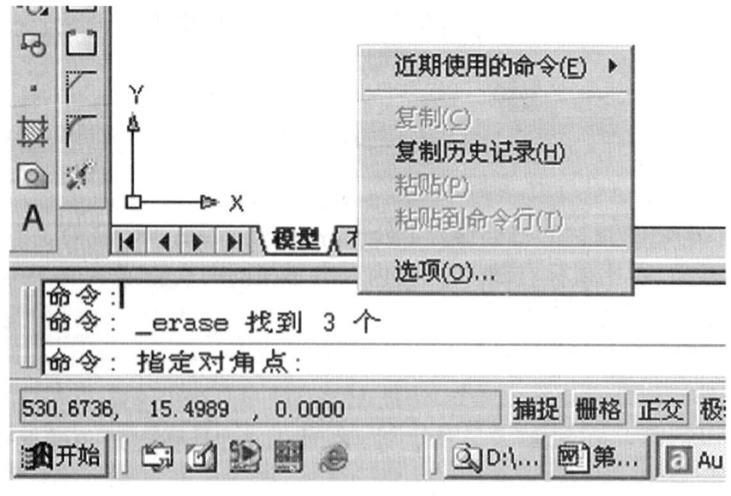

图 2-11　命令行窗口快捷菜单

3. 工具栏快捷菜单

当光标位于任意一个工具栏上时,单击鼠标右键,弹出的快捷菜单如图 2-4 所示。该快捷菜单列出了 AutoCAD 2004 中所有工具栏的名称,用户可以通过该快捷菜单来控制某个工具栏的显示。

4. 状态栏快捷菜单

当光标位于状态栏左侧坐标显示处时,单击鼠标右键,弹出的快捷菜单如图 2-12 所示。

当光标位于状态栏的右侧各种辅助绘图的开关按钮上时,单击鼠标右键,弹出的快捷菜单如图 2-13 所示。

图 2-12 状态栏快捷菜单 1

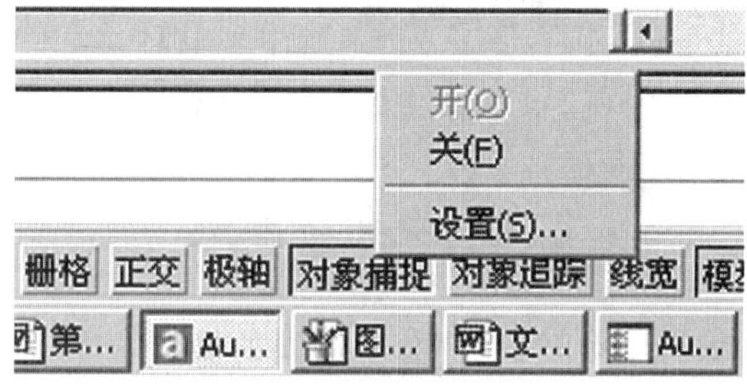

图 2-13 状态栏快捷菜单 2

5. 标题栏快捷菜单

当光标位于标题栏上时,单击鼠标右键,弹出的快捷菜单如图 2-14 所示。用户可以使用该快捷菜单改变程序窗口的显示状态及退出 AutoCAD。

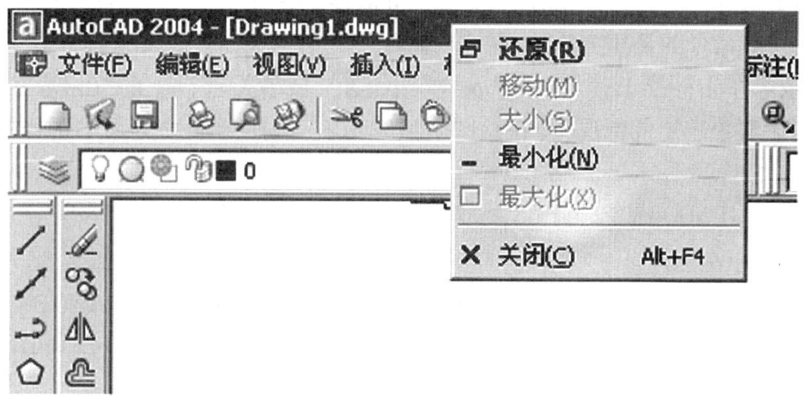

图 2-14 标题栏快捷菜单

6. 模型/布局选项卡快捷菜单

当光标位于模型/布局标签上时，单击鼠标右键，弹出的快捷菜单如图2-15所示。

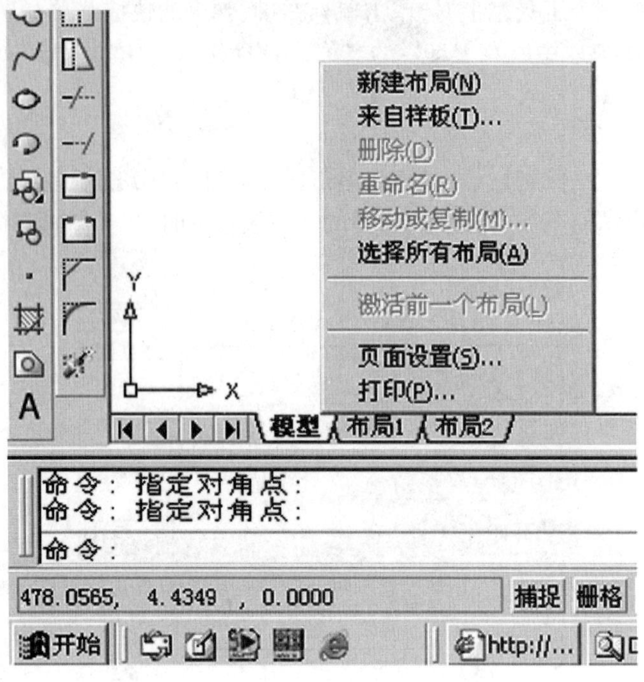

图2-15 模型/布局选项卡快捷菜单

2.7 放弃与重做

在AutoCAD中绘制和编辑图形时，往往会有错误的操作发生，希望能够回到操作前的状态，或者取消前一次命令，有时取消某一命令后又想恢复该命令，这时要用到放弃(U、UNDO)和重做(REDO、MREDO)命令。

1. 放弃(U、UNDO)

1)U命令

U命令用于放弃上一次命令操作。该命令可以连续使用，以把图形恢复到未使用这些命令之前的状态。U命令的调用方法为：单击"编辑→放弃"菜单项，或者从命令行键入"U"命令并按回车键，或者单击标准工具条上的"放弃"按钮，或者按键盘上的"Ctrl + Z"组合键。在无命令运行和无对象选定的情况下，在绘图区域单击右键，然后从快捷菜单选择"放弃"，也就执行了U命令。

U命令与输入UNDO命令、再输入要放弃的操作数目为1时等效。

2)UNDO命令

UNDO命令用于一次放弃指定数量的前面几个命令或前面标记的一组命令。可从命令行键入" UNDO"命令，再按选项操作；也可单击标准工具栏上"放弃"按钮旁的三角图形按钮，再从要放弃的一系列操作中选择，实现一次放弃多个命令操作。

2. 重做(REDO、MREDO)

1)REDO命令

REDO命令用于恢复单个UNDO或U命令放弃的效果。REDO命令必须立即跟随在U或

UNDO 命令之后。REDO 命令的调用方法为:单击“编辑→重做”菜单项,或者从命令行键入“REDO”命令并按回车键,或者单击工具条上的“重做”按钮,或者按键盘上的“Ctrl + Y”组合键。在无命令运行和无对象选定的情况下,在绘图区域单击右键,然后从快捷菜单选择“重做”,就相当于执行了 REDO 命令。

2)MREDO 命令

MREDO 命令用于恢复前面几个用 UNDO 或 U 命令放弃的效果。可从命令行键入“MREDO”命令,再按选项操作;也可单击标准工具栏上“重做”按钮旁的三角图形按钮,再从要恢复的一系列操作中选择,实现一次恢复多个命令操作。

2.8 显示操作

AutoCAD 提供了非常方便的显示操作功能,并且这些功能都是“透明”的,能在其他命令执行的过程中使用它们。显示操作可用“标准”工具栏上的下列按钮来操作。

1. “实时平移”按钮

单击“实时平移”按钮,出现手形光标时,按住鼠标左键同时移动鼠标可以拖动视图。它不会改变视图中对象的位置或比例,只改变视图在绘图窗口中的位置。

2. “实时缩放”按钮

单击“实时缩放”按钮,光标变为带有加号(+)和减号(-)的放大镜,按住鼠标左键同时移动鼠标可实现实时缩放。实时缩放可以放大和缩小视图在绘图窗口中显示的比例,不会改变视图中对象的绝对大小。

3. “缩放上一个”按钮

单击“缩放上一个”按钮,可以快速回到上一个视图,它只能恢复视图的显示比例和位置,不能恢复编辑的上一个图形的内容,最多可恢复此前的十个视图。

4. 右下角有三角形的缩放按钮

将光标移到右下角有三角形的缩放按钮,按住鼠标左键,弹出子工具栏(如图 2-6 所示),再选择其中的按钮,可实现缩放窗口。

(1)“窗口缩放”按钮:放大指定矩形区域内的图形。

(2)“动态缩放”按钮:使用视图框缩放图形。单击“动态缩放”按钮,首先显示“平移视图框”。将其拖动到所需位置并单击,继而显示“缩放视图框”,调整其大小,然后按 Enter 键,将视图框中的图形缩放,以充满整个视口。或在调整“缩放视图框”大小后单击鼠标左键,又返回“平移视图框”。

(3)“比例缩放”按钮:按指定比例因子 (nx 或 nxp)缩放显示。

AutoCAD 2004 提供了 3 种比例缩放操作,其含义分别为:

①在“输入比例因子”提示下输入 n 值,表示相对于图形界限的比例为 n(此选项很少用)。

②在“输入比例因子”提示下输入 n 值并后跟 x,表示相对于当前视图的比例为 n。例如,输入 0.5x ,使屏幕上的每个对象显示为原大小的 1/2。

③在“输入比例因子”提示下输入 n 值并后跟 xp,表示相对于图纸空间单位的比例为 n。例如,输入 0.5xp,以图纸空间单位的 1/2 显示模型空间。用于创建每个视口以不同的比例显示对象的布局。

(4)“中心缩放”按钮 :缩放显示由中心点和放大比例值(或高度)所定义的窗口。高度值较小时增加放大比例,高度值较大时减小放大比例。

(5)“放大”按钮 :将图形放大一倍。

(6)“缩小”按钮 :将图形缩小一倍。

(7)“全部缩放”按钮 :缩放显示当前视口中的整个图形。在平面视图中,AutoCAD 将图形缩放到图形界限或图形所占范围两者中较大的一个。

(8)“范围缩放”按钮 :缩放显示当前视口中的全部图形,并使所有对象最大显示。

2.9 图形文件的基本操作

在 AutoCAD 中,最基本的文件就是图形,以 DWG 为扩展名。下面将介绍图形文件的一些基本操作。

1. 启动环境设置

在默认的情况下,打开 AutoCAD 2004 中文版,系统会自动创建一个基于默认图形样板 acadiso. dwt的新图形。在 AutoCAD 2004 中可以设置启动环境,使得在启动 AutoCAD 2004 时,显示“创建新图形”对话框,设置的步骤如下:

(1)单击“工具→选项”菜单项,弹出“选项”对话框。

(2)单击“系统”选项卡,选择“启动”下拉列表框中的“显示启动对话框”选项,如图 2-16 所示,然后单击“确定”按钮保存修改。

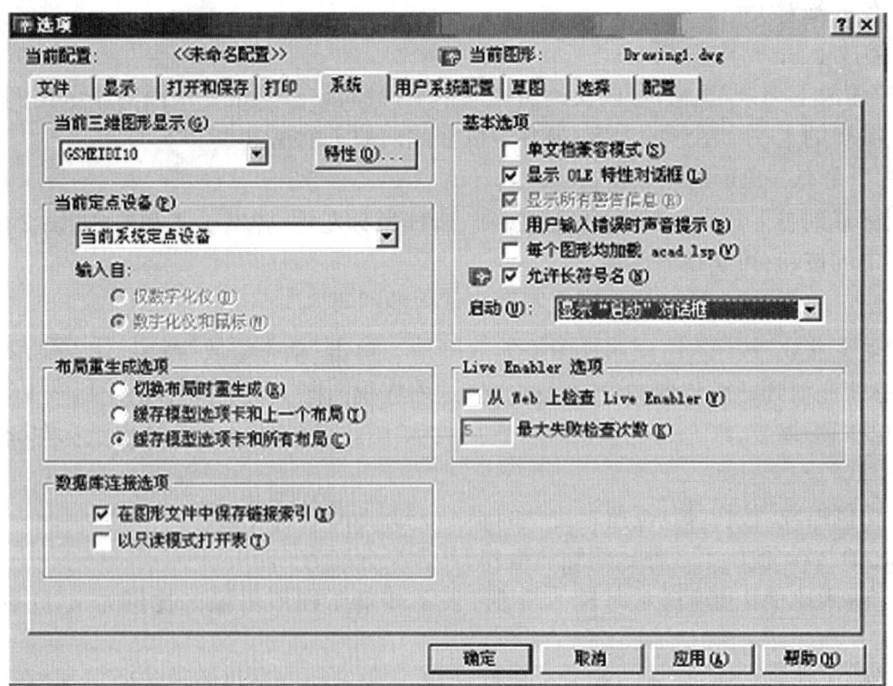

图 2-16 “选项”对话框中的“系统”选项卡

(3)关闭 AutoCAD 2004,再重新启动 AutoCAD 2004,就会加载“创建新图形”对话框。

2. 创建新图形文件

1)从“创建新图形”对话框创建新图形

启动 AutoCAD 2004,弹出“创建新图形”对话框后,可用 3 种方法创建新图形。

(1)默认设置

如图 2-17 所示,在“创建新图形”对话框中选择“默认设置”按钮,该设置决定系统变量使用默认值。创建新图形时有“英制”或“公制”两种方式,“公制”方式是基于公制测量系统创建新图形,默认图形界限为 420 毫米 × 297 毫米。

(2)使用向导

如图 2-18 所示,在“创建新图形”对话框中选择“使用向导”按钮,在列表框中有两个向导选项用来设置图形。

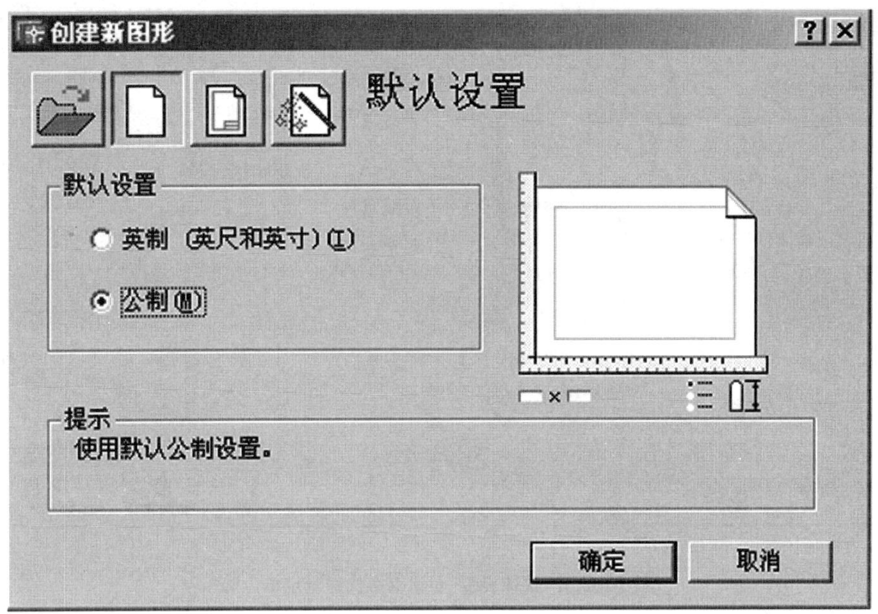

图 2-17　在“创建新图形”对话框中选择“默认设置”按钮

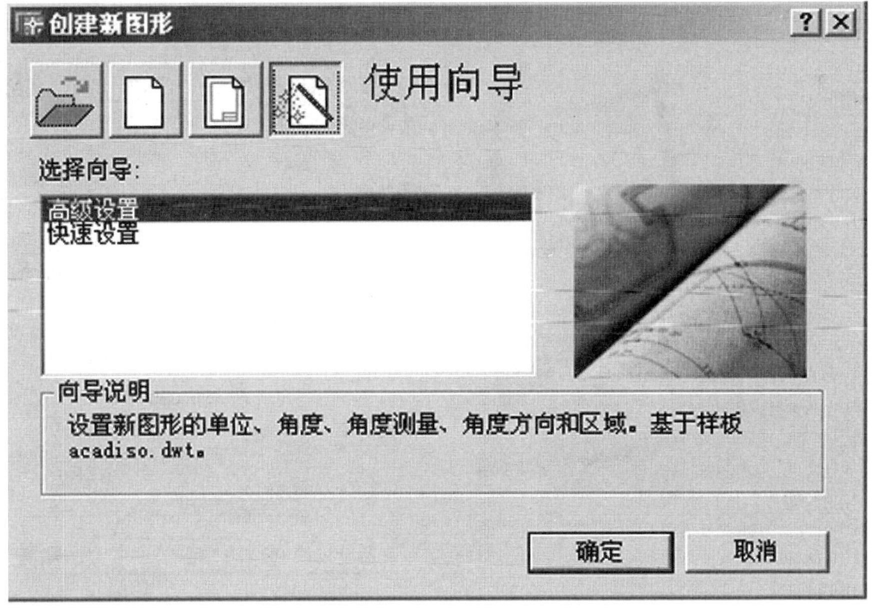

图 2-18　在“创建新图形”对话框中选择“使用向导”按钮

①快速设置。设置新图形的单位和区域,如图 2-19、图 2-20 所示。

②高级设置。设置新图形的单位及其显示精度、角度及其显示精度、角度测量、角度方向和区域。

(3)使用样板文件

如图 2-21 所示,在“创建新图形”对话框中选择“使用样板”按钮,从提供的样板文件中选择一种设置。图形样板文件的扩展名为 .dwt,其中包含了标准设置。

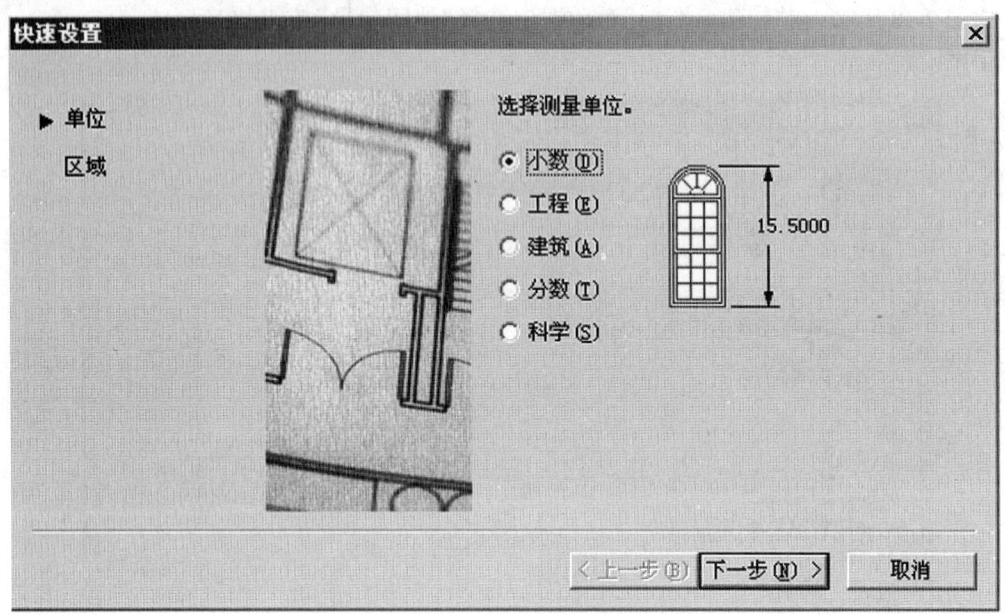

图 2-19　在“快速设置”对话框中选择测量单位

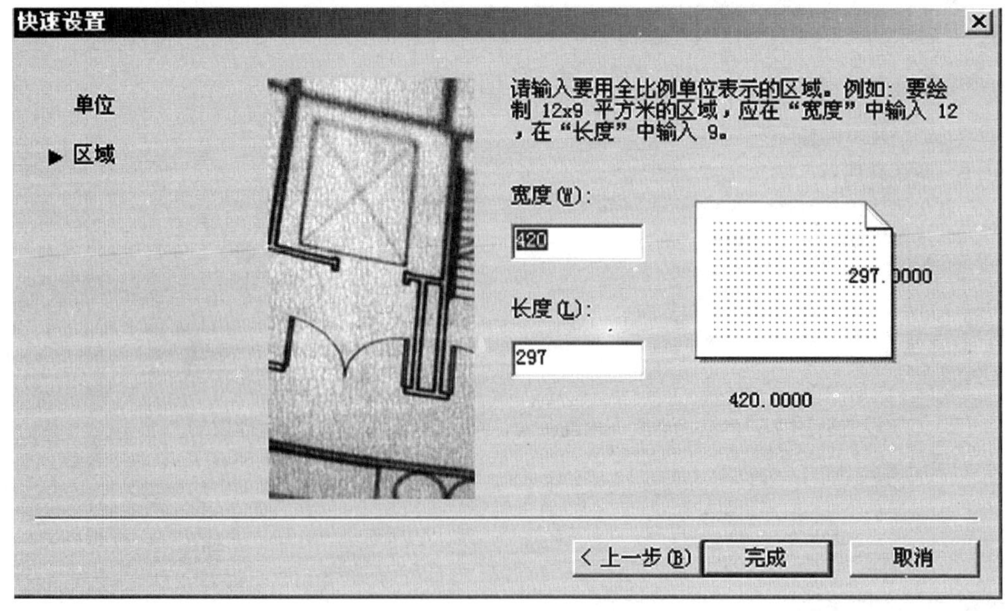

图 2-20　在“快速设置”对话框中设置图形区域

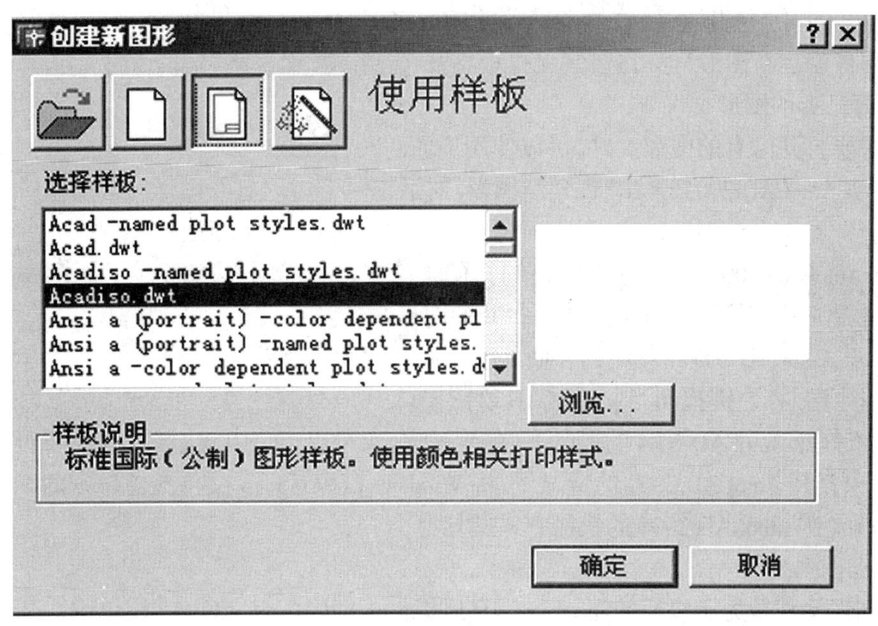

图 2-21　在“创建新图形”对话框中选择“使用样板”按钮

2)从“选择样板”对话框创建新图形

如果设置的启动环境在启动 AutoCAD 2004 时不显示“创建新图形”对话框,则单击“标准”工具栏的“新建”按钮,会弹出如图 2-22 所示的“选择样板”对话框,可选择一种图形样板文件创建新图形。

图 2-22　“选择样板”对话框

单击图 2-22 中“打开”按钮右侧的三角图标按钮，会弹出附加菜单，可选择“打开”，即按选择的样板文件创建新图形，也可选择“无样板打开-英制”或“无样板打开-公制”。

3. 打开已有的图形文件

如果需要打开已有的图形文件，可以使用下面的几种方式：

(1)启动 AutoCAD 2004，弹出“创建新图形”对话框时，选择“打开图形”，再选择所要打开的图形文件。

(2)在 AutoCAD 2004 中，单击“文件→打开”菜单项，或者单击“标准”工具栏中的“打开”按钮，弹出“选择文件”对话框，再选择所要打开的图形文件。

(3)打开 AutoCAD 2004 后，使其界面处于非最大化状态，将 Windows 文件夹中存在的图形文件拖放(按住鼠标左键拖动)到 AutoCAD 绘图窗口中。

(4)在未打开 AutoCAD 2004 的情况下，在 Windows 文件夹窗口中双击某个图形文件的图标。

(5)在未打开 AutoCAD 2004 的情况下，将 Windows 资源管理器文件夹窗口中的某个图形文件的图标拖放到 AutoCAD 2004 的快捷方式图标上。

4. 保存图形文件

保存图形文件是为了以后使用，AutoCAD 还提供了创建备份文件选项，用于恢复图形文件到保存前的状态。

1)保存图形文件

完成图形的绘制、编辑工作，或者需要保存阶段性的绘图成果，可单击“文件→保存”菜单项，或者单击“标准”工具栏中的“保存”按钮，或者直接按下 “Ctrl + S” 组合键保存图形文件。

首次执行该命令时，会弹出如图 2-23 所示的“图形另存为”对话框，在对话框中指定保存文件的路径，然后在“文件名”下拉列表框中输入所要保存的文件名，再单击“保存”按钮。

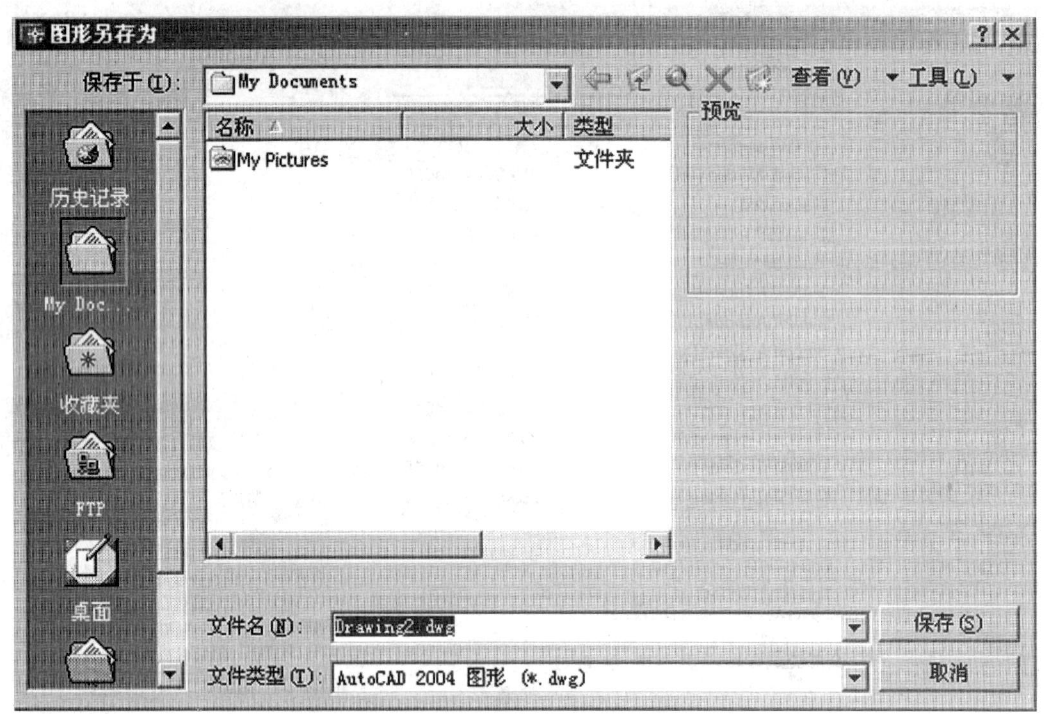

图 2-23 “图形另存为”对话框

首次保存后，可以在编辑图形的任何时候执行保存命令，系统会自动以增量方式保存该图形，新的修改会添加到保存的图形文件中去，并且会在图形文件的保存位置生成一个同名的.bak备份文件。在工作过程中，应该养成随时保存文件的好习惯。

如果需要将已经存储的图形文件换名保存或改变保存文件的位置，可以单击“文件→另存为”菜单项，会弹出如图 2-23 所示的“图形另存为”对话框，指定所要保存的文件的位置和名称，单击“保存”按钮就可以完成换名保存。

2)使用备份文件

如果不慎错误地保存了图形，就可以使用系统生成的备份文件来恢复到保存前的状态。要从备份文件中恢复图形，需设置系统的文件夹选项。在文件的浏览窗口中单击“工具→文件夹选项”菜单项，弹出“文件夹选项”对话框，选择“查看”选项卡，确保“隐藏已知文件类型的扩展名”复选框未选中。如图 2-24 所示，单击“确定”按钮，则完成设置。

在文件夹的浏览窗口中直接将以.bak 为扩展名的同名文件的扩展名修改为.dwg，然后就可以在 AutoCAD 中直接打开该文件，其即为所要恢复的图形文件。

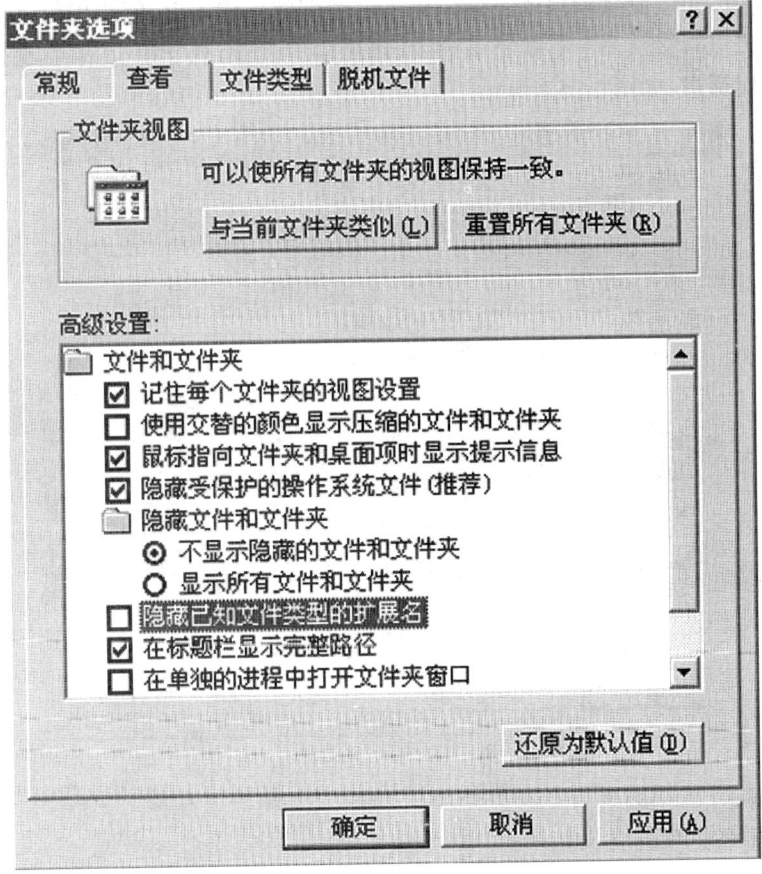

图 2-24 “文件夹选项”对话框“查看”选项卡

5. 关闭图形文件和退出程序

当执行完绘图任务后，就需要关闭文件和退出 AutoCAD。

如只关闭文件，不退出 AutoCAD，可单击“文件→关闭”菜单项，或单击菜单栏右端的“关闭”按钮。

如退出 AutoCAD,可单击“文件→退出”菜单项,或单击标题栏右端的“关闭”按钮。退出 AutoCAD 的同时也就关闭了图形文件。

2.10 设置绘图环境

AutoCAD 是基于一定的系统绘图环境进行工作的,在绘图之前,可以根据需要对绘图环境进行设置,这有利于统一格式,便于图形的管理和使用,提高绘图的速度。

1. 设置图形单位

在 AutoCAD 中,对象的单位是图形单位,不管使用的是毫米还是米,计算机都用图形单位来计算。例如,当使用的单位是“米”时,输入 1 代表 1 米,如果改变单位为“毫米”,输入 1 则代表 1 毫米,在 AutoCAD 中,代表的图形单位长度是相等的。但是,实际工作中图形的单位是不同的,可以是毫米、米等单位。

在新建图形或启动 AutoCAD 2004 时,可以在“启动”对话框中选择“使用向导”来设置新建图形的单位、角度、角度测量和角度方向。对于已经创建了的图形,使用单位(UNITS)命令来设置图形单位。可以直接从命令行执行该命令,也可以单击“格式→单位”菜单项执行该命令,弹出“图形单位”对话框,如图 2-25 所示。

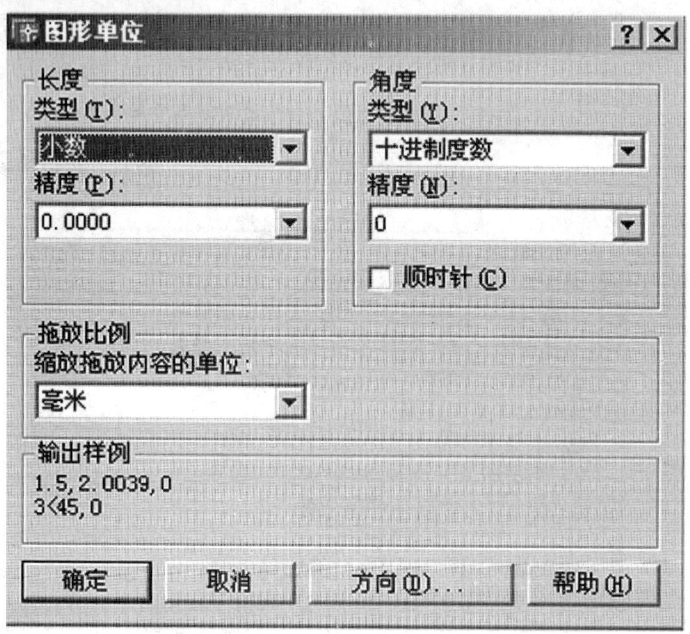

图 2-25 “图形单位”对话框

该对话框中各选项的含义如下:

1)“长度”选项区

(1)“类型”下拉列表框:在该下拉列表框中选择长度单位的类型。在 AutoCAD 中绘图时,默认的长度类型为“小数”,它是十进制数值单位,是用得最多的一种。

(2)“精度”下拉列表框:在该下拉列表框中选择长度单位的精度。

2)“角度”选项区

(1)“类型”下拉列表框:在该下拉列表框中选择角度单位的类型,用得较多的是十进制度数。

(2)“精度”下拉列表框：在该下拉列表框中选择角度单位的精度。

(3)“顺时针”复选框：未选中该复选框，角度以逆时针方向为正方向；如果选中了该复选框，则角度以顺时针方向为正方向。

3)“拖放比例”区

在该区域的“缩放拖放内容的单位”下拉列表框中，可以选择设计中心块的图形单位，默认为“毫米”。如果块或图形创建时使用的单位与该选项指定的单位不同，则在插入这些块或图形时，将对其按比例缩放。

4)“方向”按钮

单击该按钮，弹出“方向控制”对话框，如图2-26所示。使用该对话框可以设置角度测量的起始位置和方向。例如选中“东”单选框，则以正东方向作为零度。如果选中“其他”单选框，可以选择其他方向作为角度的零度方向，这时激活了“角度”按钮，单击该按钮，就切换到图形窗口中，通过拾取两个点确定基准角度的方向。

2. 设置图形界限

图形界限就是绘图区域。在AutoCAD中绘图，相当于在一张无穷大的图纸上绘图，从而可以绘制任何尺寸、任何大小的图形。在很多时候需要规划出一个绘图区域，以便在这个绘图区域中绘图，而不至于将图形绘制到区域的外面。在AutoCAD 2004中，可以利用界限命令(Limits)设置图形界限。

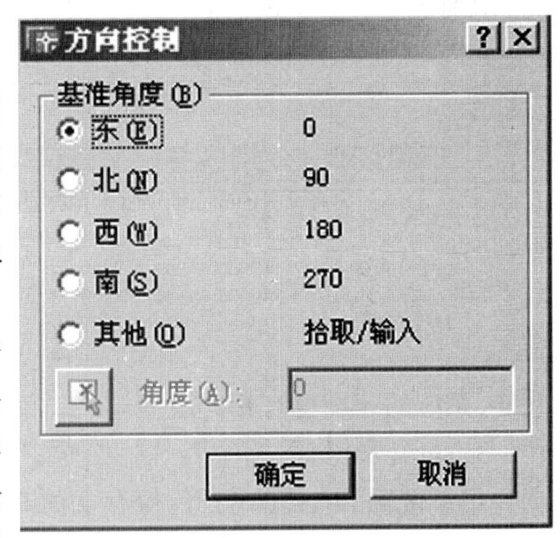

图2-26 “方向控制”对话框

启动Limits命令有两种方法，一种是在命令行中直接输入Limits命令后按回车键；另一种是单击“格式→图形界限”菜单项。在世界坐标系中，图形界限由左下角点和右上角点确定。当执行Limits命令后，在命令行显示的提示下，输入“ON”回车，图形界限被打开，将无法在图形界限以外绘制图形；输入“OFF”回车，图形界限被关闭，可在图形界限以外绘制图形。

设置了绘图界限后，当栅格显示被打开时，栅格点将显示在整个图形界限里面，如图2-27所示。

3. 设置系统选项

单击“工具→选项”菜单项，或者在命令行中输入OPTIONS命令后按回车键，就可以打开“选项”对话框。该对话框包含“文件”、“显示”、“打开和保存”、“打印”、“系统”、“用户系统配置”、“草图”、“选择”和“配置”共9个选项卡，如图2-16所示。通过这些选项卡就可以改变系统的一些操作界面、属性和文件配置等。

对于初学者，没有必要详细了解每个选项卡的含义，一般按照系统给定的默认方式就可以正常工作，当需要更详细地设置时再去查找相关资料。下面大致介绍各个选项卡的含义：

1)“文件”选项卡

用于设置AutoCAD的搜索支持文件、驱动程序、菜单文件以及其他文件的路径，还指定一些可选的用户定义设置。

2)“显示”选项卡

用于设置AutoCAD的显示特性，通过改变这些设置来改变显示效果，同时由于显示效果的

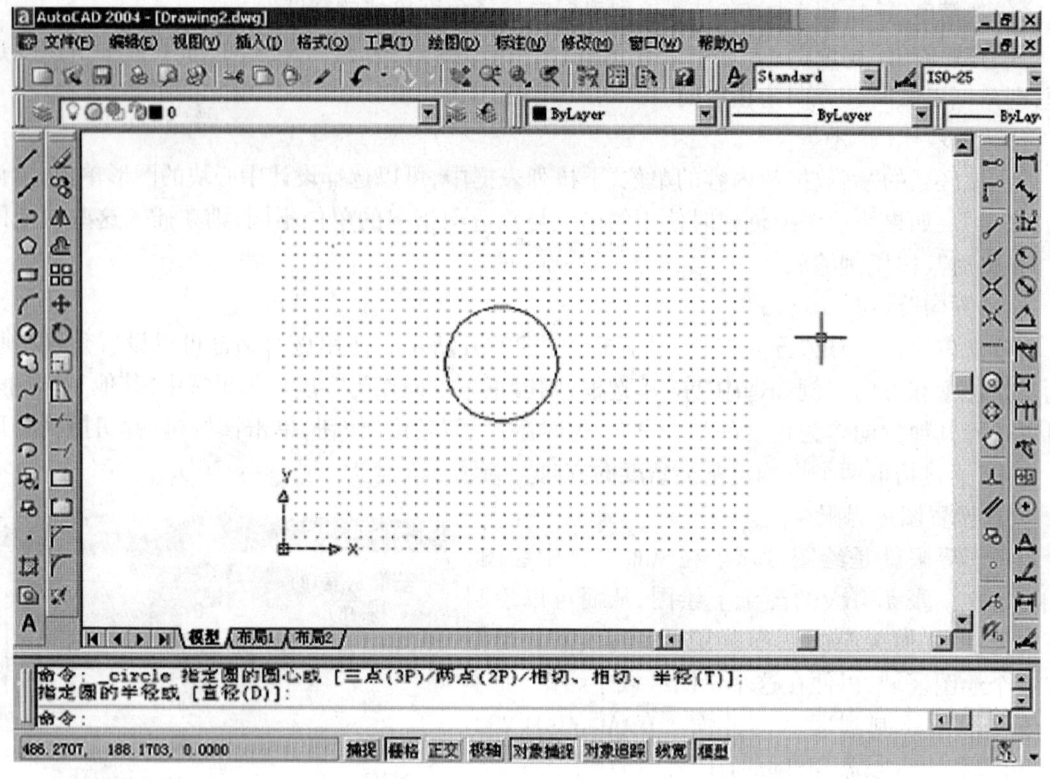

图 2-27 栅格显示图形界限

改变,系统的速度也有相应改变。

3)“打开和保存”选项卡

用于设置 AutoCAD 打开、保存文件时的有关选项,包括外部参照和外部程序的管理。

4)“打印”选项卡

用于设置与打印、打印设备有关的选项。

5)“系统”选项卡

用于运行 AutoCAD 的系统设置,包括运行模式。

6)“用户系统配置”选项卡

用于设置在 AutoCAD 中优化性能的选项。

7)“草图”选项卡

用于设置绘图时有关的自动捕捉、自动追踪等选项。

8)“选择”选项卡

用于设置与对象选择、选择集模式有关的选项。

9)“配置”选项卡

用于控制配置的使用。

第3章　基本绘图

3.1　绘制直线(LINE)

直线是绘图中用得最多的图形对象之一,用绘制直线命令可绘一段直线,也可以绘制一系列相连的直线段,但是每条线段都是独立的线对象。

1. 输入命令的方法

单击"绘图"工具栏上 ╱ 按钮,或单击"绘图→直线"菜单项,或在命令行键入 LINE(L)并按回车键。

2. 命令提示及选项说明

执行绘制直线命令后出现如下提示:

(1)指定第一点:指定直线的"起点"。

在确定第一点后,出现如下提示:

(2)指定下一点或[放弃(U)]:指定下一点,即直线的"终点";或者选择"放弃"项,重新指定第一点。

由于任何一个几何物体都不可能仅由一条直线构成,AutoCAD 系统默认由多条直线段构成一个几何图形,因此在用户指定了第一条直线的两个端点后,系统继续提示:

指定下一点或[放弃(U)]:

若只画一条直线,直接按回车键即可结束画线,否则在确定了第二条直线的终点后,系统增加了一个"闭合(C)"提示项,提示如下:

(3)指定下一点或[闭合(C)/放弃(U)]:选择"闭合"项将构成一个首尾闭合的多边形,同时结束画线命令,提示行回到"命令"状态。

实际上,系统还隐含了一个选项,即在出现"指定第一点:"提示时,如果不指定点,而是直接执行回车键或空格键,则直线的起点被自动定义为用户最近绘制的直线或圆弧的终点。当最近生成的图形对象是圆弧时,则生成的直线段与圆弧相切。

3. 说明

(1)输入线段端点坐标的方法可以用鼠标在窗口绘图区域中拾取点,或者使用键盘直接键入坐标值。坐标值可分为绝对直角坐标、绝对极坐标、相对直角坐标、相对极坐标值。

(2)如果在命令行提示中选择"放弃(U)",AutoCAD 会删除上一次绘制的线段。如果不断使用"放弃(U)",AutoCAD 则会按与绘制时相反的次序删除所绘制的线段。

(3)在"指定下一点"提示下,可以先用鼠标确定直线方向,然后用键盘输入直线长度。

4. 举例

用绘制直线命令绘制如图 3-1 所示矩形。

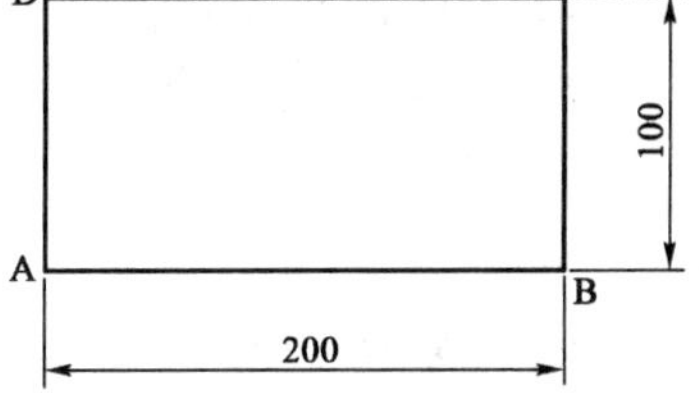

图 3-1　用直线命令绘制矩形

命令:LINE↙

指定第一点:(在 A 点位置单击)

指定下一点或[放弃(U)]:@200,0↙

指定下一点或[放弃(U)]:@100<90↙

指定下一点或[闭合(C)/放弃(U)]:(打开正交,向左移动光标)200↙

指定下一点或[闭合(C)/放弃(U)]:C↙

3.2 绘制参照线(XLINE)

参照线又称构造线,是向两端无限延伸的直线,它不能作为图形的一部分,通常用来绘制辅助线。

1. 命令输入的方法

单击“绘图”工具栏上按钮,或单击“绘图→构造线”菜单项,或在命令行键入 XLINE(XL)并按回车键。

2. 命令提示及选项说明

执行绘制参照线命令后出现如下提示:

(1)指定点或[水平(H)/垂直(V)/角度(A)/二等分(B)/偏移(O)]:

①指定点:输入通过参照线指定的第一点。绘制参照线命令可通过该点连续绘制多条参照线。

②水平(H):绘制水平参照线。选择该选项后,指定通过的点为该水平线的通过点。

③垂直(V):绘制垂直参照线。选择该选项后,指定通过的点为该垂直线的通过点。

④角度(A):绘制指定角度的参照线。选择该选项后,输入参照线角度,再指定通过点。

⑤二等分(B):绘制参照线作为指定角的平分线。

⑥偏移(O):偏移复制现有的直线或参照线。

输入指定点后出现如下提示:

(2)指定通过点:指定参照线通过的第二点,即确定一条参照线。

系统继续提示:

指定通过点:

若只绘一条参照线,按回车键即结束命令。否则不断输入指定通过点可连续绘制多条参照线。

3. 举例

(1)过两点绘参照线,如图 3-2 所示。

命令:XLINE↙

指定点或[水平(H)/垂直(V)/角度(A)/二等分(B)/偏移(O)]:100,100↙

指定通过点:150,200↙

指定通过点:200,150↙

指定通过点:↙

绘制的参照线如图 3-2 中的 AF、AG 直线。

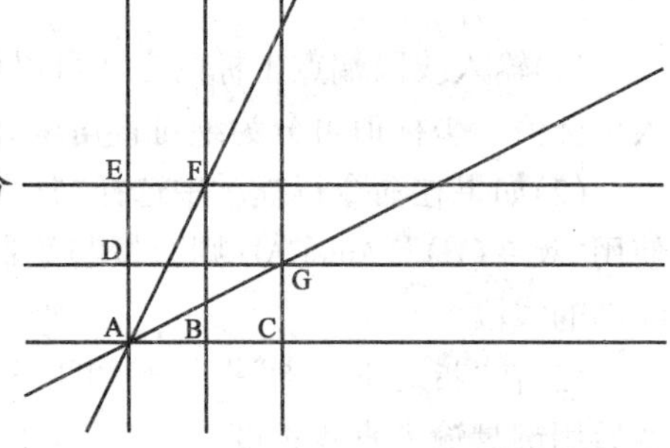

图 3-2　绘制参照线(两点、水平、垂直)

(2)绘平行于 X 轴、Y 轴的参照线,如图 3-2 所示。

命令:XLINE↙

指定点或[水平(H)/垂直(V)/角度(A)/二等分(B)/偏移(O)]:H↙

指定通过点:100,100↙

指定通过点:100,150↙

指定通过点:100,200↙

指定通过点:↙

绘制的参照线如图 3-2 中的 AC、DG、EF 直线。

用相同的方法,选(V)选项,绘平行于 Y 轴的参照线。绘制结果见图 3-2 中的 AE、BF 与 CG 直线。

(3)绘具有倾角的参照线,如图 3-3 所示。已知直线 D 与水平线的夹角为 135°。

命令:XLINE↙

指定点或[水平(H)/垂直(V)/角度(A)/二等分(B)/偏移(O)]:A↙

输入参照线角度或[参照(R)]:30↙

指定通过点:100,100↙

指定通过点:100,150↙

指定通过点:↙

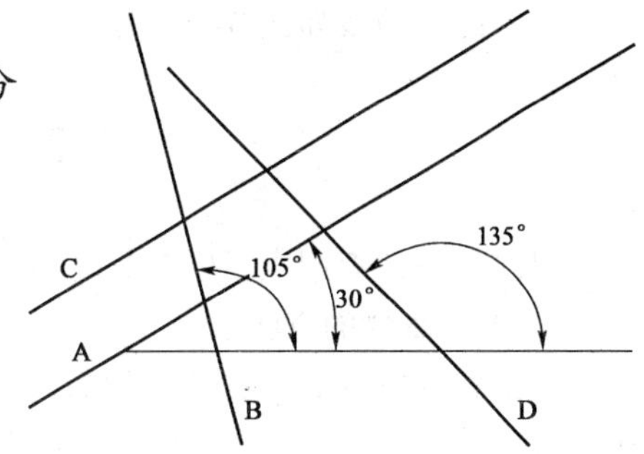

图 3-3　绘制参照线(角度)

绘制的参照线如图 3-3 中的 A、C。

命令:XLINE↙

指定点或[水平(H)/垂直(V)/角度(A)/二等分(B)/偏移(O)]:A↙

输入参照线角度或[参照(R)]:R↙

选择直线对象:(单击选择直线 D)

输入参照线角度:-30↙

指定通过点:150,100↙

指定通过点:↙

绘制的参照线如图 3-3 中的 B。

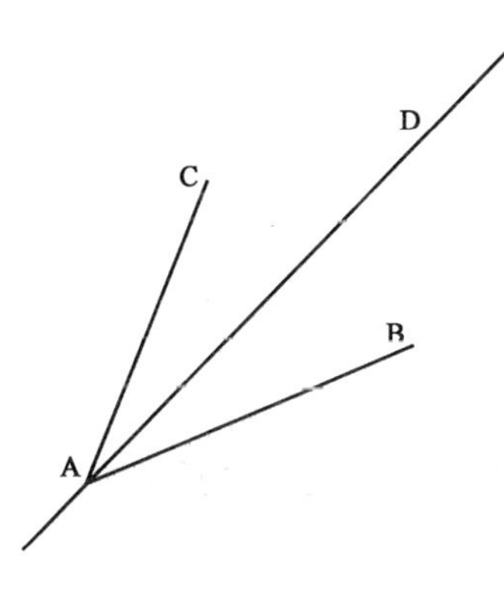

图 3-4　绘制参照线(二等分)

(4)绘角平分线,如图 3-4 所示。

命令:XLINE↙

指定点或[水平(H)/垂直(V)/角度(A)/二等分(B)/偏移(O)]:B↙

指定角的顶点:(捕捉角顶点 A)

指定角的起点:(捕捉角起点 B)

指定角的端点:(捕捉角端点 C)

指定角的端点:↙

绘制的参照线如图 3-4 中的 AD。

(5)偏移复制参照线,如图 3-5 所示。

命令:XLINE↙

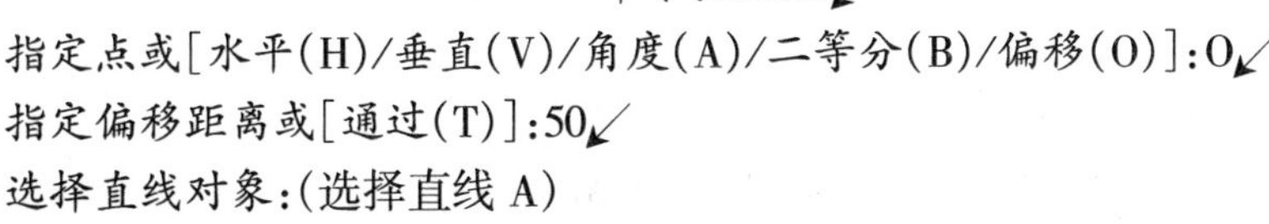

指定点或[水平(H)/垂直(V)/角度(A)/二等分(B)/偏移(O)]:O↙

指定偏移距离或[通过(T)]:50↙

选择直线对象:(选择直线 A)

指定要偏移的边:(选择 N 一侧)

选择直线对象:↙

绘制的参照线如图 3-5 中的 CB。

命令:XLINE↙

指定点或[水平(H)/垂直(V)/角度(A)/二等分(B)/偏移(O)]:O↙

指定偏移距离或[通过(T)]:T↙

选择直线对象:(选择直线 E)

指定通过点:(选择点 G)

选择直线对象:↙

绘制的参照线如图 3-5 中的 DH。

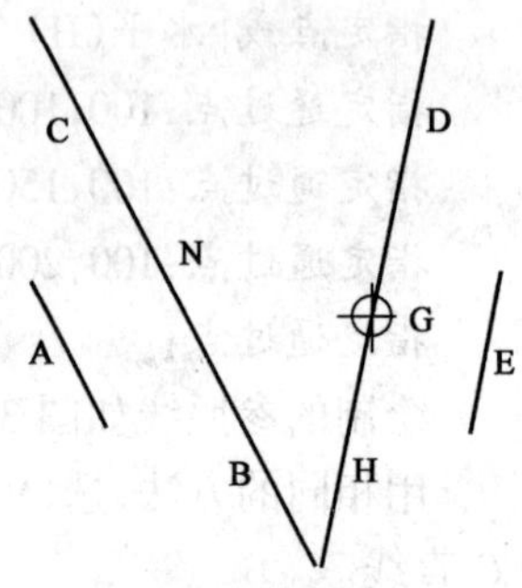

图 3-5　绘制参照线(偏移)

3.3　绘制射线(RAY)

射线是一条有起点、通过另一点或指定某方向无限延伸的直线,一般用作辅助线。

1. 输入命令的方法

在缺省的“绘图”工具栏中没有与此命令对应的按钮,可以在自定义“绘图”工具栏找到按钮,单击按钮,或单击“绘图→射线”菜单项,或在命令行键入 RAY 并按回车键。

2. 命令提示及选项说明

执行绘制射线命令后出现如下提示:

(1)指定起点:输入射线起点。

在确定起点后,出现如下提示:

(2)指定通过点:输入射线通过点。连续绘制射线则指定新的通过点,起点不变。按回车键或空格键退出射线绘制。

3. 举例

用绘制射线命令绘制如图 3-6 所示射线。

图 3-6　绘制射线

命令:RAY↙

起点:(指定起点 A 点)

通过点:(指定通过点 B 点)

通过点:↙

3.4　绘制圆弧(ARC)

圆弧是常见的图形元素之一。圆弧可通过圆弧命令直接绘制,也可以通过打断圆成圆弧以及倒圆角等方法产生圆弧。

1. 输入命令的方法

单击“绘图”工具栏上按钮,或单击“绘图→圆弧”菜单项,或在命令行键入 ARC(A)并按回车键。

2. 命令提示及选项说明

共有 11 种不同的定义圆弧的方式,执行绘制圆弧命令后出现如下提示:

(1)指定圆弧的起点或[圆心(C)]:可分别选圆弧的起点或圆心(C)。

指定起点后，出现如下提示：

(2)指定圆弧的第二个点或[圆心(C)/端点(E)]：

指定第二点后，出现如下提示：

(3)指定圆弧的端点：指定圆弧的端点，完成圆弧绘制。

在以上提示中，均有几个选项，若进行组合，就是下拉菜单中弹出的11种不同的定义圆弧的方式：

三点；

起点、圆心、端点；

起点、圆心、角度；

起点、圆心、长度；

起点、端点、角度；

起点、端点、方向；

起点、端点、半径；

圆心、起点、端点；

圆心、起点、角度；

圆心、起点、长度；

继续。

由此可以看出，圆弧的绘制主要基于"起点、圆心"方式、"起点、端点"方式和"圆心、起点"方式。

3. 说明

(1)在菜单中选取圆弧的绘制方式是明确的，相应的提示不再给出可以选择的参数。通过按钮或命令行输入绘制圆弧命令时，相应的提示会给出可能的多种参数。

(2)可以画出圆而难以直接绘制圆弧时，可通过打断或修剪方式获取圆弧。

4. 举例

(1)过三点画圆弧(3Point)，如图3-7所示。

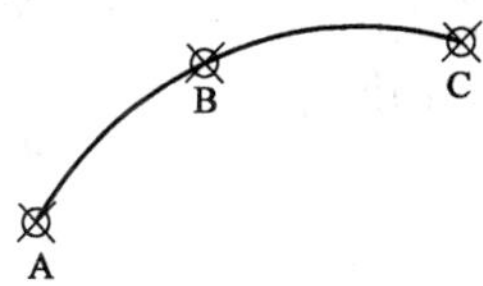

图3-7 过三点画圆弧

命令：ARC↙

指定圆弧的起点或[圆心(C)]：(指定起点A点)

指定圆弧的第二个点或[圆心(C)/端点(E)]：(指定第二点B点)

指定圆弧的端点：(指定端点C点)

(2) 用"起点、圆心"方式画圆弧，如图3-8所示。

该方法需要采用圆弧的起点和中心点。该选项组还有第三个参数，通过指定端点、角度或弦长来完成圆弧。

命令：ARC↙

指定圆弧的起点或[圆心(C)]：(指定起点A点)

指定圆弧的第二个点或[圆心(C)/端点(E)]：C↙

指定圆弧的圆心：(指定圆弧的圆心B点)

指定圆弧的端点或[角度(A)/弦长(L)]：(指定圆弧的端点D)

以上为"起点、圆心、端点"方式绘图，如图3-8a)所示。

如果在最后一行命令提示行中输入角度"A"并回车，则选择"起点、圆心、角度"方式，此时输入包含角的度数即可，若输入角度为正，则AutoCAD按逆时针方向绘制圆弧；若输入角度为负，则 AutoCAD 按顺时针方向绘制圆弧。如图 3-8b)所示，此时输入角度为 60°。

如果在最后一行命令提示行中输入弦长"L"并回车，则选择"起点、圆心、弦长"方式，此时输入指定的弦长即可。若输入的弦长为正则绘制小圆弧(小于 180°)，若输入的弦长为负，则绘制大圆弧(大于 180°)。如图 3-8c)所示，此时输入弦长为 200。

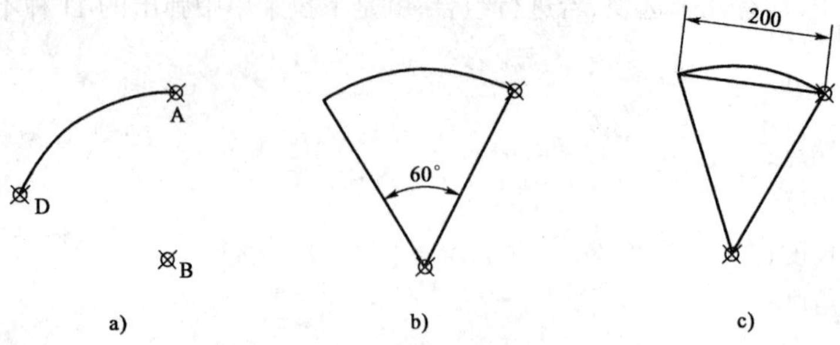

图 3-8 用"起点、圆心"方式画弧

(3) 用"起点、端点"方式画圆弧，如图 3-9 所示。

该方法需要采用圆弧的起点和端点。该选项组还有第三个参数，通过指定圆心、半径、角度和方向来完成圆弧。

命令：ARC↙

指定圆弧的起点或[圆心(C)]：(指定第一点 A 点)

指定圆弧的第二个点或[圆心(C)/端点(E)]：E↙

指定圆弧的端点：(指定圆弧的端点 B)

指定圆弧的圆心或[角度(A)/方向(D)/半径(R)]：A↙

指定包含角：60↙

在命令提示行中输入"A"则为"起点、端点、角度"方式，如图 3-9a)所示；输入方向"D" 则为"起点、端点、方向"方式，如图 3-9b)所示；输入半径"R" 则为"起点、端点、半径"方式，如图 3-9c)所示。

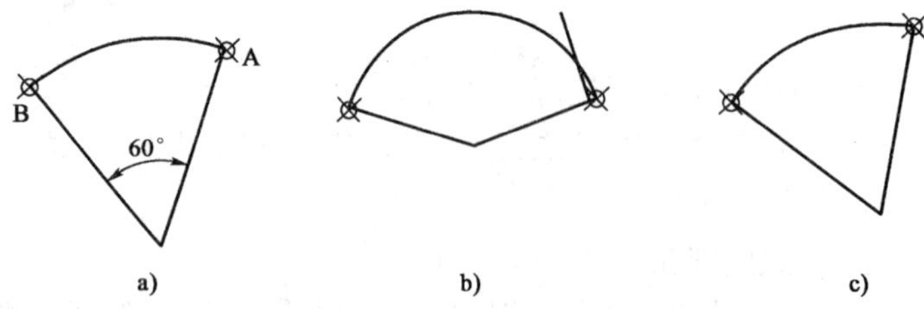

图 3-9 用"起点、端点"方式画弧

(4)用"圆心、起点"方式画圆弧，如图 3-10 所示。

命令：ARC↙

指定圆弧的起点或[圆心(C)]：C↙

指定圆弧的圆心：(指定点 O 为圆心)

指定圆弧的起点：(指定点 A 为圆弧起点)

指定圆弧的端点或[角度(A)/弦长(L)]：(指定点 B 为圆弧端点)

此为"圆心、起点、端点"方式，结果如图 3-10a)所示。

若在最后一行命令提示行中输入"A"则为"圆心、起点、角度"方式，输入角度为 60°，如图

3-10b)所示;输入“L” 则为“圆心、起点、弦长”方式,输入弦长为200,如图3-10c)所示。

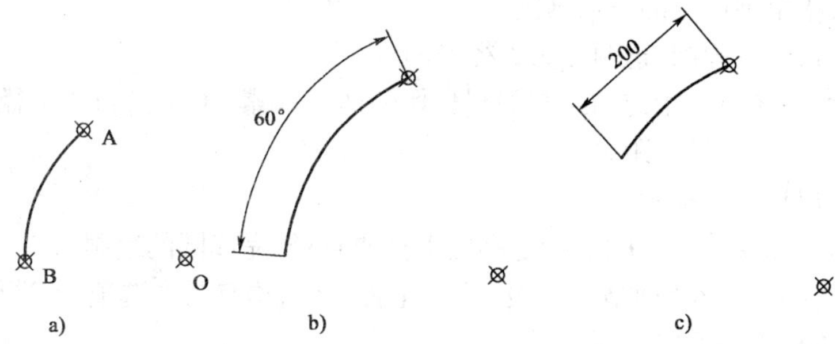

图3-10 用“圆心、起点”方式画圆弧

(5)用“继续”方式画圆弧,如图3-11所示。

在开始绘制圆弧时如果不输入点,而是按回车键或空格键,则采用连续的绘制方式,即该圆弧的起点为上一个圆弧或直线的终点,同时所绘制的圆弧与已有的圆弧或直线相切。

命令:ARC↙

指定圆弧的起点或[圆心(C)]:(指定A点)

指定圆弧的第二个点或[圆心(C)/端点(E)]:(指定B点)

指定圆弧的端点:(指定C点)

命令:↙

指定圆弧的起点或[圆心(C)]:↙

指定圆弧的端点:(指定D点)

命令:↙

指定圆弧的起点或[圆心(C)]:↙

指定圆弧的端点:(指定E点)

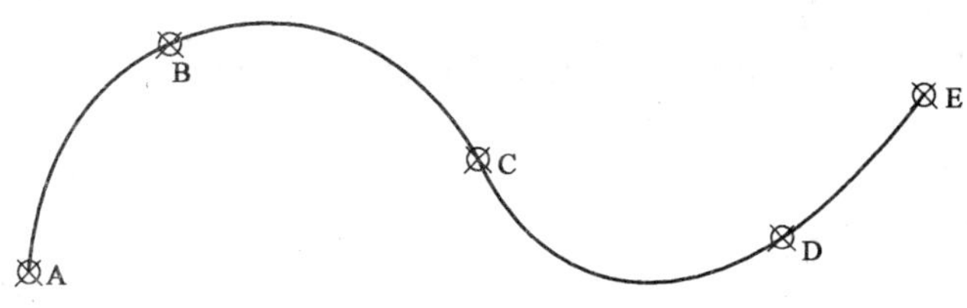

图3-11 连续画圆弧

3.5 绘制圆(CIRCLE)

圆在绘图过程中是使用最多的基本图形元素之一。AutoCAD可以用多种方法来绘制圆。

1. 输入命令的方法

单击“绘图”工具栏上按钮,或单击“绘图→圆”菜单项,或在命令行键入CIRCLE(C)并按回车键。

2. 命令提示及选项说明

执行绘制圆命令后出现如下提示:

(1)指定圆的圆心或[三点(3P)/两点(2P)/相切、相切、半径(T)]:

①指定圆的圆心:输入圆心。

②三点(3P):指定圆周上的三点画圆。

③两点(2P):选两点画圆,这两点为直径上两点。

④相切、相切、半径(T):指定与绘制的圆相切的两个元素,再定义圆的半径。圆的半径值必须不小于两元素之间的最短距离。

指定圆心后,出现如下提示:

(2)指定圆的半径或[直径(D)]:指定圆的半径或直径,完成圆的绘制。

AutoCAD 2004 提供了 6 种画圆的方法,在以上提示中,均有几个选项,若进行组合,就是下拉菜单中弹出的 6 种不同的定义圆的方式:

圆心、半径;

圆心、直径;

两点;

三点;

相切、相切、半径;

相切、相切、相切。

3. 说明

(1)切于直线时,不一定和直线有明显的切点,可以是直线延长后的切点。

(2)指定圆心或其他某点时可以配合对象捕捉方式准确绘图。

4. 举例

(1)用"圆心、直径"方式画圆,直径为 50,如图 3-12 所示。

命令:CIRCLE↙

指定圆的圆心或[三点(3P)/两点(2P)/相切、相切、半径(T)]:(指定点 O)

指定圆的半径或[直径(D)] < 22 > :D↙

指定圆的直径 < 44 > :50↙

(2)用"相切、相切、半径"方式画圆,半径为 30,如图 3-13 所示。

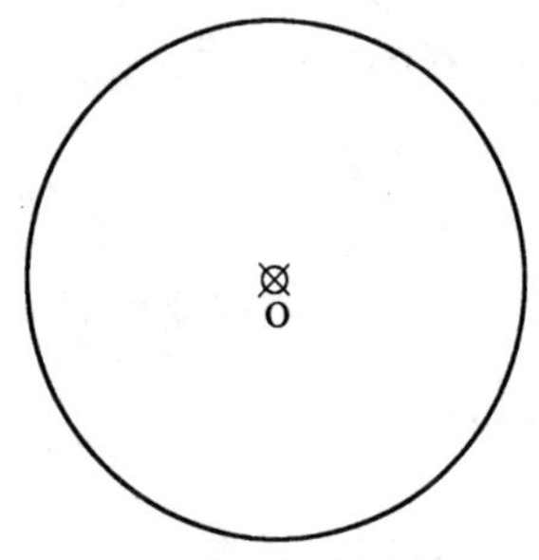

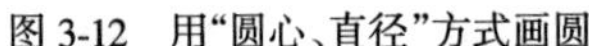

图 3-12　用"圆心、直径"方式画圆

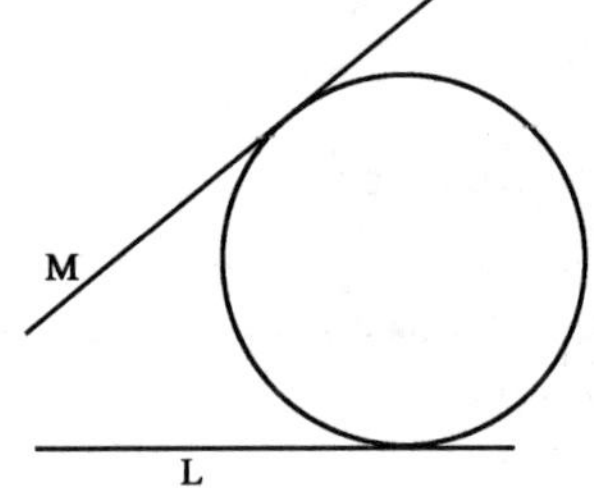

图 3-13　用"相切、相切、半径"方式画圆

若想画一个与两个现存实体(如两个圆或弧,两条直线,一个圆或弧和一条直线)相切的圆,可采用"相切、相切、半径"即画公切圆的方式来进行。

命令:CIRCLE↙

指定圆的圆心或[三点(3P)/两点(2P)/相切、相切、半径(T)]:T↙

在对象上指定一点作为圆的第一条切线:(指定直线 L)

在对象上指定一点作为圆的第二条切线:(指定直线 M)

指定圆的半径 <25.000> :30↙

(3)用"相切、相切、相切"方式画圆,如图 3-14 所示。

若想画一个与三个现存实体(如三个圆,三条直线,一个圆和两条直线等)相切的圆,可采用"相切、相切、相切"的方式来进行。

命令:(单击"绘图→圆→相切、相切、相切"菜单项)

指定圆上的第一点:_ tan 到(选取圆 A)

指定圆上的第二点:_ tan 到(选取圆 B)

指定圆上的第三点:_ tan 到(选取圆 C)

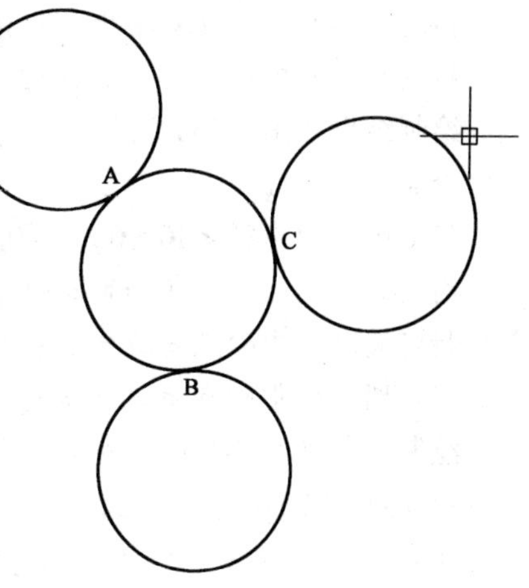

图 3-14 用"相切、相切、相切"方式画圆

3.6 绘制圆环和填充圆(DONUT)

圆环是由内外两圆组成的环形区域。使用绘制圆环命令 DONUT 可绘制填充的或不填充的圆环。

填充圆环可看作由一组带宽度的弧段组成的多段线。其主要参数有圆心、内直径和外直径。如内直径为 0,则为填充圆;如内直径等于外圆环,则为圆。填充圆环有很多有用的功能,例如建立孔、接线片、基座、点等。

1. 输入命令的方法

在缺省的"绘图"工具栏中没有对应的按钮,可通过自定义"绘图"工具栏中找到按钮,单击"绘图"工具栏◎按钮,或单击"绘图→圆环" 菜单项,或在命令行键入 DONUT 并按回车键。

2. 命令提示及选项说明

执行绘制圆环命令后出现如下提示:

(1)指定圆环的内径 <0.000> :输入圆环的内径值。

在确定圆环的内径值后,出现如下提示:

(2)指定圆环的外径 <0.000> :输入圆环的外径值。

在确定圆环的外径值后,出现如下提示:

(3)指定圆环的中心点 <退出> :指定第一个圆环的中心点。

(4)指定圆环的中心点 <退出> :指定第二个圆环的中心点。回车退出绘制圆环。

3. 说明

圆环中填充模式与 FILLMODE 变量的设定有关,当 FILLMODE 为 0 时,圆环为不填充方式;当 FILLMODE 为 1 时,圆环实体填充。

4. 举例

绘制圆环,如图 3-15 所示。

命令:DONUT↙

指定圆环的内径 <10.000> :20↙

指定圆环的外径 <10.000> :40↙

指定圆环的中心点<退出>:(指定圆环中心点)

指定圆环的中心点<退出>:↙

绘制结果如图 3-15a)所示。

命令:DONUT↙

指定圆环的内径<10.000>:40↙

指定圆环的外径<10.000>:40↙

指定圆环的中心点<退出>:(指定圆环中心点)

指定圆环的中心点<退出>:↙

绘制结果如图 3-15b)所示。

命令:DONUT↙

指定圆环的内径<10.000>:0↙

指定圆环的外径<10.000>:40↙

指定圆环的中心点<退出>:(指定圆环中心点)

指定圆环的中心点<退出>:↙

绘制结果如图 3-15c)所示。

上图中 FILLMODE = 1,当 FILLMODE = 0 时,图 3-15a)就会如图 3-16 所示。

a)

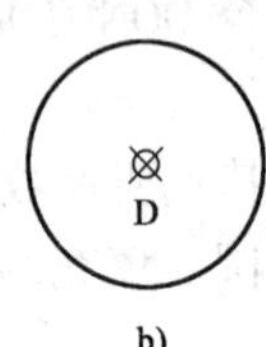

b)

c)

图 3-15 绘制圆环(FILLMODE = 1)

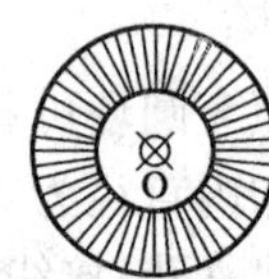

图 3-16 绘制圆环(FILLMODE = 0)

3.7 绘制椭圆(ELLIPSE)

椭圆和椭圆弧也是一种基本的图形元素。在 AutoCAD 绘图中,椭圆的形状主要由中心、长轴和短轴这三个参数来描述。

1. 输入命令的方法

单击"绘图"工具栏按钮,或单击"绘图→椭圆"菜单项,或在命令行键入 ELLIPSE (EL)并按回车键。

2. 命令提示及选项说明

执行绘制椭圆命令后出现以下提示:

指定椭圆的轴端点或[圆弧(A)/中心点(C)]:指定椭圆的轴端点;如需绘制椭圆弧,输入 A 回车;如需指定椭圆的中心点,输入 C 回车。

①在指定椭圆的轴端点后,有如下提示:

指定轴的另一个端点:指定椭圆轴的第二个端点。

然后出现如下提示:

指定另一条半轴的长度或[旋转(R)]:输入另一条半轴的长度,完成椭圆的绘制;R 选项为圆经过旋转而得的椭圆,输入 R 回车,出现如下提示:

指定绕长轴旋转的角度:指定旋转角度值,完成椭圆的绘制。

②在输入 A 回车后,有如下提示:

指定椭圆弧的轴端点或[中心点(C)]:指定椭圆轴端点或指定椭圆的中心点 C。

指定椭圆轴端点后出现如下提示:

指定轴的另一个端点:指定轴的另一个端点。

指定另一条半轴长度或[旋转(R)]:指定另一条半轴长度或输入 R 回车,R 选项操作同上。

指定另一条半轴长度后出现如下提示:

指定起始角度或[参数(P)]:指定起始角度或输入参数 P 回车。

指定起始角度后出现如下提示:

指定终止角度或[参数(P)/包含角度(I)]: 可指定终止角度完成椭圆弧的绘制;或选择参数 P 选项;或选择包含角度 I 选项。

如果选择参数 P 选项,则通过矢量参数方程式创建椭圆弧,这里不再详细介绍。

如果选择包含角度 I 选项,出现如下提示:

指定弧的包含角度 <180> :输入椭圆包含的角度。

③在输入 C 回车后出现如下提示:

指定椭圆的中心点:点取中心点。

指定轴的端点:点取轴端点。

指定另一条半轴长度或[旋转(R)]:指定另一个半轴长度,完成椭圆的绘制;R 选项操作同上。

3. 说明

绘制椭圆时,旋转角度应介于 0° ~ 89.4°之间,如果旋转角度为 0°,则绘制一个圆;如果旋转角度超过 89.4°,则无法绘制椭圆。

4. 举例

(1)给定一个轴和另一个半轴画椭圆,如图 3-17 所示。

命令:EL↙

指定椭圆的轴端点或[圆弧(A)/中心点(C)]:(在 A 点位置单击)

指定轴的另一个端点:(在 B 点位置单击)

指定另一条半轴的长度[或旋转(R)]:40↙

(2)用中心点定位和旋转选项画椭圆,如图 3-18 所示。

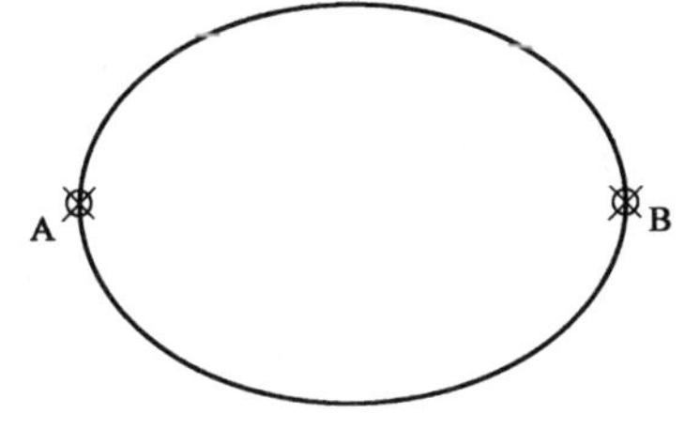

图 3-17 给定一个轴和另一个半轴画椭圆

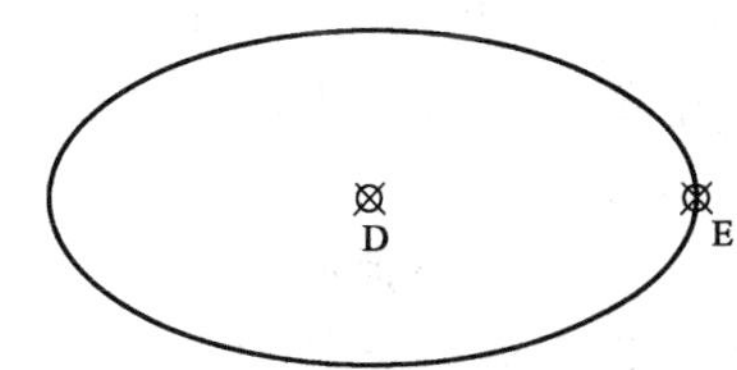

图 3-18 用中心点定位和旋转选项画椭圆

命令:EL↙

指定椭圆的轴端点或[圆弧(A)/中心点(C)]:C↙

指定椭圆的中心点:(在 D 点位置单击)

指定轴的端点:(在 E 点位置单击)

指定另一条半轴的长度或[旋转(R)]:R↙

指定绕长轴旋转的角度:60↙

(3)给定椭圆的一个轴和另一个半轴以及椭圆弧的起始角度和包含角度画椭圆弧,如图 3-19 所示。

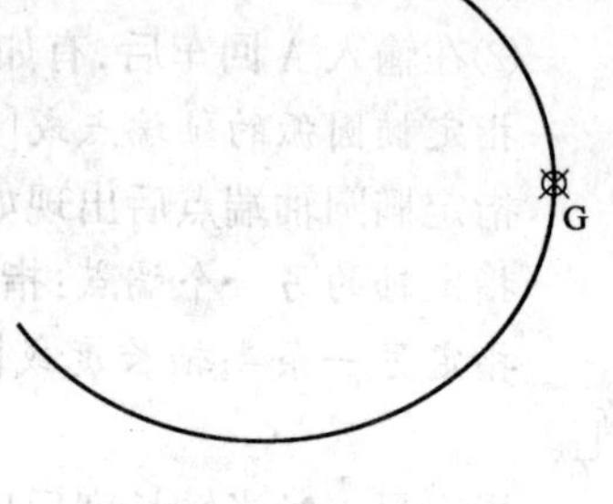

图 3-19 画椭圆弧

命令:EL↙

指定椭圆的轴端点或[圆弧(A)/中心点(C)]:A↙

指定椭圆弧的轴端点或[中心点(C)]:(在 F 点位置单击)

指定轴的另一个端点:(在 G 点位置单击)

指定另一条半轴长度或[旋转(R)]:60↙

指定起始角度或[参数(P)]:30↙

指定终止角度或[参数(P)/包含角度(I)]:I↙

指定弧的包含角度 <180>:200↙

3.8 绘制矩形 (RECTANG)

矩形是绘制平面图形时常用的简单图形,也是构成复杂图形的基本图形元素。可通过定义矩形的两个对角点来绘制矩形,同时可以设定其宽度、圆角和倒角等。

1. 输入命令的方法

单击“绘图”工具栏 ▭ 按钮,或单击“绘图→矩形”菜单项,或在命令行键入 RECTANG (REC)并按回车键。

2. 命令提示及选项说明

执行绘制矩形命令后出现以下提示:

指定第一个角点或[倒角(C)/标高(E)/圆角(F)/厚度(T)/宽度(W)]:

①指定第一个角点:该选项用于确定矩形第一个角的位置,是系统的默认选项。

②倒角(C):该选项用于确定矩形的倒角尺寸。

③标高(E):该选项用于确定矩形的绘图标高,主要用于三维图形。

④圆角(F):该选项用于确定矩形的圆角尺寸。

⑤厚度(T):该选项用于确定矩形的厚度,主要用于三维图形。

⑥宽度(W):该选项用于确定矩形多段线的宽度。

输入第一个角点后出现如下提示:

指定另一个角点或[尺寸(D)]:输入另一个角点,完成矩形的绘制;或选择 D 选项,用矩形的长和宽创建矩形。

输入 D 回车,出现如下提示:

指定矩形的长度:输入长度数值。

输入长度回车,出现如下提示:

指定矩形的宽度:输入宽度数值,回车结束命令。

3. 说明

(1)用矩形命令绘制的矩形是用多段线所画,编辑时为一整体。可以通过分解命令使之分解成单个的线段,同时失去线宽性质。

(2)线宽是否填充与系统变量 FILLMODE 的设置有关。

4. 举例

(1)指定矩形的长和宽尺寸绘制矩形,如图 3-20 所示。

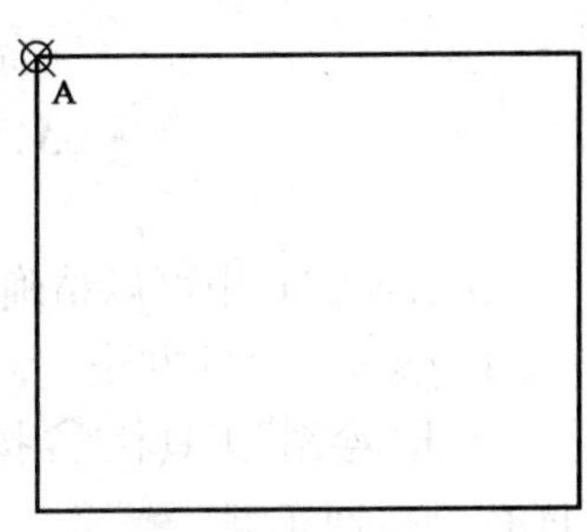

图 3-20 指定矩形的长和宽尺寸绘制矩形

命令:REC↙

指定第一个角点或[倒角(C)/标高(E)/圆角(F)/厚度(T)/宽度(W)]:(点取 A 点)

指定另一个角点或[尺寸(D)]:D↙

指定矩形的长度:100↙

指定矩形的宽度:80↙

指定另一个角点或[尺寸(D)]:(在 A 点右下方点取一点)

(2)给出倒角、圆角、宽度等绘制矩形,如图 3-21 所示。

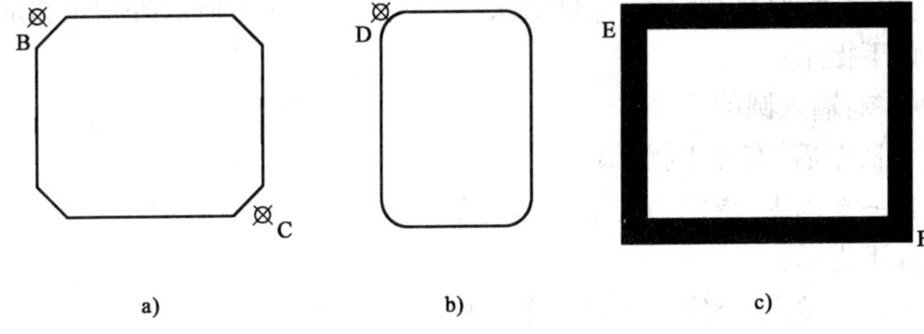

图 3-21 给出倒角、圆角、宽度绘制矩形

命令:REC↙

指定第一个角点或[倒角(C)/标高(E)/圆角(F)/厚度(T)/宽度(W)]:C↙

指定矩形的第一个倒角距离:10↙

指定矩形的第二个倒角距离:10↙

指定第一个角点或[倒角(C)/标高(E)/圆角(F)/厚度(T)/宽度(W)]:(点取 B 点)

指定另一个角点或[尺寸(D)]:(点取 C 点)

绘制结果如图 3-21a)所示。

命令:REC↙

指定第一个角点或[倒角(C)/标高(E)/圆角(F)/厚度(T)/宽度(W)]:F↙

指定矩形的圆角半径:10↙

指定第一个角点或[倒角(C)/标高(E)/圆角(F)/厚度(T)/宽度(W)]:(点取 D 点)

指定另一个角点或[尺寸(D)]:@50,-70

绘制结果如图 3-21b)所示。

命令:REC↙

指定第一个角点或[倒角(C)/标高(E)/圆角(F)/厚度(T)/宽度(W)]:W↙

指定矩形的线宽:8↙

指定第一个角点或[倒角(C)/标高(E)/圆角(F)/厚度(T)/宽度(W)]:(点取 E 点)

指定另一个角点或[尺寸(D)]:(点取 F 点)

绘制结果如图 3-21c)所示。

3.9 绘制正多边形（POLYGON）

在 AutoCAD 中可以精确绘制边数多达 1024 的正多边形。

1. 输入命令的方法

单击“绘图”工具栏按钮，或单击“绘图→正多边形”菜单项，或在命令行键入 POLYGON（POL）并按回车键。

2. 命令提示及选项说明

执行绘制正多边形命令后出现以下提示：

输入边的数目：输入边的数目。

指定多边形的中心点或[边(E)]：指定多边形的中心点；或选择边。

①在指定多边形的中心点后，有如下提示：

输入选项[内接于圆(I)/外切于圆(C)]<I>：可选择内接于圆或外切于圆的方式。

接着出现如下提示：

指定圆的半径：输入圆的半径。

②在输入 E 回车后，有如下提示：

指定边的第一个端点：指定边的第一个端点。

接着出现如下提示：

指定边的第二个端点：指定边的第二个端点。

3. 说明

绘制的正多边形是一多段线，是一个整体。使用直线命令可以创建任何多边形，但它们各边是独立的直线对象。

4. 举例

（1）绘制内接于圆的正多边形，如图 3-22a）所示。

命令：POL↙

输入边的数目：5↙

指定多边形的中心点或[边(E)]：（点取 A 点）

输入选项[内接于圆(I)/外切于圆(C)]<I>：↙

指定圆的半径：50↙

（2）绘制外切于圆的正多边形，如图 3-22b）所示。

命令：POL↙

输入边的数目：5↙

指定多边形的中心点或[边(E)]：（点取 B 点）

输入选项[内接于圆(I)/外切于圆(C)]：C↙

指定圆的半径：50↙

（3）按边来绘制正多边形，如图 3-22c）所示。

命令：POL↙

输入边的数目：5↙

指定多边形的中心点或[边(E)]：E↙

指定边的第一个端点：（点取 C 点）

指定边的第二个端点:(点取 D 点)

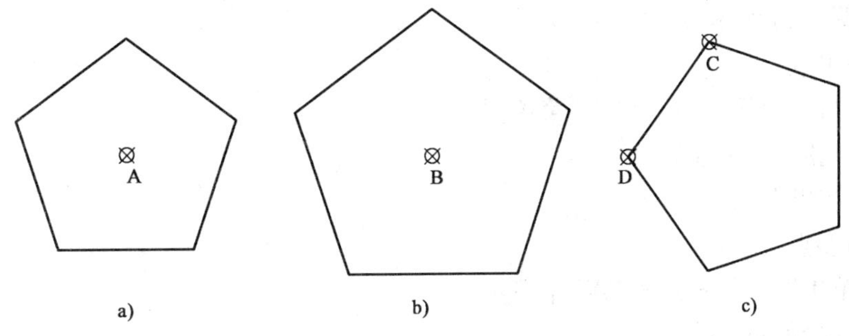

图 3-22　绘制正多边形

3.10　绘制点 (POINT)

点是组成图形的最基本的实体对象。

1. 点样式(DDPTYPE)

1)输入命令的方法

单击"格式→点样式"菜单项,或在命令行键入 DDPTYPE 并按回车键。

2)"点样式"对话框

执行点样式命令后,打开"点样式"对话框,如图 3-23 所示。

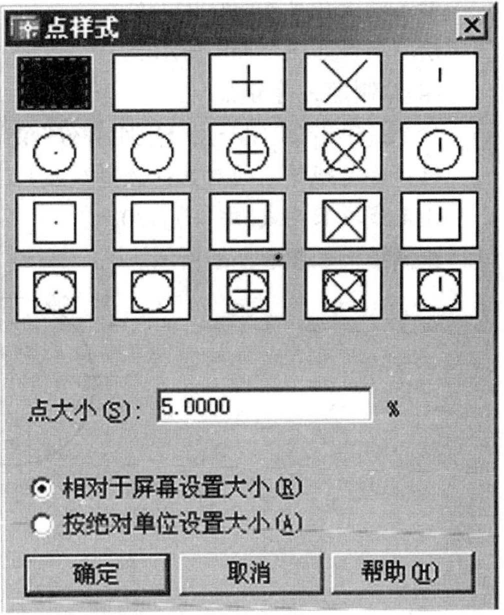

图 3-23 "点样式"对话框

该对话框中的各选项说明如下:

(1)"点样式"选项区:可以任选一种点的样式。

(2)"点大小"编辑框:用于设置点的大小。

(3)"相对于屏幕设置大小"单选框:选中该单选框,则按屏幕尺寸的百分比设置点的显示大小。此时点的大小不随图形的缩放而改变。

(4)"按绝对单位设置大小"单选框:选中该单选框,则按"点大小"编辑框中设置的点的绝对尺寸显示点的大小。此时点的大小随图形的缩放而改变。

2. 绘制点(POINT)

1)输入命令的方法

单击"绘图"工具栏 · 按钮;或在命令行键入 POINT 回车;或单击"绘图→点"菜单项,弹出 4 个子菜单项如图 3-24 所示,选择子菜单。

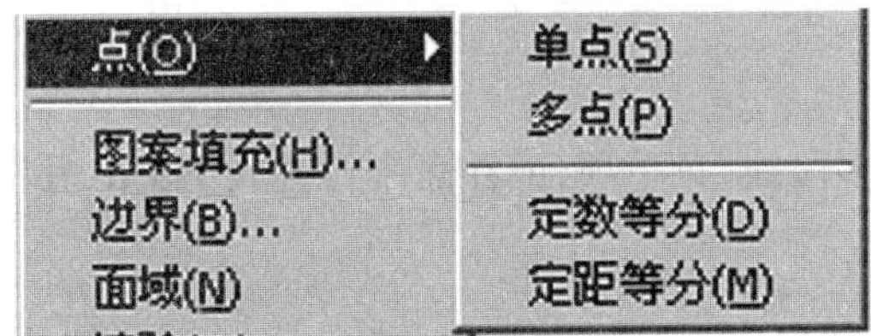

图 3-24 "点"的子菜单

2)命令提示及选项说明

单击"绘图"工具栏 · 按钮,或在命令行键入 POINT 回车后出现如下提示:

指定点:指定点的位置。

在指定点的位置后还会出现"指定点:"提示,回车结束指定点。

3)举例

绘制如图 3-25 所示各种类型的点。

(1)绘制单点

命令:(单击“绘图→点→单点”菜单项)

指定点:(指定点的位置 A)

绘制结果如图 3-25a)所示。

(2)绘制多点

命令:(单击“绘图→点→多点”菜单项)

指定点:(拾取点 B)

指定点:(拾取点 C)

指定点:(拾取点 D)

指定点:↙

绘制结果如图 3-25b)所示。

(3)绘制定数等分点

命令:(单击“绘图→点→定数等分”菜单项)

选择要定数等分的对象:(选择圆)

输入线段数目或[块(B)]:6↙

绘制结果如图 3-25c)所示。

(4)绘制定距等分点

命令:(单击“绘图→点→定距等分”菜单项)

选择要定距等分的对象:(选择直线)

指定线段长度或[块(B)]:30↙

绘制结果如图 3-25d)所示。

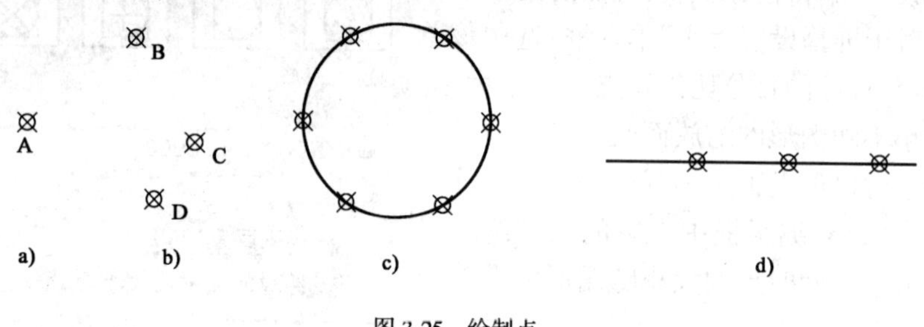

图 3-25　绘制点

3.11　绘制多段线(PLINE)

多段线可以由等宽或不等宽的直线或圆弧组成,AutoCAD 把多段线看作是一个整体对象,可以用编辑多段线命令 PEDIT 进行各种处理。

1. 输入命令的方法

单击“绘图”工具栏按钮,或单击“绘图→多段线”菜单项,或在命令行键入 PLINE 并按回车键。

2. 命令提示及选项说明

执行绘制多段线命令后出现以下提示:

指定起点:指定起始点。

指定下一点或[圆弧(A)/闭合(C)/半宽(H)/长度(L)/放弃(U)/宽度(W)]:

其各项含义为:

①圆弧(A):可用不同方法绘制多段线圆弧,也可画成不同粗细的圆弧。

②闭合(C):绘制封闭多段线。

③半宽(H):设置多段线的半宽度。

④长度(L):给定一长度绘制多段线。

⑤放弃(U):取消上一次所绘制的一段多段线。

⑥宽度(W):设置多段线的宽度,其默认值为0。

当选择"圆弧(A)"选项时,出现如下提示:

指定圆弧的端点或[角度(A)/圆心(CE)/闭合(CL)/方向(D)/半宽(H)/直线(L)/半径(R)/第二个点(S)/放弃(U)/宽度(W)]:

其各项含义为:

①角度(A):给出角度,逆时针为正。

②圆心(CE):指定中心点。

③闭合(CL):用圆弧封闭多段线,并退出 PLINE 命令。

④方向(D):给定切线方向绘制多段线圆弧。

⑤半宽(H):设置多段线的半宽。

⑥直线(L):改变为画多段直线。

⑦半径(R):给定半径绘制多段线圆弧。

⑧第二个点(S):选择三点绘圆弧中的第二点。

⑨放弃(U):取消上一次选项的操作。

⑩宽度(W):设置多段线的宽度。

3. 说明

(1)多段线的专用编辑命令为 PEDIT,将在编辑命令中介绍。

(2)多段线的宽度是否显示和 FILLMODE 变量的设置有关。

4. 举例

绘制多段线,如图 3-26 所示。

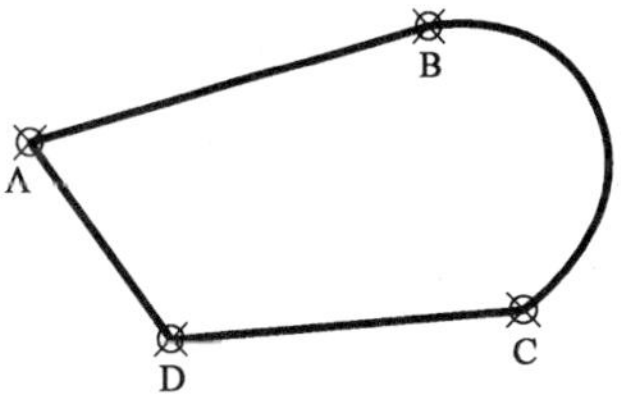

命令:PLINE↙

指定起点:(指定 A 点)

指定下一点或[圆弧(A)/半宽(H)/长度(L)/放弃(U)/宽度(W)]:W↙

指定起点宽度:2↙

指定端点宽度:4↙

指定下一点或[圆弧(A)/半宽(H)/长度(L)/放弃(U)/宽度(W)]:(指定 B 点)

指定下一点或[圆弧(A)/闭合(C)/半宽(H)/长度(L)/放弃(U)/宽度(W)]:A↙

指定圆弧的端点或[角度(A)/圆心(CE)/闭合(CL)/方向(D)/半宽(H)/直线(L)/半径(R)/第二个点(S)/放弃(U)/宽度(W)]:(指定 C 点)

指定圆弧的端点或[角度(A)/圆心(CE)/闭合(CL)/方向(D)/半宽(H)/直线(L)/半径(R)/第二个点(S)/放弃(U)/宽度(W)]:L↙

A B C D

图 3-26 绘制多段线

指定下一点或[圆弧(A)/闭合(C)/半宽(H)/长度(L)/放弃(U)/宽度(W)]:(指定 D 点)
指定下一点或[圆弧(A)/闭合(C)/半宽(H)/长度(L)/放弃(U)/宽度(W)]:C↙

3.12 图案填充(BHATCH)

在机械图、建筑图上,需要在剖视图、断面图上绘制填充图案。在其他的设计图上,也经常需要将某一区域填充某种图案。合理地使用剖面线可以清晰地表达设计思想,增强图纸的可阅读性,用 AutoCAD 2004 实现图案填充是非常灵活方便的。

1. 图案填充(BHATCH)

1)输入命令的方法

单击"绘图"工具栏按钮,或单击"绘图→图案填充"菜单项,或在命令行键入 BHATCH 并按回车键。

2)"边界图案填充"对话框

执行图案填充命令后弹出"边界图案填充"对话框,如图 3-27 所示,该对话框包含了"图案填充"、"高级"和"渐变色"3 个选项卡。

(1)"图案填充"选项卡中各选项说明如下:

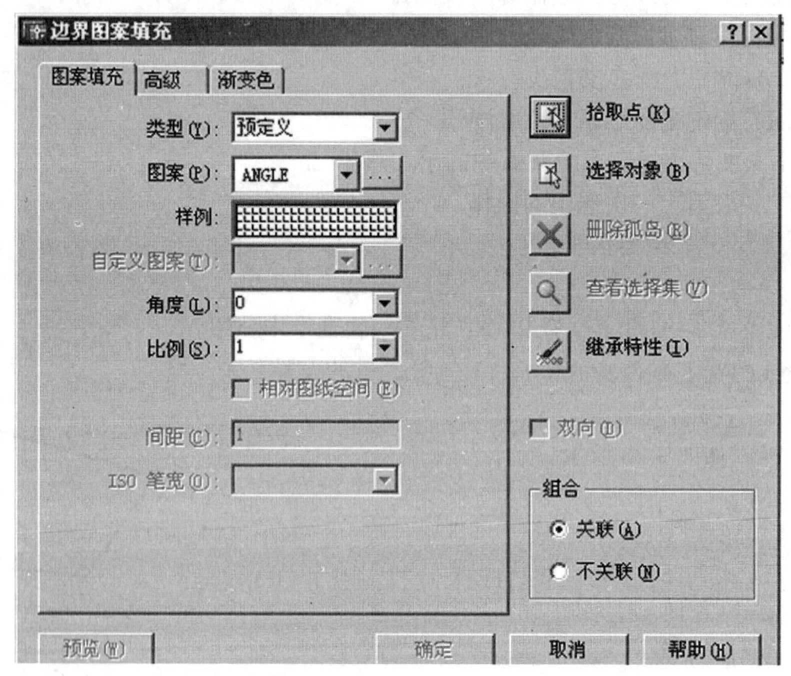

图 3-27 "边界图案填充"对话框

①"类型"下拉列表框:用于确定图案填充类型。包括"预定义"、"用户定义"和"自定义"3种。"预定义"指该图案已经在 ACAD.PAT 中定义好。"用户定义"指使用当前线型定义的图案。"自定义"指定义在除 ACAD.PAT 外的其他文件中的图案。

②"图案"下拉列表框:用于确定目前图案的名称。点取向下的小箭头按钮会列出图案名称,如果点取了"图案"右侧的按钮,则弹出"填充图案调色板"对话框。

③"样例"预览框:显示选择的图案样式。

④“自定义图案”下拉列表框：只有在类型中选了自定义后该项方可选。

⑤“角度”下拉列表框：用于设置填充图案的角度。注意选用图案 ANSI31 时，该值设置为 0。

⑥“比例”下拉列表框：用于设置填充图案的比例，比例越大则间距越大。

⑦“相对图纸空间”复选框：如果选中该复选框，则所确定的图形比例是相对于图纸空间而言的。

⑧“拾取点”按钮：通过拾取点的方式自动产生一封闭的填充边界。

⑨“选择对象”按钮：通过选择一系列构成边界的对象使系统获得填充边界。

⑩“删除孤岛”按钮：填充时将孤岛“删除”，即不考虑存在孤岛。孤岛即位于选择范围之内的独立区域。

(2)“高级”选项卡中各选项说明如下(图 3-28)：

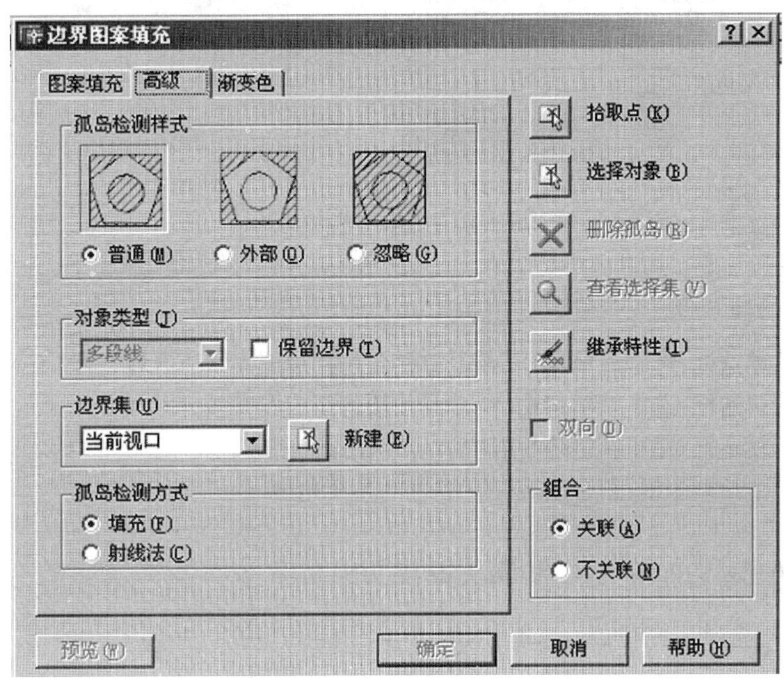

图 3-28 “高级”选项卡

①“孤岛检测样式”选项区：控制系统处理孤岛的方法。系统默认为“普通”。也可设置为“外部”或“忽略”。

②“对象类型”下拉列表框：用于设置保留边界的类型是多段线或面域。该项只有在选中了“保留边界”复选框后才有效。

③“保留边界”复选框：用于控制是否保留检测的边界。

④“边界集”下拉列表框：用于设置通过“拾取”点方式产生图案填充区域时如何检查对象。

⑤“新建”按钮：用于新建边界集。

⑥“孤岛检测方式”选项区：用于控制孤岛边界产生的方式。可以在“填充”和“射线法”两个单选框中选择。

⑦“查看选择集”按钮：单击该按钮返回到图纸，查看当前选择集。

⑧“继承特性”按钮：用于选择一个已有的填充图案作为当前填充图案。

⑨“组合”选项区:用于设置填充图案是否与边界关联,控制当前边界改变时,填充图案是否跟随改变。关联时填充图案和边界密切相关,不关联基本上和边界无关。

(3)“渐变色”选项卡中各选项说明如下(图 3-29):

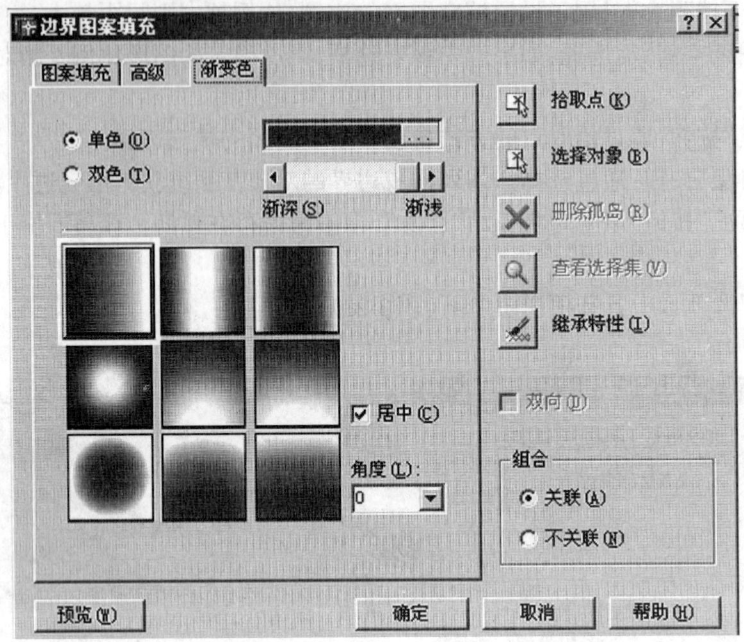

图 3-29 “渐变色”选项卡

①“单色”单选框:选中该单选框,则由单种颜色构成图案填充区域,深浅度可调节。

②“双色”单选框:选中该单选框,则由两种颜色组成图案填充区域。

③“居中”复选框:用于确定是否居中。

④“角度”下拉列表框:用于确定图案颜色的填充角度。

3)举例

在图 3-30 所示的图形中填充图案 ANSI31,方向相反,比例为 2。

命令:BHATCH↙

弹出“边界图案填充”对话框,点击“拾取点”按钮,回到绘图界面。

选择内部点:(选取正七边形范围内的任意点)

在“边界图案填充”对话框中设置图案为 ANSI31,比例为 2,角度为 90°,点击“确定”按钮。

命令:BHATCH↙

弹出“边界图案填充”对话框,选择“高级”选项卡,“孤岛检测样式”为“外部”,点击“拾取点”按钮,回到绘图界面。

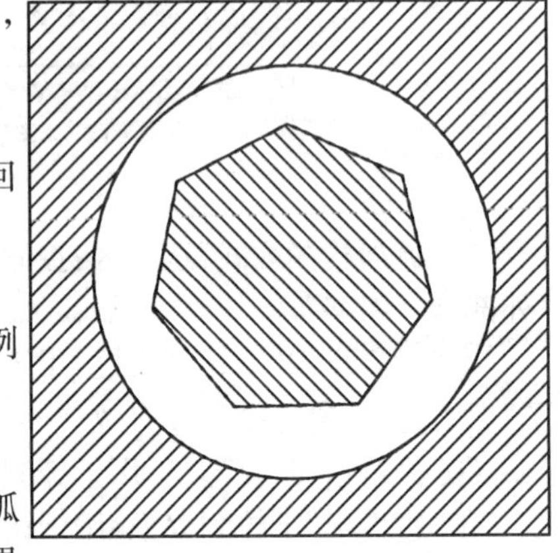

图 3-30 填充图案

选择内部点:(选取四边形与圆之间的任意点)

在“边界图案填充”对话框中设置图案为 ANSI31,比例为 2,角度为 0°,点击“确定”按钮。

绘制结果如图 3-30 所示。

2. 图案填充编辑(HATCHEDIT)

使用图案填充编辑可以编辑填充边界和填充图案。

1)输入命令的方法

在缺省的“修改”工具栏中没有对应的按钮,可通过自定义“修改”工具栏中找到按钮,单击“修改”工具栏 按钮,或单击“修改→对象→图案填充”菜单项,或在命令行键入 HATCHEDIT 并按回车键。

2)命令提示及选项说明

执行 HATCHEDIT 命令后,系统出现如下提示:

选择关联填充对象:选择对象后弹出“图案填充编辑”对话框,同样包含“图案填充”、“高级”和“渐变色”3 个选项卡,用户可以根据要求在对话框中进行编辑。

3)说明

填充图案无论多么复杂,通常情况下都是一个整体,如有需要,可先行分解再进行相关的操作。

3.13 徒手画线(SKETCH)

AutoCAD 通过记录光标的轨迹来绘制徒手线。该命令经常用于绘制地图、等高线、签名或是机械制图中的断开线。采用鼠标可以绘制徒手线,但最好采用数字化仪及光笔。

1. 输入命令的方法

在命令行键入 SKETCH 并按回车键。

2. 命令提示及选项说明

执行 SKETCH 命令后,系统出现如下提示:

记录增量 <1.000>:改变记录增量值。

徒手画。画笔(P)/退出(X)/结束(Q)/记录(R)/删除(E)/连结(C):输入 P,可开始画线。

<笔落>:输入 P,抬笔。

<笔提>:输入 R,记录。

已记录 X 条直线。

(1)记录增量:控制记录的步长,值越小,记录越精确。

(2)画笔(P):输入 P 或按一下鼠标左键控制笔的起落。

(3)退出(X):退出画徒手线,将鼠标轨迹转换成记录并回到命令行状态。

(4)结束(Q):退出画徒手线,对鼠标轨迹不进行记录。

(5)记录(R):将画笔的轨迹转变成记录,但不退出 SKETCH 命令。

(6)删除(E):删除未记录的轨迹。

(7)连结(C):在画笔的轨迹未记录的情况下,笔提后,光标离开了轨迹,这时输入 C,并将光标移到最近绘制轨迹的端点,则会自动与该端点连接继续绘制徒手线。

3. 说明

(1)如果在徒手画时希望使用捕捉、正交等模式,必须采用键盘上的功能键切换。

(2)当系统变量 Skpoly = 0 时,所画的线是普通线;当系统变量 Skpoly = 1 时,所画的线是连续的多段线。

4. 举例

绘制徒手线，如图 3-31 所示。

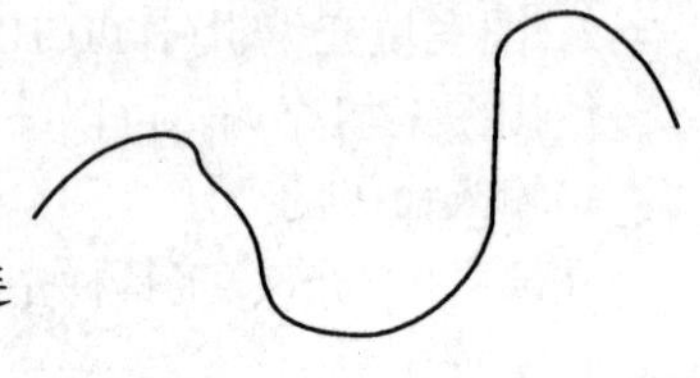

图 3-31　绘制徒手线

命令：SKETCH↙

记录增量 <1.000>：0.1↙

徒手画。画笔(P)/退出(X)/结束(Q)/记录(R)/删除(E)/连结(C)：P

<笔落>：(移动光标绘制徒手线)P↙

<笔提>：R↙

已记录 82 条直线：X

第4章　图　层

图层是用户组织和管理图形对象的工具。图层就相当于一层层透明的纸，在上面绘制图形，然后将纸叠起来，就构成了最终的图形。所有图形对象都具有图层、颜色、线型和线宽等4个基本属性，每个图层都具有一定的属性和状态，通过属性的控制，可以方便地绘制出各种不同特点的对象。在绘图过程中利用图层可以有效地组织不同类型的图形信息，降低视觉的复杂程度，提高绘图效率。

4.1　创建新图层

在一个复杂的图形中，有许多不同类型的图形对象，为了便于区分和管理，可以通过创建多个图层，将类型相同的对象归类在同一个图层上，并对不同的图形对象设置颜色、线型和线宽，这不仅能使图形的各种信息有序，便于观察，而且也会给图形的编辑和输出带来很大的方便。

1. 创建图层

在默认情况下，AutoCAD 自动创建一个图层，即图层 0。该图层使用 7 号颜色(白色或黑色由背景色决定)、连续(Continuous)线型、线宽为 0.25 毫米或 0.01 英寸、标准(Normal)打印样式。图层 0 不能被删除或重命名。用户要使用图层来组织自己的图形，就需要创建图层。

在 AutoCAD 中，所有关于图层的信息都在“图层特性管理器”里，如图 4-1 所示。用户可以通过该对话框进行图层的管理。

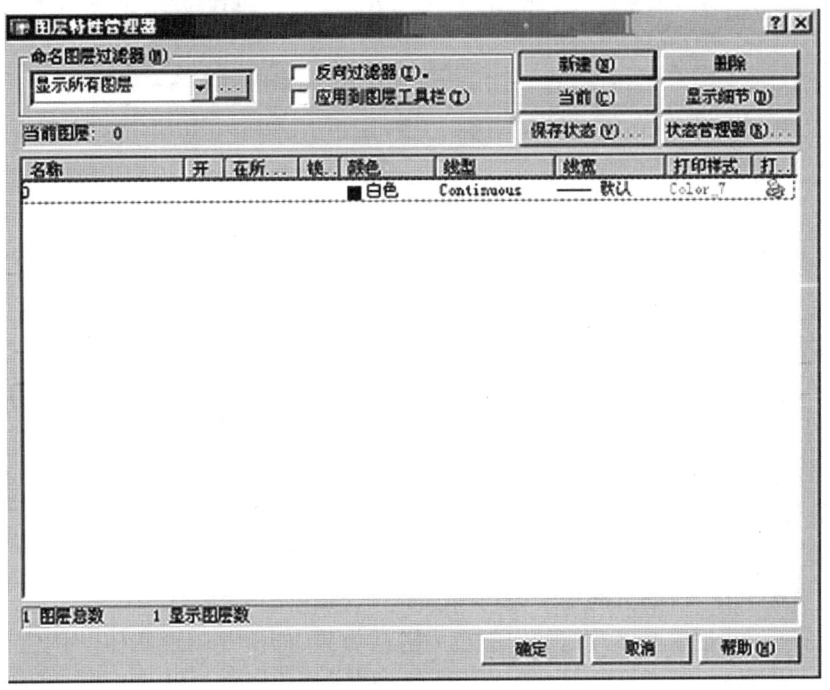

图 4-1　“图层特性管理器”对话框

单击“格式→图层” 菜单项,或者直接在命令行中键入 Layer 或 La 后按回车键,或者单击“图层”工具栏中的“图层特性管理器”按钮,就打开了“图层特性管理器”对话框。

单击“新建”按钮,在图层列表中将出现一个名称为“图层 1”的新图层。默认情况下,新建图层与当前图层的状态、颜色、线型及线宽等设置相同。AutoCAD 将为每个新图层自动添加顺序编号,如果“图层 1”已经存在,则再次新建的图层名称为“图层 2”,编号依次增加。为了便于管理,用户往往在“名称”列对应的编辑框中输入自定义的图层名,如“中心线”,以表示在该层中绘制的图形元素为中心线。

2. 设置图层颜色

图层的颜色代表了图层中图形对象的色彩,不同的图层颜色有助于区分不同的图形对象信息。在图 4-1 所示的“图层特性管理器”对话框中,单击“颜色”列对应的颜色,打开“选择颜色”对话框,如图 4-2 所示。

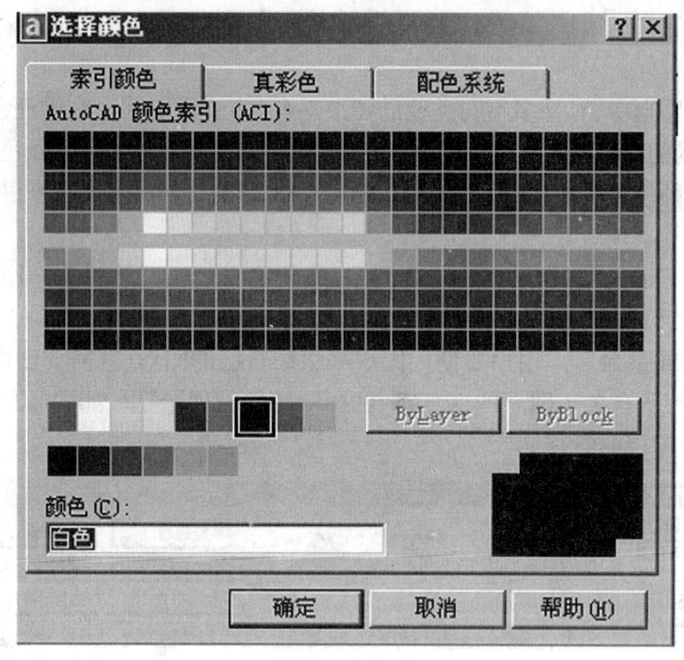

图 4-2 “选择颜色”对话框

在“选择颜色”对话框中,用户可以使用“索引颜色”、“真彩色”和“配色系统”等选项卡来选择颜色。通常情况下,使用“索引颜色”选项卡可以在颜色调色板上根据颜色的索引号来选择颜色,这些索引号足以满足用户的需要。该选项卡中各选项的含义如下:

(1)“颜色索引”列表:该列表包含了 240 种颜色。当选择某一颜色时,在列表的下面将显示该颜色序号,以及对应红、绿、蓝的 RGB 值。

(2)“标准颜色”选项区:在该选项区中包含了红、黄、绿、紫等 9 种标准颜色,这在图层颜色设置中是最常用的。

(3)“灰度颜色”选项区:在该选项区中包含了 6 种灰度颜色可供选用。

(4)“颜色”编辑框:该编辑框用于编辑和显示所选颜色的名称或序号。

(5)“ByLayer”按钮:单击该按钮确定颜色为随层方式,即所绘图形实体的颜色与所在图层颜色一致。如“选择颜色”对话框从“图层特性管理器”对话框中打开,“ByLayer”按钮显灰,这表示设定的颜色一定是随层的。

(6)"ByBlock"按钮:单击该按钮确定颜色为随块方式。

3. 设置图层线型

线型是指作为图形基本元素的线条的组成和显示方式,如实线、虚线、点划线、双点划线等,通过图层可以设置其中对象的线型。

1)选择线型

在如图 4-1 所示的"图层特性管理器"对话框中,单击"线型"列的"Continuous"字段,弹出"选择线型"对话框,如图 4-3 所示。

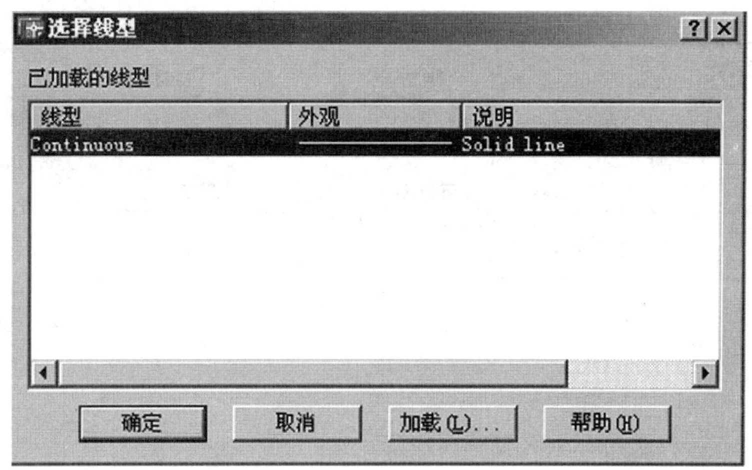

图 4-3 "选择线型"对话框

在"选择线型"对话框的"已加载的线型"列表中,可以选择需要的线型,然后单击"确定"按钮,选择的线型就应用到了图层中。但是,在默认的情况下,"选择线型"对话框的"已加载的线型"列表中只有"Continuous"线型,这就需要加载所需线型。

2)加载线型

单击如图 4-3 所示"选择线型"对话框中的"加载"按钮,弹出"加载或重载线型"对话框,如图 4-4 所示。

加载或重载线型

文件(F)... acadiso.lin

可用线型

线型	说明
ACAD_ISO02W100	ISO dash
ACAD_ISO03W100	ISO dash space
ACAD_ISO04W100	ISO long-dash dot
ACAD_ISO05W100	ISO long-dash double-dot
ACAD_ISO06W100	ISO long-dash triple-dot
ACAD_ISO07W100	ISO dot
ACAD_ISO08W100	ISO long-dash short-dash
ACAD_ISO09W100	ISO long-dash double-short-dash
ACAD_ISO10W100	ISO dash dot

确定 取消 帮助(H)

图 4-4 "加载或重载线型"对话框

AutoCAD 带有两种线型库文件:acad.lin(英制)和 acadiso.lin(公制)文件。要加载多个线型,可以在按住 Shift 键或 Ctrl 键的同时对“可用线型”列表框中的线型进行选择,单击“确定”按钮完成加载。

3)线型管理器

单击“格式→线型”菜单项,弹出“线型管理器”对话框,如图 4-5 所示。

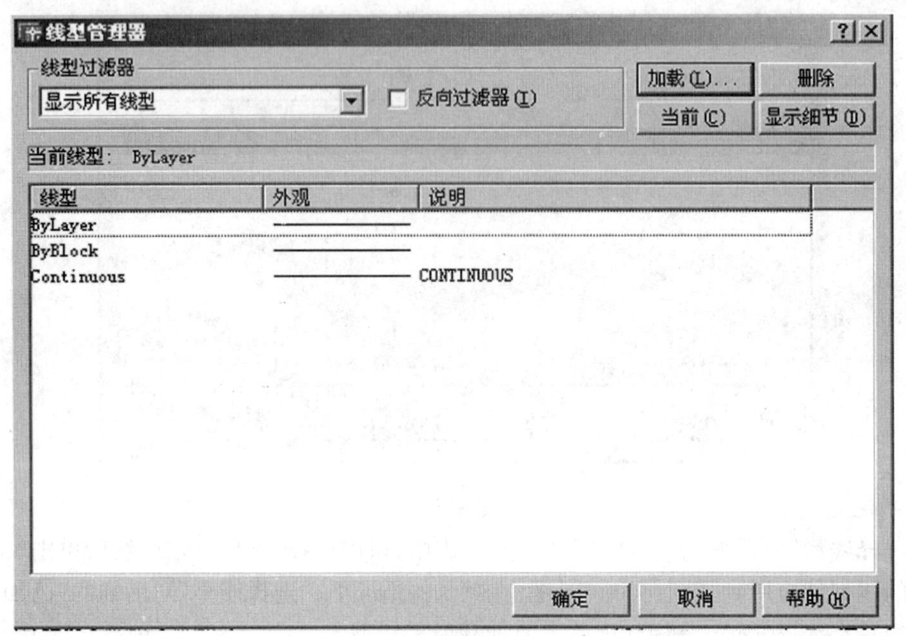

图 4-5 “线型管理器”对话框

使用该对话框可以对线型进行管理。对话框中主要选项的含义如下:

(1)“线型过滤器”下拉列表框:在该下拉列表框中选择过滤条件,确定在线型列表中显示哪些线型。如果选择“反向过滤器”复选框,则仅显示未通过过滤器的线型。

(2)“加载”按钮:单击该按钮,弹出“加载或重载线型”对话框,可以再加载其他需要的线型。

(3)“删除”按钮:单击该按钮,可以删除选中的线型。但 ByLayer、ByBlock 和 Continuous 线型,当前线型,依赖外部参照的线型,图层或对象参照的线型不能删除。

(4)“当前”按钮:单击该按钮,可以将选中的线型设置为当前线型。

(5)“显示细节”按钮:单击该按钮,可以打开该对话框中的“详细信息”选项区,设置线型的“全局比例因子”、“当前对象缩放比例”等参数,如图 4-6 所示。

4. 设置图层线宽

线宽就是指线的宽度,用不同宽度的线条可以更清楚地表现图纸中的不同对象。

在如图 4-1 所示的“图层特性管理器”对话框中,单击“线宽”列中某图层的“默认”字段,弹出“线宽”对话框,从中选择所需要的随层线宽,如图 4-7 所示。

用户也可以单击“格式→线宽”菜单项,弹出“线宽设置”对话框,通过调整显示比例,使图形中的线宽显示得更宽或更窄,如图 4-8 所示。

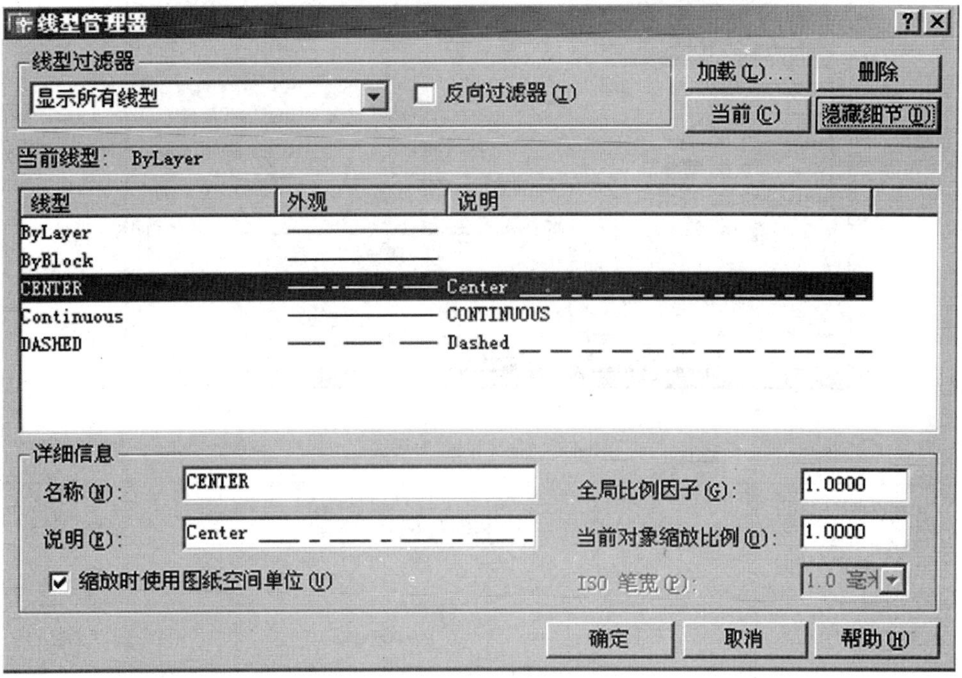

图 4-6 “线型管理器”对话框显示详细信息

在“线宽设置”对话框中，各主要选项的含义如下：

(1)“线宽”列表框：用于选择线条的宽度。在 AutoCAD 2004 中有 20 多种线宽可供选择。如果线宽值为 0，在打印时就以指定打印设备所能打印的最细线进行打印，在模型空间中则以一个像素的宽度显示。

(2)“列出单位”选项区：用于设置线宽的单位，可以是“毫米”或“英寸”。

(3)“显示线宽”复选框：用于设置是否按照实际线宽在当前图形中显示。另外，通过单击状态栏上的“线宽”按钮也可实现线宽显示与不显示的切换。

(4)“默认”下拉列表框：用于设置默认线宽值。

(5)“调整显示比例”选项区：移动其中的滑块，可以设置线宽的显示比例。

举例：

按下表要求创建图层，设置图层颜色、线型和线宽。

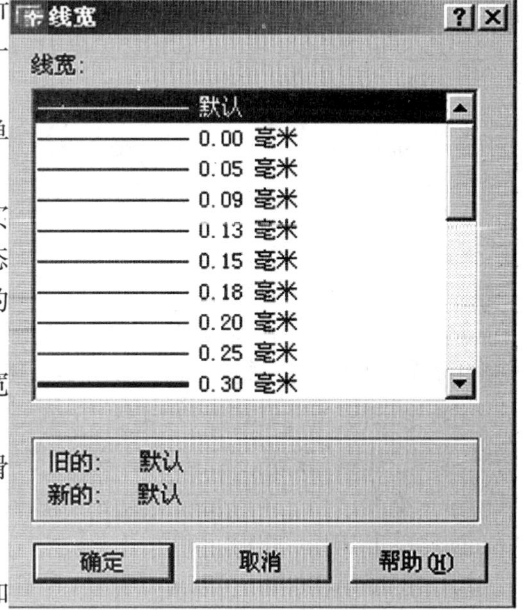

图 4-7 “线宽”对话框

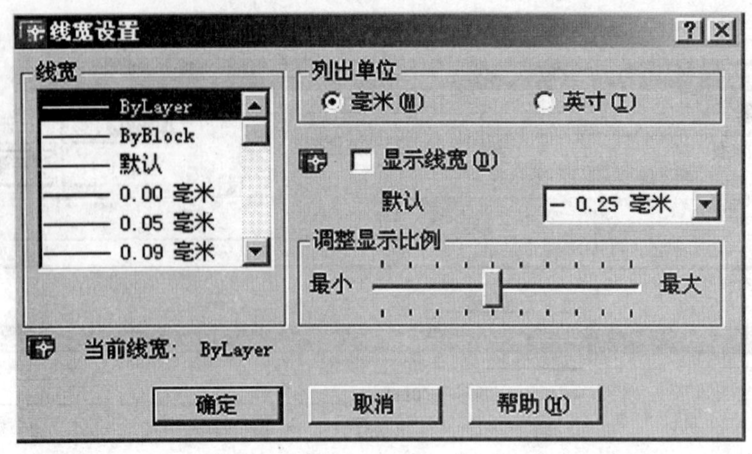

图 4-8 “线宽设置”对话框

图层名称	颜　色	线　型	线　宽
中心线	红色	Center	0.25
细实线	黄色	Continuous	0.25
标注	绿色	Continuous	0.25
剖面线	青色	Continuous	0.25
参照线	蓝色	Continuous	0.25
图块	品红色	Continuous	0.25
粗实线	白色	Continuous	0.50
虚线	32	Dashed	0.25

(1)单击“格式→图层”菜单项,打开“图层特性管理器”对话框,如图 4-1 所示。单击“新建”按钮,在图层列表中将出现一个名称为“图层 1”的新图层。将“图层 1”改写为“中心线。”

(2)在“图层特性管理器”对话框中,单击“颜色”列对应的颜色,打开“选择颜色”对话框,在“索引颜色”选项卡中“标准颜色”选项区选中“红色”,单击“确定”按钮。

(3)在“图层特性管理器”对话框中,单击“线型”列的“Continuous”字段,弹出“选择线型”对话框,单击“加载”按钮,弹出“加载或重载线型”对话框。在“可用线型”列表框中选择线型“Center”,单击“确定”按钮完成加载返回“选择线型”对话框,在“已加载的线型”列表框中选中“Center”,单击“确定”按钮。

(4)在“图层特性管理器”对话框中,单击“线宽”列对应的“默认”字段,弹出“线宽”对话框,从中选择所需要的随层线宽,单击“确定”按钮。

(5)按以上方法完成对各图层的设置,如图 4-9 所示。

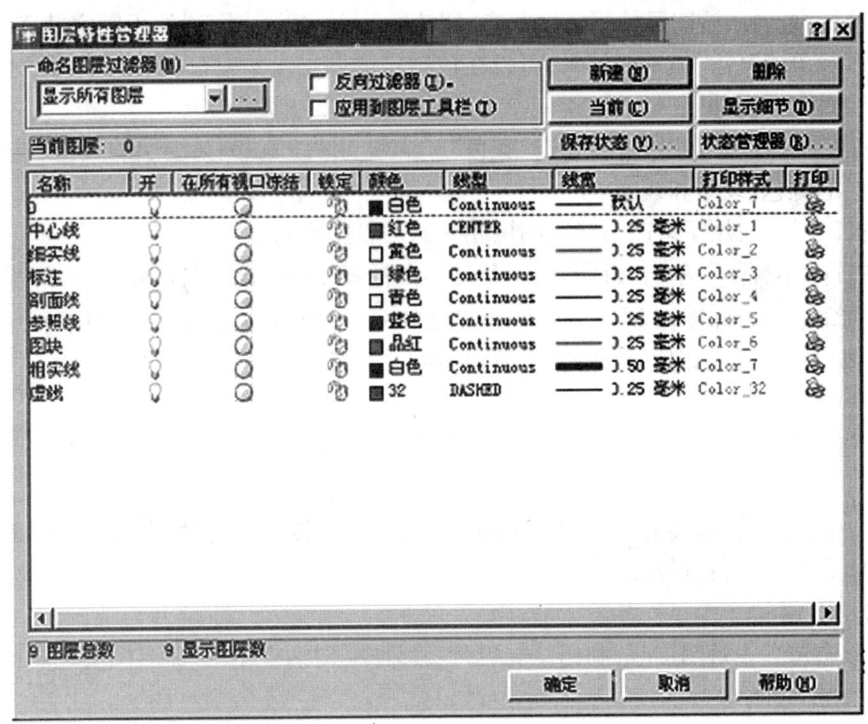

图 4-9 在“图层特性管理器”对话框中创建新图层

4.2 图层的状态和特性

在“图层特性管理器”对话框中，除了可以设置图层名称、图层颜色、图层线型和图层线宽之外，还可以设置图层的其他状态和特性。下面分别对它们作必要的说明：

(1)“名称”:“名称”是图层的标识，即图层的名字。在默认情况下，新建的图层名称按 0、图层 1、图层 2……依次递增。单击“图层特性管理器”对话框中“名称”列中某图层的名称，用户可以根据需要为该图层创建一个能够表达其用途的名称。图层名称的字符最多不能超过 31 个。

(2)“开/关”:单击“开”列中某小灯泡图标，就可以打开或关闭图层。灯泡的颜色为黄色时，该图层处于打开状态，图层上的图形在显示器上显示，也可以在输出设备上打印；灯泡的颜色为灰色时，该图层处于关闭状态，图层上的图形不能在显示器上显示，也不能在输出设备上打印。用户能将当前图关闭或打开，也能将关闭图层置于当前图层。

(3)“在所有视口冻结/解冻”:单击“在所有视口冻结”列中某太阳图标或雪花图标，就可以冻结或解冻图层。雪花图标表示该图层被冻结，这时该图层上的图形对象不能被显示出来，也不能打印输出；太阳图标表示该图层被解冻，这时该图层上的图形对象能够显示，也能够打印输出。用户不能冻结当前层，也不能将冻结层置于当前层。

从可见性来说，冻结的图层与关闭的图层是相同的，但冻结图层的对象不参加处理过程中的运算，关闭图层的对象则要参加运算，所以在复杂的图形中冻结不需要的图层可以加快系统重新生成图形的速度。

(4)“锁定/解锁”:单击“锁定”列中某开锁图标或闭锁图标，就可以锁定或解锁图层。开锁图标表示该图层处于解锁状态;闭锁图标表示该图层处于锁定状态,这时该图层上的图形对象能显示,但不能编辑,可以在该锁定的图层上绘制新的图形对象,还可以使用查询命令和对象捕捉功能。

(5)“颜色”、“线型”和“线宽”:单击“颜色”、“线型”和“线宽”列某图层的颜色、线型和线宽,可设置图层的颜色、线型和线宽。

(6)“打印样式”:用于修改与选定图层相关联的打印样式。

(7)“打印/不打印”:单击“打印”列中某打印图标或不打印图标,就可以设置图层是否能够被打印。不打印图标表示该图层显示的图形将不会被打印。打印图标表示该层能被打印,但只对可见的图层起作用,即只对没有冻结和没有关闭的图层起作用。

4.3 图层管理

当建立起图层后,需要对图层进行管理,包括过滤、删除、设为当前图层、显示细节、保存和恢复图层状态及特性设置等操作。

1. 过滤图层

当图形中包含大量图层时,利用“图层特性管理器”对话框中的“命名图层过滤器”选项区,可以过滤图层。

1)设置过滤条件

在“命名图层过滤器”选项区的下拉列表框中,共有3种图层的过滤条件可以选择,即“显示所示图层”、“显示所有使用图层”和“显示所有依赖于外部参照的图层”。在默认情况下,下拉列表框中为“显示所示图层”。

2)命名图层过滤器

在“命名图层过滤器”选项区中,单击...按钮,弹出“命名图层过滤器”对话框,如图4-10所示。利用该对话框可命名图层过滤器。

在该对话框中,用户可以设置图层名称、状态、颜色、线型及线宽等过滤条件。当指定图层名称、颜色、线型、线宽以及打印样式时,使用通配符“*”代替任意多个字符,“?”代替任意一个字符。

单击“添加”按钮创建一个新的过滤器。单击“删除”按钮删除一个已有的过滤器。单击“重置”按钮将过滤器所有选项重置为默认值。

3)设置其他过滤条件

在“命名图层过滤器”选项区中,选中“反向过滤器”复选框,将只显示未通过过滤器的图层;选中“应用到图层工具栏”复选框,则图层工具栏中仅显示符合当前过滤器的图层。

2. 删除图层

在“图层特性管理器”对话框中的图层列表中选中某图层,单击“删除”按钮就可以将该图层删除。但当前图层、图层0、依赖外部参照的图层以及包含对象的图层不能被删除。

3. 设置为当前图层

在“图层特性管理器”对话框中的图层列表中选中某图层,单击“当前”按钮就可以将该图层设置为当前图层。不能将依赖于外部参照的图层和冻结的图层设置为当前图层。

在绘图过程中,更简单的方法是直接在“图层”工具栏中的图层状态控制下拉列表框中选某图层,该图层就成为当前图层。

4. 显示图层细节

在“图层特性管理器”对话框中的图层列表中选中某图层，单击“显示细节”按钮，就可以在对话框的底部显示该图层的详细信息。

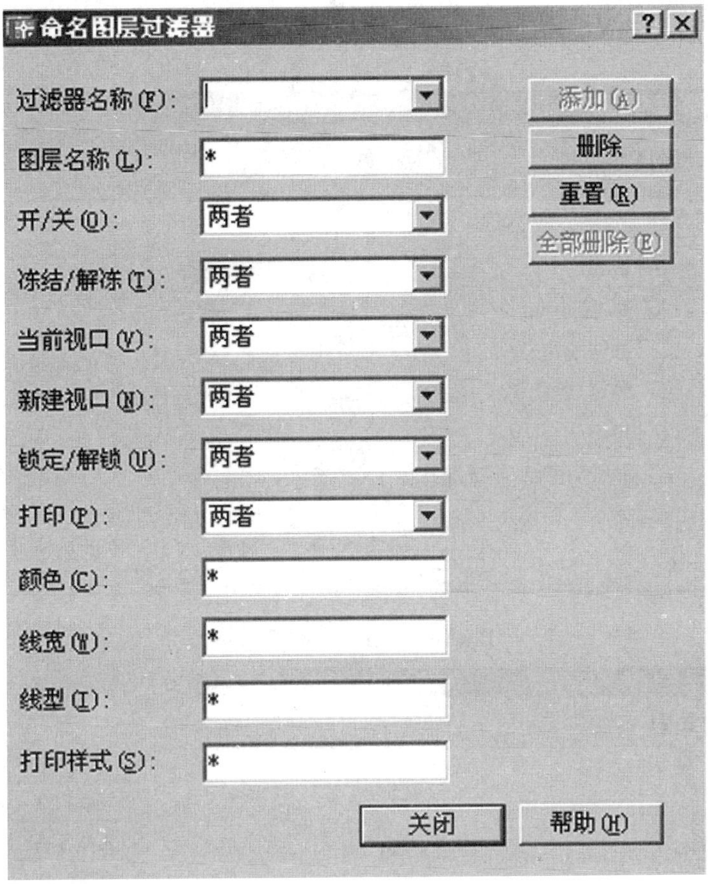

图 4-10 “命名图层过滤器”对话框

5. 保存图层状态

在“图层特性管理器”对话框中单击“保存状态”按钮，弹出“保存图层状态”对话框，如图 4-11所示，在“新图层状态名”文本框中输入图层状态的名称，再在“图层状态”选项区和“图层特性”选项区中选择相应的复选框，然后单击“确定”按钮，则选中的图层状态及图层特性将以该图层状态名称保存。

6. 管理图层状态

在“图层特性管理器”对话框中单击“状态管理器”按钮，弹出“图层状态管理器”对话框，如图 4-12 所示。

该对话框中各选项的含义如下：

(1)“图层状态”列表框：显示已保存下来的各图层状态名称，以及从外部输入进来的图层状态名称。

(2)“恢复”按钮：选中某图层状态名称，单击该按钮，则按选中的图层状态名保存的图层状态和特性恢复到当前图形中图层的状态和特性。

(3)“编辑”按钮：选中某图层状态名称，单击该按钮，可重新编辑该图层状态名的图层状态和特性。

(4)“重命名”按钮:选中某图层状态名称,单击该按钮,可修改该图层状态的名称。

(5)“删除”按钮:选中某图层状态名称,单击该按钮,可删除该图层状态。

(6)“输入”按钮:单击该按钮,打开“输入图层状态”对话框,可将外部图层状态输入到当前图形中。

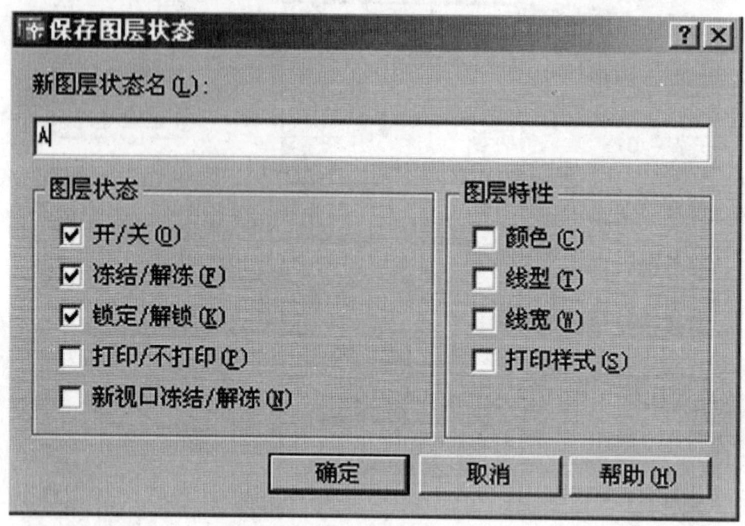

图 4-11 “保存图层状态”对话框

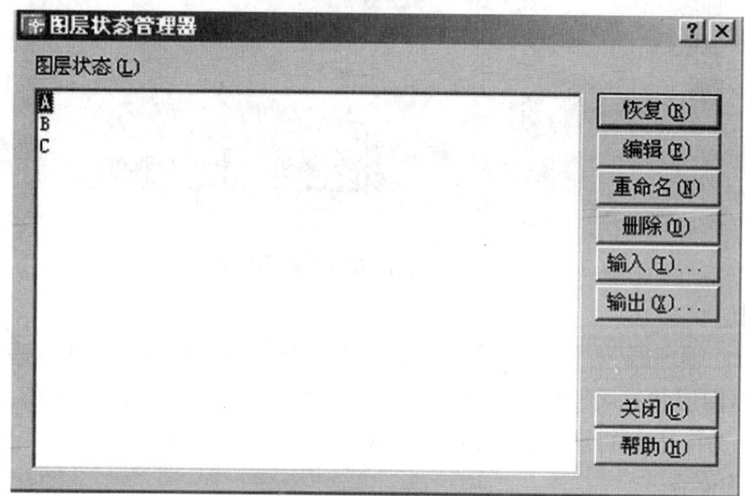

图 4-12 “图层状态管理器”对话框

(7)“输出”按钮:选中某图层状态名称,单击该按钮,打开“输出图层状态”对话框,可将该图层状态名称的图层状态和特性输出到一个 LAS 文件中。

第 5 章　对象捕捉与追踪

在绘图过程中,使用坐标系定位往往不是很方便,对象捕捉与追踪是 AutoCAD 提供的绘图辅助工具,在绘图过程中恰当地运用这些辅助工具,能够大大提高绘图的效率。

5.1　捕捉和栅格

捕捉和栅格提供了一种精确绘图工具。栅格是在屏幕上可以显示出来的具有指定间距的点。这些点只是在绘图时提供一种参考,其本身不是图形的组成部分,也不会被输出。捕捉点在屏幕上是不可视的点,若打开捕捉时,当用户在屏幕上移动鼠标时,十字光标交点就位于被锁定的捕捉点上。捕捉点间距可以与栅格间距相同,也可以不同,通常将后者设置为前者的倍数。用户可以采用"草图设置"对话框中的"捕捉和栅格"选项卡来进行捕捉和栅格设置。

单击"工具→草图设置"菜单项,弹出"草图设置"对话框,再单击"捕捉和栅格"选项卡,结果如图 5-1 所示。

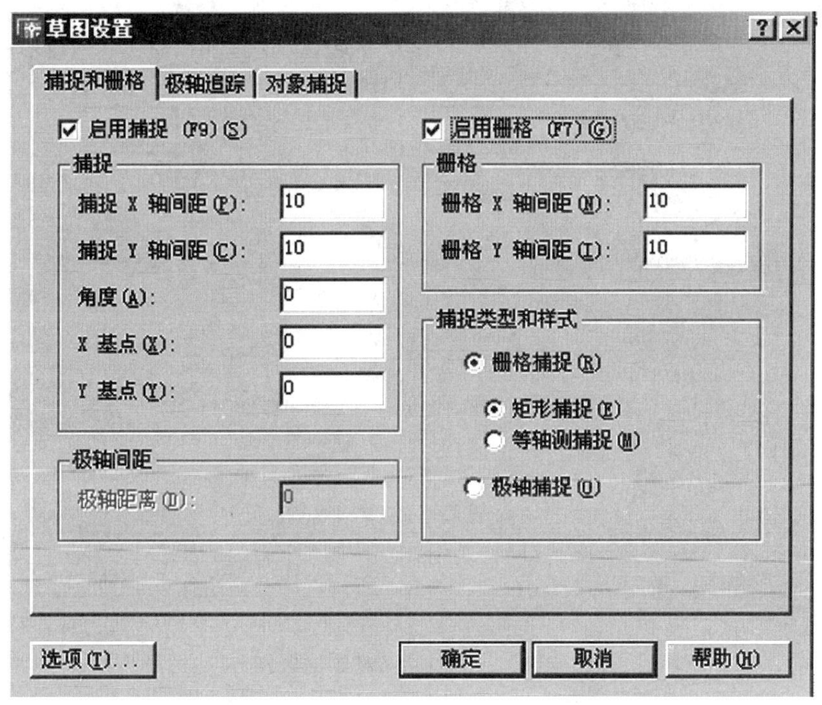

图 5-1　"草图设置"对话框之"捕捉和栅格"选项卡

下面对该选项卡中的部分选项说明如下:

(1)"启用捕捉"复选框:该复选框控制在绘图时是否启用对设置的捕捉点进行捕捉。此外,使用功能键 F9、组合键"Ctrl + B"或单击状态栏的"捕捉"按钮也可进行捕捉状态的切换。

(2)"启用栅格"复选框:该复选框控制在绘图窗口是否显示设置的栅格点。此外,使用功能键 F7、组合键"Ctrl + G"或单击状态栏的"栅格"按钮也可进行显示栅格点的切换。

(3)“捕捉”选项区中的“角度”编辑框:在该编辑框中输入的角度为捕捉栅格和显示栅格的旋转角度。

(4)“捕捉类型和样式”选项区:在该选项区中有“栅格捕捉”和“极轴捕捉”两种类型,“栅格捕捉”又分为“矩形捕捉”和“等轴测捕捉”两种样式。

①“矩形捕捉”单选框:当选中“栅格捕捉” 单选框并选中“矩形捕捉”单选框时,捕捉样式设置为标准矩形捕捉模式。

②“等轴测捕捉”单选框:当选中“栅格捕捉”单选框并选中“等轴测捕捉”单选框时,捕捉样式设置为等轴测捕捉模式。

③“极轴捕捉”单选框:当选中该单选框时,“极轴距离”编辑框显亮,可设置沿极轴捕捉的增量距离。如果该值为 0,则极轴捕捉距离自动采用“捕捉 X 轴间距”的值。

举例:

使用旋转栅格绘制图 5-2 所示矩形。

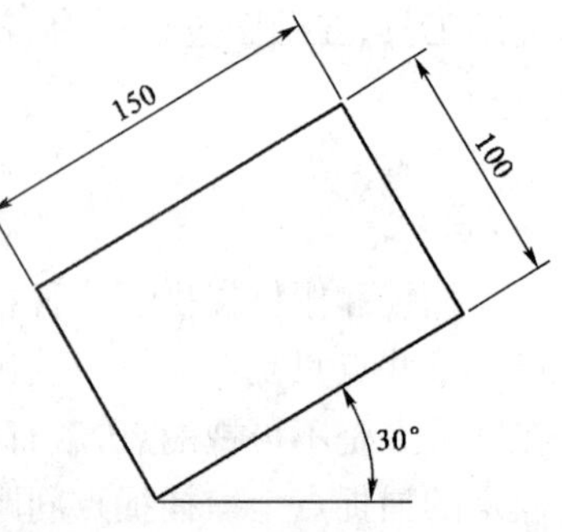

图 5-2 使用旋转栅格绘图

(1)设置“草图设置”对话框中的“捕捉和栅格”选项卡,如图 5-3 所示。

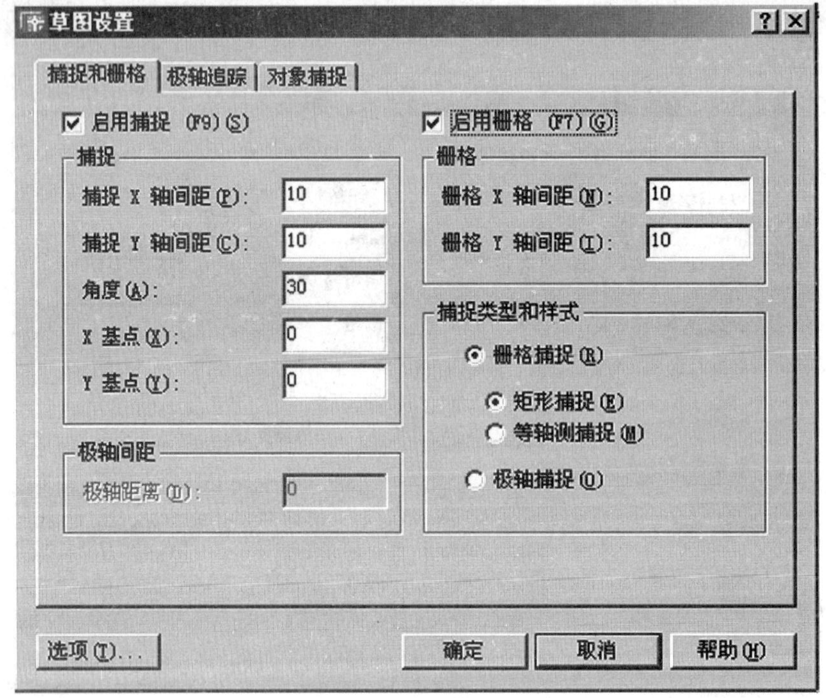

图 5-3 设置“捕捉和栅格”选项卡

(2)单击“捕捉和栅格”选项卡中“确定”按钮,回到绘图界面,如图 5-4 所示。

(3)用绘制直线命令绘制矩形。

命令:LINE↙

指定第一点:(在绘图窗口适当位置点取一点)

指定下一点或[放弃(U)]:(移动光标,当状态栏显示光标坐标为 150 < 30 时,单击鼠标左键)

指定下一点或[放弃(U)]:(移动光标,当状态栏显示光标坐标为 100 < 120 时,单击鼠标左键)

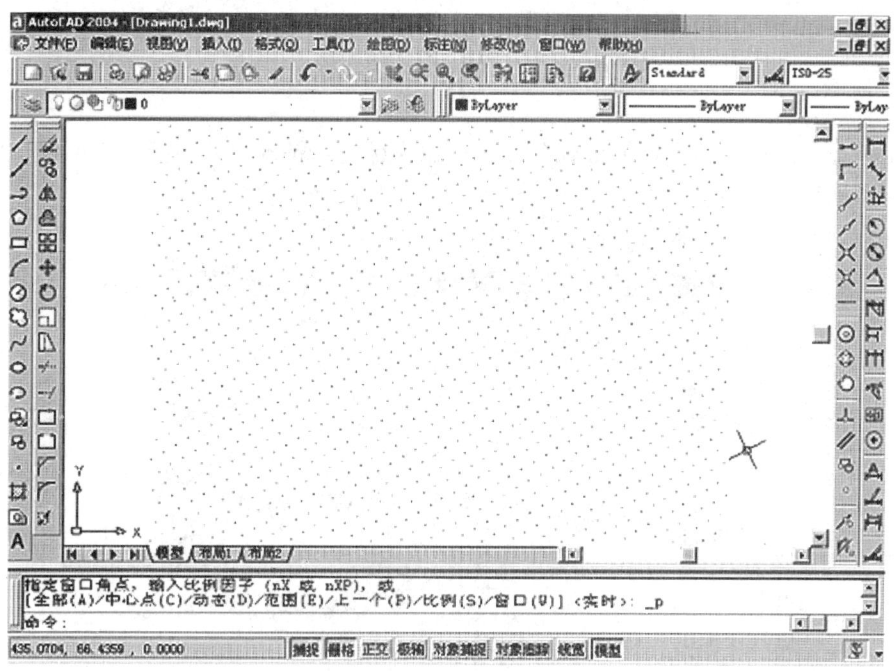

图 5-4　设置旋转栅格后的绘图界面

指定下一点或[闭合(C)/放弃(U)]:(移动光标，当状态栏显示光标坐标为 150 < 210 时，单击鼠标左键)

指定下一点或[闭合(C)/放弃(U)]:C↙

绘制成的矩形如图 5-5 所示。

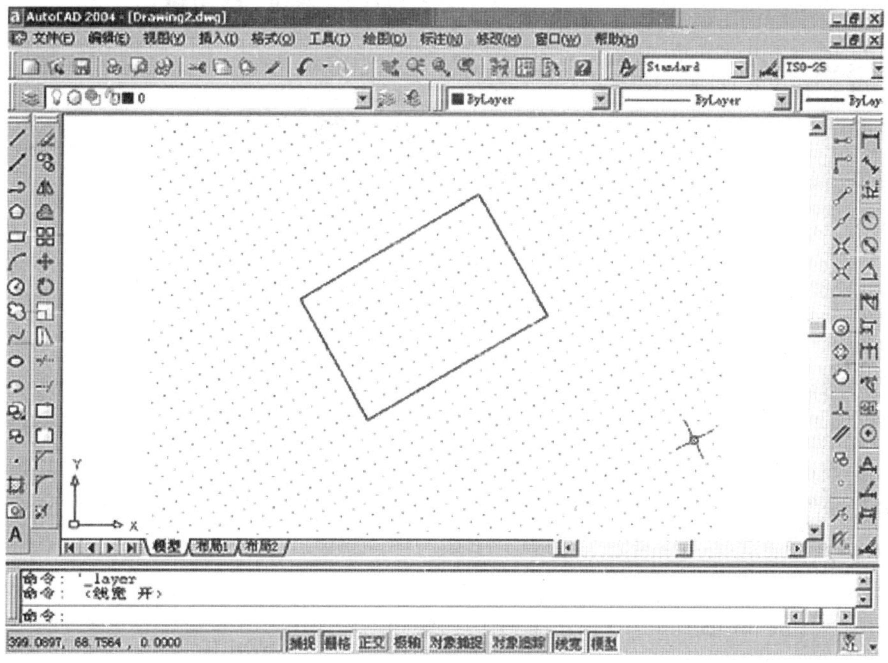

图 5-5　设置旋转栅格用绘制直线命令绘制矩形

5.2 极轴追踪

利用极轴追踪可以在设定的极轴角度上根据光标提示精确移动光标进行追踪。极轴追踪提供了一种拾取特殊角度上点的方法。极轴追踪可与极轴捕捉配合使用。

打开“草图设置”对话框后，选择“极轴追踪”选项卡，如图 5-6 所示。

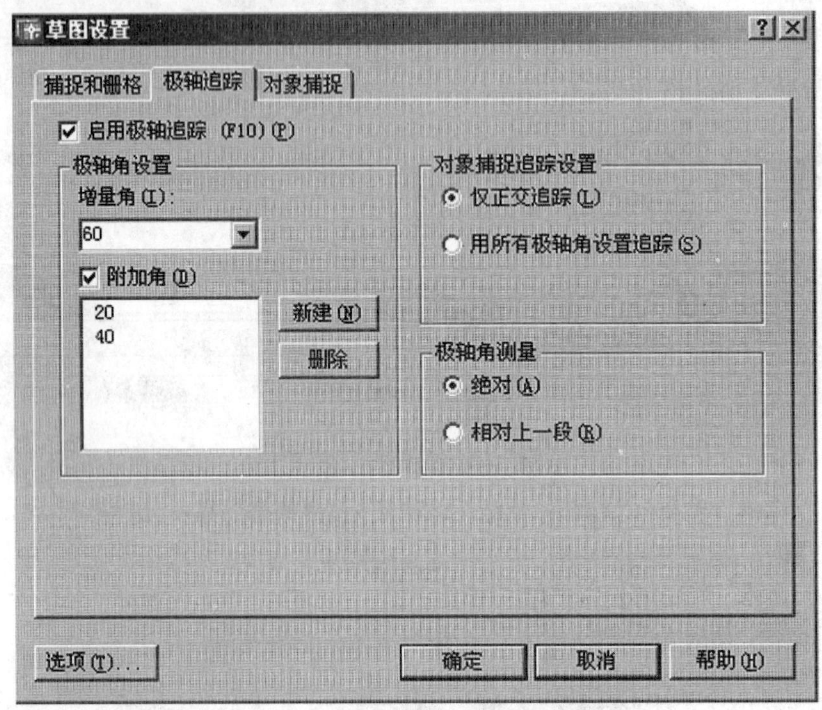

图 5-6 “草图设置”对话框之“极轴追踪”选项卡

该选项卡中的各选项说明如下：

(1)“启用极轴追踪”复选框：该复选框控制在绘图时是否启用极轴追踪。此外，使用功能键 F10 或单击状态栏的“极轴”按钮也可进行极轴追踪状态的切换。

(2)“极轴角设置”选项区：

①“增量角”下拉列表框：该下拉列表框用于设置极轴角度的增量值，默认值为 90°，即极轴追踪的角度为：0°，90°，180°，270°。用户可以通过下拉列表选择其他的预设角度，也可以键入新的角度。绘图时，当光标移到设定的极轴追踪角度附近时，就会被自动“吸”过去，并显示极轴和当前光标的极坐标。

②“附加角”复选框：该复选框控制是否启用附加角。“附加角”和“增量角”不同，设置“增量角”后，极轴追踪的角度为 0°以及增量角的整数倍；设置“附加角”后，极轴追踪的角度仅为附加角。如设定“增量角”为 60，“附加角”为 20、40，则极轴追踪的角度为：0°，60°，120°，180°，240°，300°和 20°，40°。

③“新建”按钮：单击“新建”按钮，在“附加角”列表框中新建附加角。

④“删除”按钮：选中某附加角，单击“删除”按钮，将删除该附加角。

(3)“对象捕捉追踪设置”选项区：

①“仅正交追踪”单选框：选中该单选框，则在对象捕捉追踪时只采用正交方式。

②“用所有极轴角设置追踪”单选框：选中该单选框，则在对象捕捉追踪时采用所有极轴追踪角。

(4)“极轴角测量”选项区：

①“绝对”单选框：选中该单选框，则极轴追踪时，提示的光标极坐标中的角度为绝对角度。

②“相对上一段”单选框：选中该单选框，则极轴追踪时，提示的光标极坐标中的角度为相对上一段的角度。

举例：

用极轴追踪绘制如图 5-7 所示的正六边形。正六边形的边长为 100。

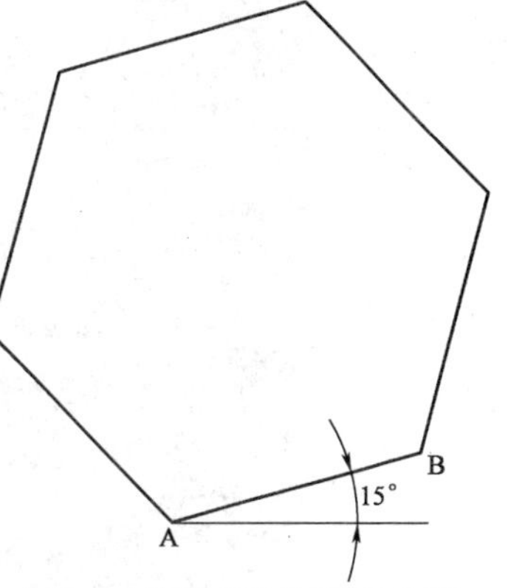

图 5-7　用极轴追踪绘制正六边形

(1)由于正六边形各边与上条边的夹角为 60°，边 AB 与 X 轴的夹角为 15°，所以设置“草图设置”对话框中的“极轴追踪”选项卡，如图 5-8 所示。

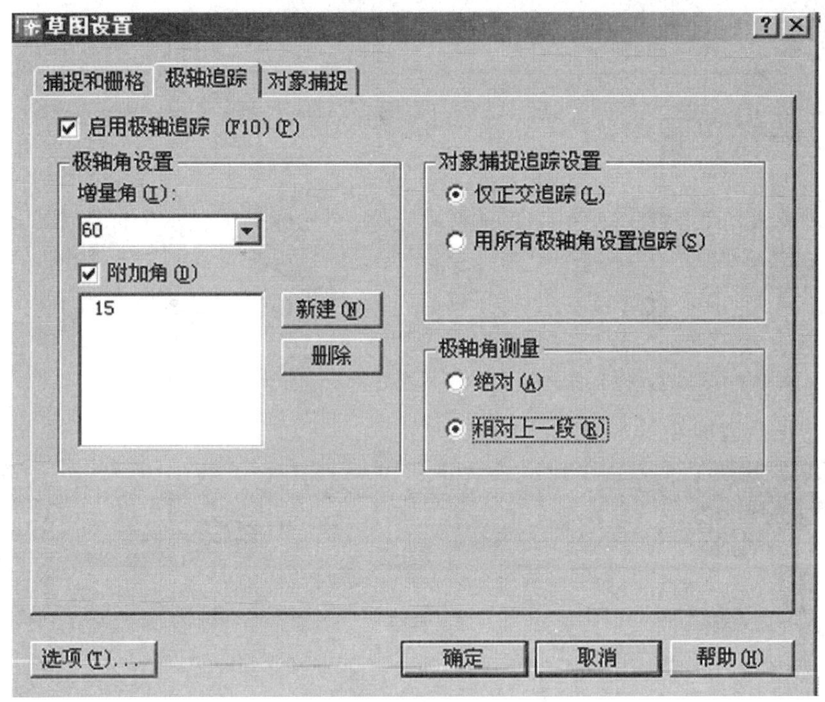

图 5 8　设置“极轴追踪”选项卡

(2)为便于极轴追踪，设置“捕捉和栅格”选项卡，如图 5-9 所示。

(3)单击“草图设置”对话框中“确定”按钮，回到绘图界面。

(4)用绘制直线命令绘制正六边形。

命令：LINE↙

指定第一点：(在绘图窗口适当位置点取一点 A)

指定下一点或[放弃(U)]：(移动光标，当光标提示显示坐标为 100 < 15 时，单击鼠标左键)

指定下一点或[放弃(U)]：(移动光标，当光标提示显示坐标为 100 < 60 时，单击鼠标左键)

指定下一点或[闭合(C)/放弃(U)]：(移动光标，当光标提示显示坐标为 100 < 60 时，单击鼠标左键)

草图设置

捕捉和栅格 | 极轴追踪 | 对象捕捉

☑ 启用捕捉 (F9)(S)　　☐ 启用栅格 (F7)(G)

捕捉

捕捉 X 轴间距(P)：10

捕捉 Y 轴间距(C)：10

角度(A)：0

X 基点(X)：0

Y 基点(Y)：0

栅格

栅格 X 轴间距(N)：10

栅格 Y 轴间距(I)：10

捕捉类型和样式

○ 栅格捕捉(R)

◉ 矩形捕捉(E)

○ 等轴测捕捉(M)

◉ 极轴捕捉(O)

极轴间距

极轴距离(D)：10

选项(T)...　确定　取消　帮助(H)

图 5-9　设置“捕捉和栅格”选项卡

指定下一点或[闭合(C)/放弃(U)]:(移动光标,当光标提示显示坐标为 100 < 60 时,单击鼠标左键)

指定下一点或[闭合(C)/放弃(U)]:(移动光标,当光标提示显示坐标为 100 < 60 时,单击鼠标左键)

指定下一点或[闭合(C)/放弃(U)]:C↙

绘制成的正六边形如图 5-10 所示。

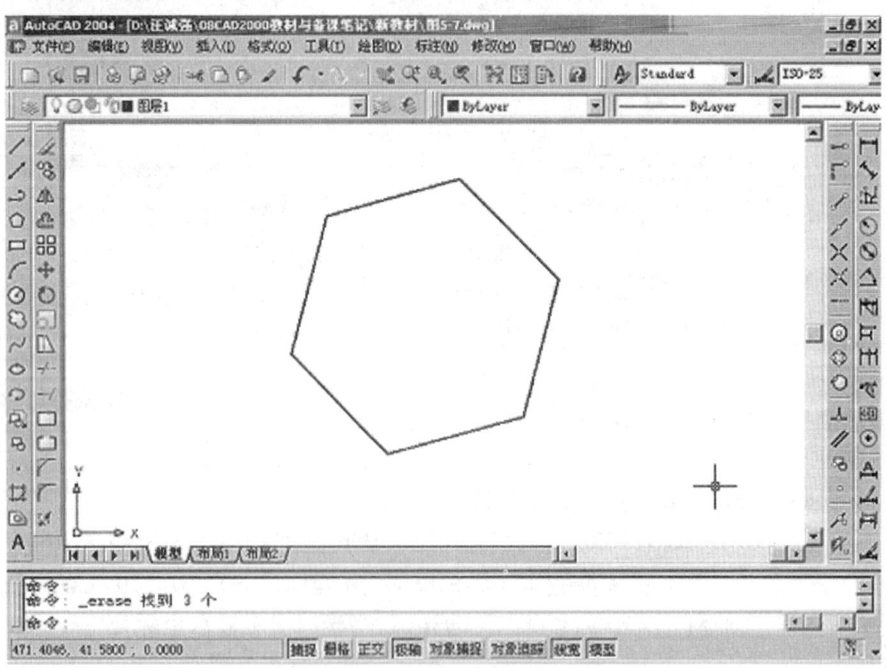

图 5-10　设置极轴追踪用绘制直线命令绘制正六边形

5.3 对象捕捉

对象捕捉是使用最为方便和广泛的一种绘图辅助工具。在绘图的过程中,经常需要拾取一些存在于现有对象上的点,例如中点、交点、端点、圆心、垂足、切点等,在大多数情况下,这些点的坐标并不已知,而且要确定有些点的坐标又非常困难,要输入这些点的坐标也是一件令人感到乏味的工作,还容易出错,这时就需要使用对象捕捉功能,使用对象捕捉可以迅速确定对象上点的精确位置,大大提高了绘图的精度和效率。

AutoCAD的初学者必须懂得:绝对不能依靠估计或“视觉”来定位一个点。只凭“视觉”绘图既不可靠,也会错误百出。

1. “对象捕捉”选项卡

打开“草图设置”对话框后,选择“对象捕捉”选项卡,如图5-11所示。

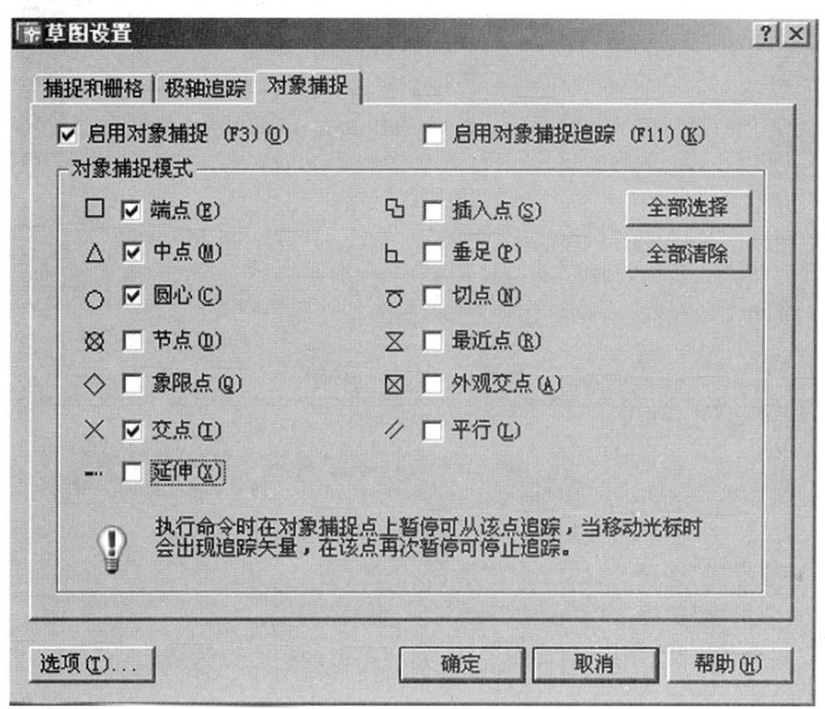

图5-11 “草图设置”对话框中的“对象捕捉”选项卡

用“对象捕捉”选项卡设置对象捕捉的优点是可以一次设置多项对象捕捉模式,当光标靠近这些捕捉点时,将自动进行捕捉。它不像使用“对象捕捉”工具栏(将在后面介绍)或“对象捕捉”快捷菜单进行对象捕捉,每一次捕捉都要单击一次对应的捕捉工具。

“对象捕捉”选项卡中的各选项说明如下:

(1)“启用对象捕捉”复选框:该复选框用于控制在绘图时是否启用对象捕捉。此外,使用功能键F3或单击状态栏的“对象捕捉”按钮也可进行对象捕捉状态的切换。

(2)“启用对象捕捉追踪”复选框:该复选框用于控制在绘图时是否启用对象捕捉追踪。此外,使用功能键F11或单击状态栏的“对象追踪”按钮也可进行对象捕捉追踪状态的切换。

只有在启用“对象捕捉”时,才能从对象捕捉点进行追踪。对象捕捉追踪有“仅正交追踪”和“用所有极轴角设置追踪”两种方式,这在“草图设置”对话框“极轴追踪”选项卡中的“对象捕捉追踪设置”选项区进行设置。

使用对象捕捉追踪可追踪以对象捕捉点为基础的对齐路径。用户使用对象捕捉追踪时，将光标移动到目标对象捕捉点上，不要单击，停留一会儿可临时获取该点，该点显示出一个“+”符号就表示已获取了。然后，当用户移动鼠标到基于该点的水平、垂直或追踪极角方向的对齐路径上时，这些路径会显示出虚线，沿路径移动鼠标可定位到所需点上。当设置了多个捕捉点时，用户还可以捕捉到两条路径的交点。该捕捉方式与对象捕捉设置中是否设置了“交点”捕捉模式无关。

举例：

用对象捕捉追踪，以矩形的中心点为圆心绘制如图 5-12 所示的圆。

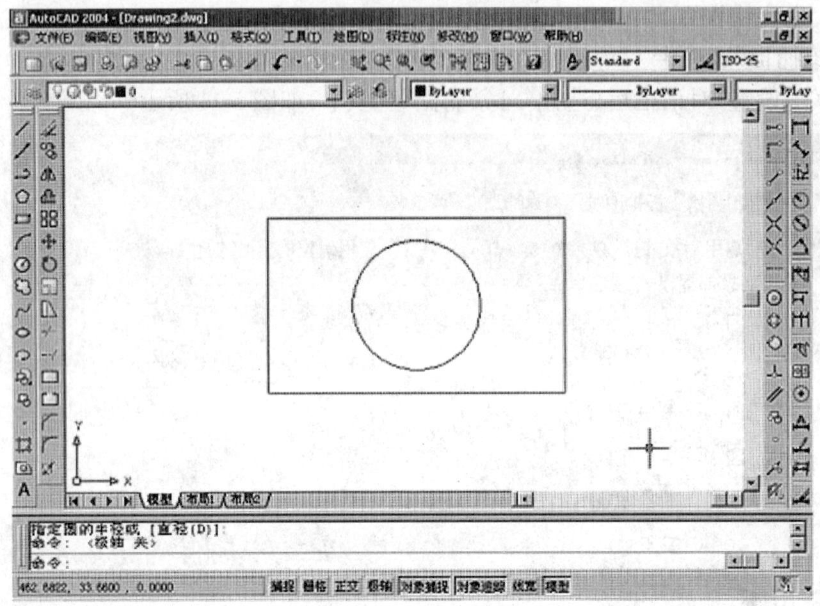

图 5-12　用对象捕捉追踪圆心绘制圆

①设置“对象捕捉”选项卡，如图 5-13 所示。

②单击“对象捕捉”选项卡中“确定”按钮，回到绘图界面。

③用绘制圆命令绘圆。用对象捕捉追踪，捕捉矩形的中心点为圆心。

命令：CIRCLE↙

指定圆的圆心或[三点(3P)/两点(2P)/相切、相切、半径(T)]：(用对象捕捉追踪，分别捕捉矩形两条边的中点，形成两条追踪线的交点为矩形的中心点，即为圆心，如图 5-14 所示，单击鼠标左键)

指定圆的半径或[直径(D)]：(将光标移到适当位置单击鼠标左键)

绘制成的圆如图 5-12 所示。

(3)“对象捕捉模式”选项区

①该选项区有 13 种对象捕捉模式，用户可以通过选中各模式前的复选框来选择一种或多种对象捕捉模式。当选中“启用对象捕捉”复选框时，系统在绘图过程中就会自动地按选中的对象捕捉模式捕捉对象中的这些特殊点。

②“全部选择”按钮：单击该按钮，可以选中全部对象捕捉模式。

③“全部清除”按钮：单击该按钮，可以取消所有已选中的对象捕捉模式。

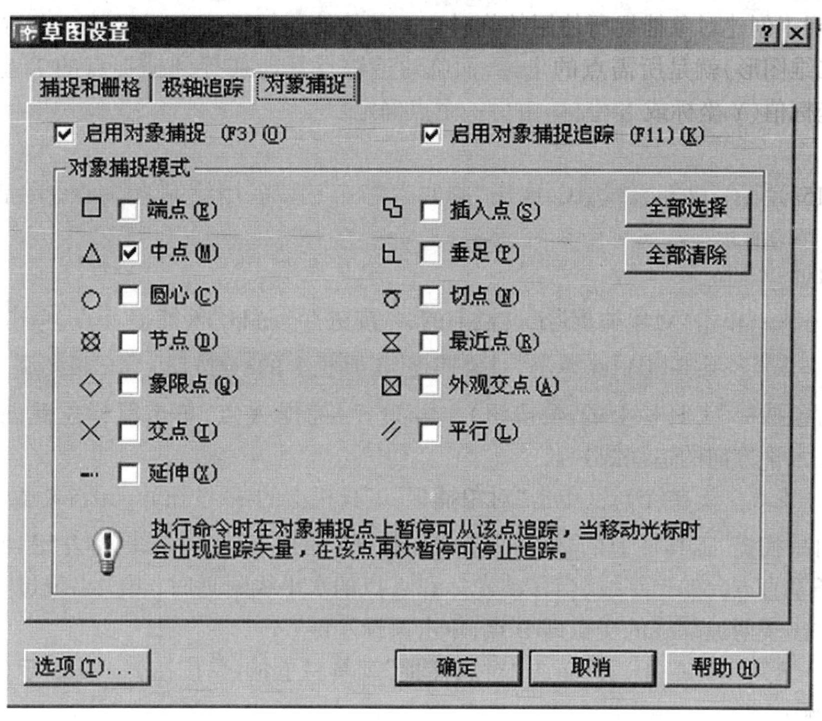

图 5-13　设置“对象捕捉”选项卡

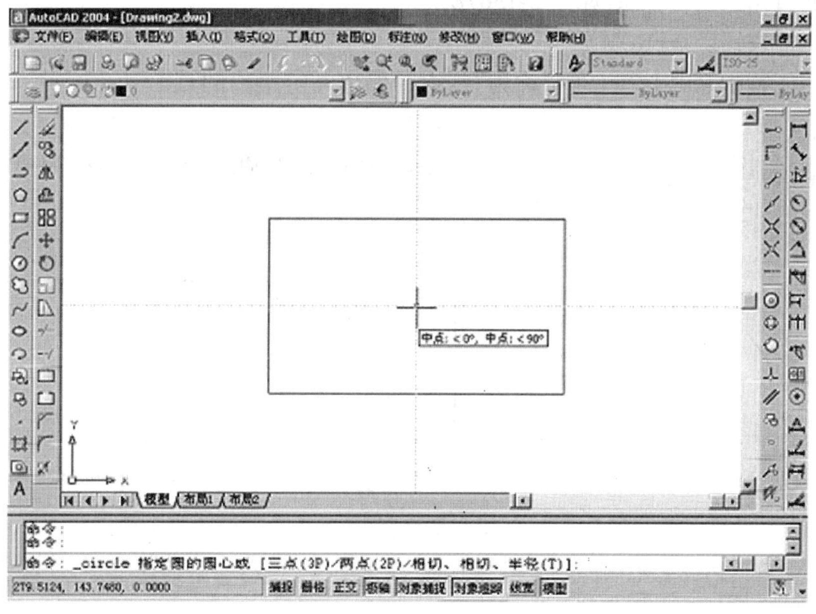

图 5-14　用对象捕捉追踪捕捉矩形的中心点

2. 使用“对象捕捉”工具栏

对象捕捉的方法有多种,除了前面介绍的通过设置“草图设置”对话框中的“对象捕捉”选项卡以外,还有通过选择工具栏中的按钮、快捷菜单、从键盘输入代表各对象捕捉模式的几个字母等方法,这里着重介绍使用“对象捕捉”工具栏。

1)“临时追踪点”按钮(TT)

该按钮用于创建对象捕捉所使用的临时点。其他的捕捉模式在捕捉某一点时,这一点的X、Y坐标(二维图形)就是所需点的坐标,而临时追踪点只能捕捉到捕捉点的X坐标或Y坐标,另一个坐标值(Y坐标或X坐标)由另一个点确定。

举例:

如图5-15a)所示,已知直线AC,应用“临时追踪点”追踪,用绘制直线命令绘直角三角形ABC,如图5-15b)所示。

命令:LINE↙

指定第一点:(单击“对象捕捉”工具栏上的按钮)_ endp 于(捕捉A点,单击鼠标左键)

指定下一点或[放弃(U)]:(单击“对象捕捉”工具栏上的按钮)_ tt 指定临时对象追踪点:(单击“对象捕捉”工具栏上的按钮)_ endp 于(捕捉A点,单击鼠标左键,向右移动鼠标,出现一条水平方向的追踪线)

指定下一点或[放弃(U)]:(单击“对象捕捉”工具栏上的按钮)_ tt 指定临时对象追踪点:(单击“对象捕捉”工具栏上的按钮)_ endp 于(捕捉C点,单击鼠标左键,向下移动鼠标,出现一条垂直方向的追踪线,当移动光标到A点的水平线附近时,再次出现过A点的水平线追踪线,并出现两追踪线的交点即B点,单击鼠标左键)

指定下一点或[放弃(U)]:(单击“对象捕捉”工具栏上的按钮)_ endp 于(捕捉C点,单击鼠标左键)

指定下一点或[闭合(C)/放弃(U)]:↙

绘制成的直角三角形ABC如图5-15b)所示。

2)“捕捉自”按钮(FROM)

该按钮用于捕捉从某位置(通常称为“基点”)偏离一定距离的点。

举例:

已知一矩形,以相对矩形顶点A的坐标为@50,40处为圆心绘制一半径为30的圆,如图5-16所示。

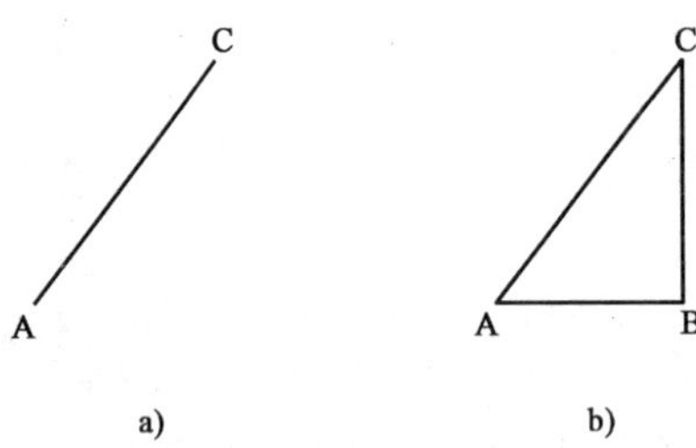

图5-15 应用“临时追踪点”绘图

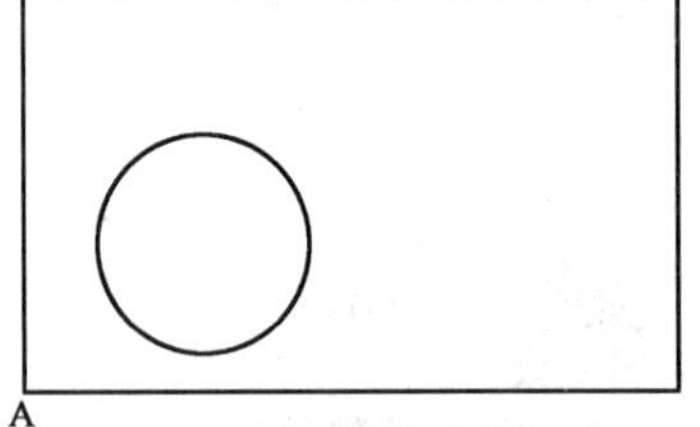

图5-16 应用“捕捉自”绘图

命令:CIRCLE↙

指定圆的圆心或[三点(3P)/两点(2P)/相切、相切、半径(T)]:(单击“对象捕捉”工具栏上的按钮)_ from 基点:(单击“对象捕捉”工具栏上的按钮)_ endp 于(捕捉矩形顶点A,单击鼠标左键)<偏移>:@50,40↙

指定圆的半径或[直径(D)]:30↙

绘制成的圆如图5-16所示。

3)“捕捉到端点”按钮 (END)

该按钮用于捕捉直线、圆弧、椭圆弧、多段线等对象的端点。

4)“捕捉到中点”按钮 (MID)

该按钮用于捕捉直线、圆弧、椭圆弧、多段线等对象的中点。

5)“捕捉到交点”按钮 (INT)

该按钮用于捕捉直线、圆弧、椭圆弧、多段线与另一直线、圆弧、椭圆弧、多段线的任意组合的交点。如拾取时只选择到一个对象,则系统会提示“延伸交点”,再选择第二个对象,则系统会提示“交点”,这样就捕捉到这两个对象的交点或延伸的交点。

举例:

已知直线 AB 和 CD,要求从直线 AB 和 CD 的交点 E 绘一条水平线 EF,如图 5-17 所示。

命令:LINE↙

指定第一点:(按功能键 F8,打开正交模式)<正交开>(单击“对象捕捉”工具栏上的 按钮)_ int 于(单击直线 AB)和(单击直线 CD)

指定下一点或[放弃(U)]:(光标向右移动,在 F 点单击鼠标左键)

指定下一点或[放弃(U)]:↙

绘制成的水平直线 EF 如图 5-17 所示。

6)“捕捉到外观交点”按钮 (APP)

该按钮用于捕捉三维空间中两个图形对象的视图交点(两个对象在显示屏幕上看上去相交,但实际上不一定相交)。在二维图形中,该按钮的作用与“捕捉到交点”按钮相同。

7)“捕捉到延伸线”按钮 (EXT)

该按钮用于捕捉沿直线或圆弧的延长线上的一点。

举例:

已知直线 AB 和点 C,要求绘直线 CD,其中 D 点应在直线 AB 的延长线上,且 D 点与 B 点的间距为 60,如图 5-18 所示。

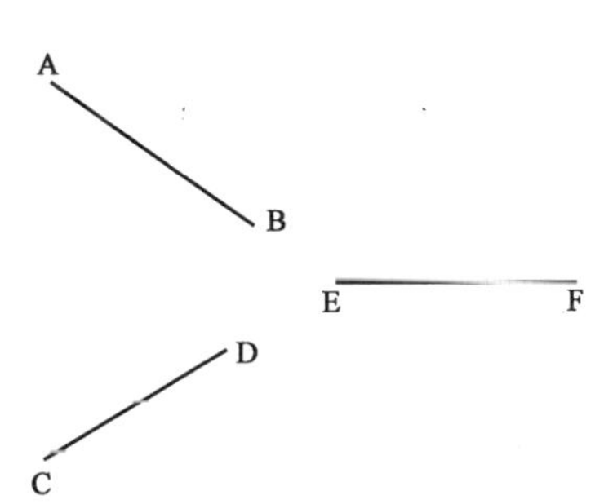

图 5-17　捕捉两条未相交线的延伸交点

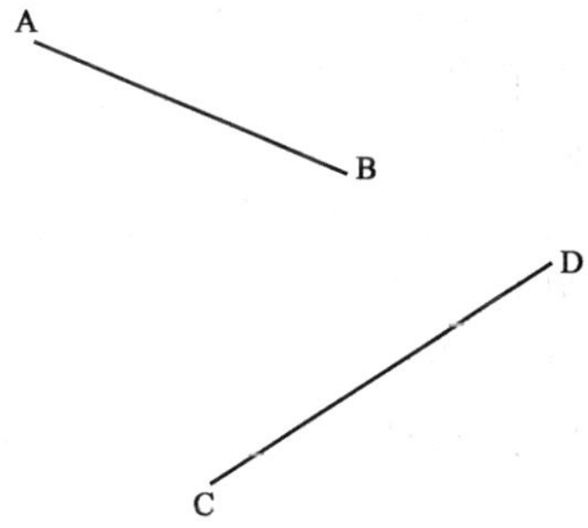

图 5-18　应用“捕捉到延长线”绘图

命令:LINE↙

指定第一点:(单击点 C 作为指定的第一点)

指定下一点或[放弃(U)]:(单击“对象捕捉”工具栏上的 按钮)_ ext 于(光标移动到 B 点,稍作停留,直到 B 点上出现一个“+”标记,然后将光标沿 AB 延长线方向移动)60↙

指定下一点或[放弃(U)]:↙

绘制成的直线 CD 如图 5-18 所示。

8)“捕捉到圆心”按钮◎(CEN)

该按钮用于捕捉圆、圆弧或椭圆的圆心。

9)“捕捉到象限点”按钮◇(QUA)

该按钮用于捕捉圆、圆弧或椭圆周上0°、90°、180°和270°处的点。

10)“捕捉到切点”按钮○(TAN)

该按钮用于捕捉一个对象与圆、圆弧或椭圆的切点。

11)“捕捉到垂足”按钮⊥(PER)

该按钮用于捕捉一个对象与直线、圆、圆弧、椭圆或多段线的垂足点。垂足点并不一定在选择的对象上,可以在该对象的延伸线上。

12)“捕捉到平行线”按钮//(PAR)

该按钮用于绘制一条直线的平行线。

举例:

已知直线AB和点C,绘直线CD平行于AB,且直线CD的长度为120,如图5-19所示。

命令:LINE↙

指定第一点:(单击点C作为指定的第一点)

指定下一点或[放弃(U)]:(单击“对象捕捉”工具栏上的//按钮)_ par到(光标移动到直线AB上,稍作停留,直到该点上出现标记和提示,然后将光标向右下方移动,直到出现与直线AB平行的虚线)120↙

指定下一点或[放弃(U)]:↙

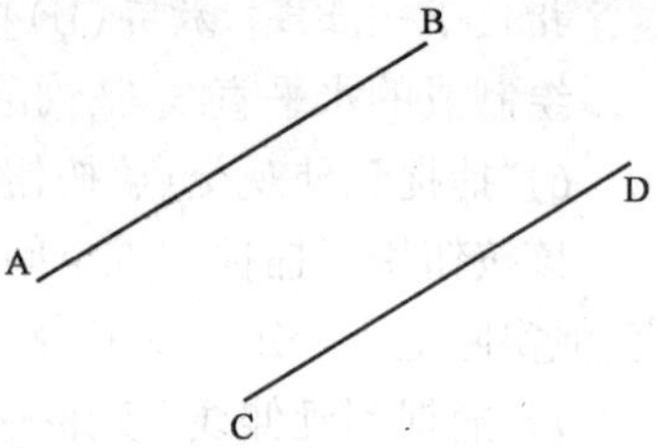

图5-19 应用“捕捉到平行线”绘图

绘制成的直线CD如图5-19所示。

13)“捕捉到插入点”按钮(INS)

该按钮用于捕捉插入到图形文件中的文本、图块、属性等图形符号的基点。

14)“捕捉到节点”按钮◦(NOD)

该按钮用于捕捉点对象。

15)“捕捉到最近点”按钮(NEA)

该按钮用于捕捉图形对象上最接近当前光标“+”字中心的点。它可以确保所捕捉的点在所选择的对象上。

16)“无捕捉”按钮(NON)

该按钮用于取消任何对象捕捉模式。

17)“对象捕捉设置”按钮(OS)

该按钮用于对象捕捉模式的设置。单击该按钮,弹出“草图设置”对话框中的“对象捕捉”选项卡。

需要指出的是,对象捕捉功能并不是命令,不能在命令行中提示为“命令:”时单击“对象捕捉”工具栏上的各按钮(“对象捕捉设置”按钮除外),只有在系统提示要求指定某一点的位置时才能选择这些按钮进行对象捕捉。

举例:

已知直线、圆、圆弧、点如图5-20a)所示,应用对象捕捉绘制图5-20b)所示的图形。

命令:LINE↙

指定第一点:(单击“对象捕捉”工具栏上的按钮)_ endp 于(捕捉 a 点,单击鼠标左键)

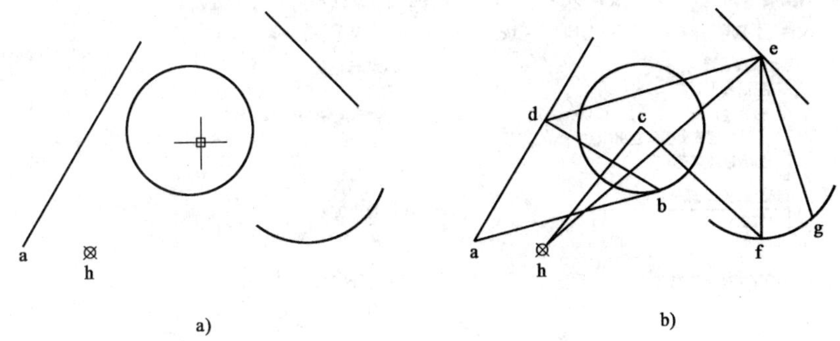

图 5-20　应用对象捕捉绘图

指定下一点或[放弃(U)]:(单击“对象捕捉”工具栏上的按钮)_ tan 到(将光标移到圆上,在 b 点出现相切标记后,单击鼠标左键)

指定下一点或[放弃(U)]:(单击“对象捕捉”工具栏上的按钮)_ per 到(将光标移到直线上,在 d 点出现垂足标记后,单击鼠标左键)

指定下一点或[闭合(C)/放弃(U)]:(单击“对象捕捉”工具栏上的按钮)_ mid 于(将光标移到直线上,在 e 点出现中点标记后,单击鼠标左键)

指定下一点或[闭合(C)/放弃(U)]:(单击“对象捕捉”工具栏上的按钮)_ qua 于(将光标移到圆弧上,在 f 点出现象限点标记后,单击鼠标左键)

指定下一点或[闭合(C)/放弃(U)]:(单击“对象捕捉”工具栏上的按钮)_ cen 于(将光标移到圆上,在 c 点出现圆心标记后,单击鼠标左键)

指定下一点或[闭合(C)/放弃(U)]:(单击“对象捕捉”工具栏上的按钮)_ nod 于(将光标移到点 h 上,出现节点标记后,单击鼠标左键)

指定下一点或[闭合(C)/放弃(U)]:(单击“对象捕捉”工具栏上的按钮)_ int 于(将光标移到点 e 上,出现交点标记后,单击鼠标左键)

指定下一点或[闭合(C)/放弃(U)]:(单击“对象捕捉”工具栏上的按钮)_ nea 到(将光标移到点 g 上,出现最近点标记后,单击鼠标左键)

指定下一点或[闭合(C)/放弃(U)]:↙

结束绘图,如图 5-20b)所示。

5.4　对象捕捉和极轴追踪参数的设置

在图形比较密集时,即使采用对象捕捉,也可能由于图线较多而出现误选现象,所以应该设置合适的靶框。同样,用户也可以设置在自动捕捉时的提示标记或在极轴追踪时是否显示追踪向量等参数,以满足用户的需要。

单击“工具→选项”菜单项,弹出“选项”对话框,再选择“草图”选项卡,如图 5-21 所示。

该选项卡可以设置对象捕捉和极轴追踪参数,其中各选项说明如下:

1. “自动捕捉设置”选项区

(1)“标记”复选框:设置是否显示自动捕捉标记。不同的捕捉点显示的标记不同。

(2)“磁吸”复选框:设置是否将光标自动锁定在最近的捕捉点上。

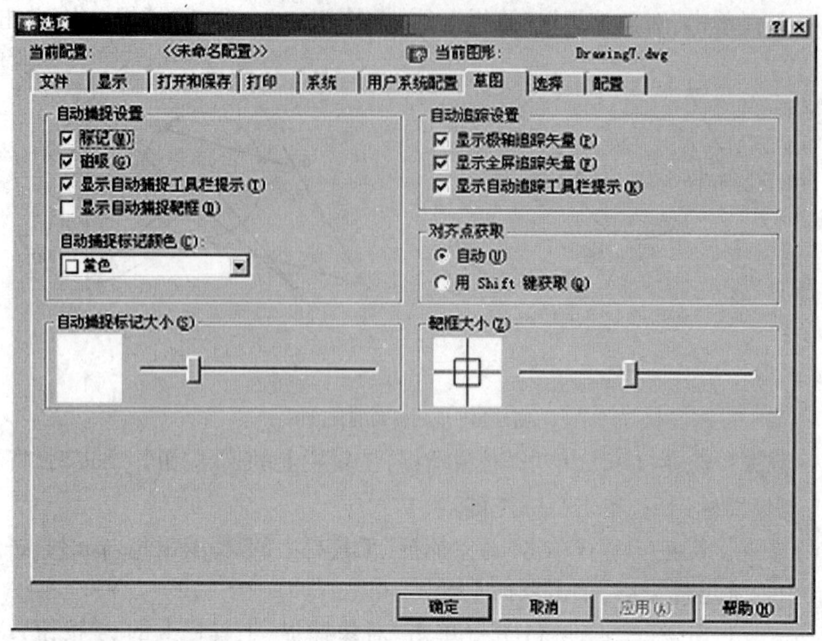

图 5-21 “选项”对话框中的“草图”选项卡

(3)“显示自动捕捉工具栏提示”复选框:设置是否显示自动捕捉点捕捉模式的提示。

(4)“显示自动捕捉靶框”复选框:设置是否显示自动捕捉靶框。

(5)“自动捕捉标记颜色”下拉列表框:设置自动捕捉标记颜色。

2.“自动捕捉标记大小”区

通过滑块设置自动捕捉标记的大小,向右移动增大,向左移动减小。

3.“自动追踪设置”选项区

(1)“显示极轴追踪矢量”复选框:设置是否显示极轴追踪矢量。

(2)“显示全屏追踪矢量”复选框:设置是否显示全屏追踪矢量。该矢量显示的是一条参照线。

(3)“显示自动追踪工具栏提示”复选框:设置是否显示自动追踪工具栏提示。

4.“对齐点获取”选项区

(1)“自动”单选框:选中该单选框,则对齐点自动获取。

(2)“用 Shift 键获取”单选框:选中该单选框,则对齐点必须通过按 Shift 键才能获取。

5.“靶框大小”区

通过移动滑块设置靶框的大小。该靶框为自动捕捉靶框。

第6章　基本编辑

6.1　删除（ERASE）

删除命令可以清除图形中不需要的对象。

1. 输入命令的方法

单击“修改”工具栏上按钮，或单击“修改→删除”菜单项，或在命令行键入 ERASE(E)并按回车键。

2. 命令提示及选项说明

执行删除命令后出现如下提示：

选择对象：选择要删除的对象，选择完对象后按回车键。

6.2　恢复（OOPS）

恢复命令能恢复最后一次由删除命令或建块等过程中被删除的对象。

1. 输入命令的方法

在命令行键入 OOPS 并按回车键。

2. 说明

(1)OOPS 命令和 U 命令恢复删除的对象并不相同，U 命令必须紧跟在删除命令之后执行，OOPS 命令可以在删除命令执行后，又执行了其他命令后，恢复最后一次被删除的对象。

(2)OOPS 命令不能恢复图层上已被 PURGE 命令删除的对象。

6.3　移动（MOVE）

移动命令可以将一组或一个对象从一个位置移动到另一个位置。

1. 输入命令的方法

单击“修改”工具栏上按钮，或单击“修改→移动”菜单项，或在命令行键入 MOVE(M)并按回车键。

2. 命令提示及选项说明

执行移动命令后出现如下提示：

(1)选择对象：选择要移动的对象。选择了要移动的对象后，系统继续提示：

选择对象：

若结束选择要移动的对象，即按回车键，出现如下提示：

(2)指定基点或位移：指定移动的基点，即位移的第一点。

在指定移动的基点后，有如下提示：

(3)指定位移的第二点或 <用第一点作位移>：如指定位移的第二点，则所选择对象由当前位置按指定基点到指定位移的第二点的位移矢量移动。如直接回车，则用第一点（基点）的坐标值作为所选择对象的位移值。例如指定基点的坐标值为 20，30，在指定位移的第二点时直接按回车键，则选择的对象相对当前位置往 X 方向移动 20 个单位，往 Y 方向移动 30 个单位。

3．说明

（1）移动对象仅仅是位置平移，而不改变对象的方向和大小。要非常精确地移动对象，一般使用坐标、夹点操作和对象捕捉方式。

（2）当知道对象的移动目标位置相对原位置的坐标时，则在提示“指定位移的第二点或<用第一点作位移>：”的状态下，直接输入该相对坐标，就能完成移动操作。

4．举例

（1）用移动命令将图 6-1a）中的圆移动，如图 6-1b）所示。

命令：MOVE↙

选择对象：（选择一个圆）

选择对象：（再选择一个圆）

选择对象：↙

指定基点或位移：（捕捉矩形的左下角点）

指定位移的第二点或<用第一点作位移>：（捕捉矩形的右下角点）

（2）用移动命令移动图 6-2 中的圆，圆心位置从 A 点移到 B 点。已知 A 点的坐标为 100，50，B 点相对 A 点的坐标为@100，50。

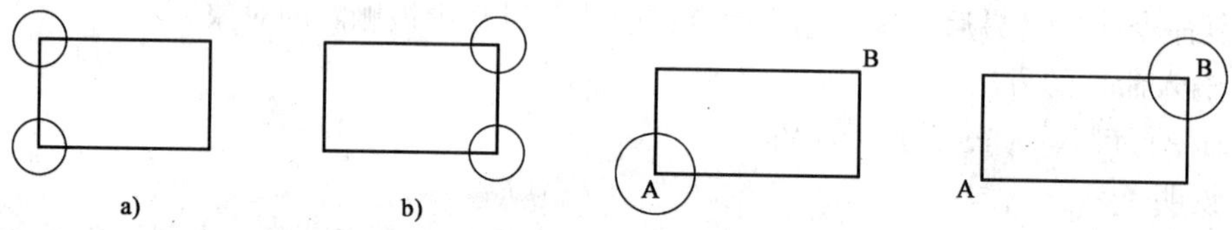

图 6-1 移动对象

图 6-2 移动对象

命令：MOVE↙

选择对象：（选择一个圆）

选择对象：↙

指定基点或位移：（捕捉矩形的左下角点）

指定位移的第二点或<用第一点作位移>：@100，50↙

6.4 复制（COPY）

复制命令能将图形中的对象复制到指定位置。复制命令能对单个或多个对象进行一次或多次复制，减轻了重复绘图劳动。

1．输入命令的方法

单击“修改”工具栏上按钮，或单击“修改→复制”菜单项，或在命令行键入 COPY（CP、CO）并按回车键。

2．命令提示及选项说明

执行复制命令后出现如下提示：

（1）选择对象：选择要复制的对象。选择了要复制的对象后，系统继续提示：

选择对象：

若结束选择要复制的对象，即按回车键，出现如下提示：

(2)指定基点或位移，或者[重复(M)]：指定复制的基点；或者重复复制。重复复制可在多个目标位置复制同一组对象。

①在指定复制的基点后，有如下提示：

指定位移的第二点或 <用第一点作位移>：如指定位移的第二点，则所选择对象由当前位置按指定基点到指定位移的第二点的位移矢量移动。如直接回车，则用第一点(基点)的坐标值作为所选择对象的位移值。

②在选择“[重复(M)]”后，有如下提示：

指定基点：指定复制的基点。

指定复制的基点后，有连续的如下提示：

指定位移的第二点或 <用第一点作位移>：

可在多个目标位置复制同一组对象。按回车键结束重复复制。

3. 说明

(1)基点的选择，一般直接捕捉目标对象的特征点。

(2)本节所叙述的复制命令是在同一图形文件内部的复制。菜单“编辑”项中的“复制”是利用剪贴板复制，再与”粘贴”配合，可方便地实现各应用程序间图形数据和文本数据的传递。

4. 举例

如图 6-3 所示，将正五边形中心的圆复制到正五边形的各个角点上。

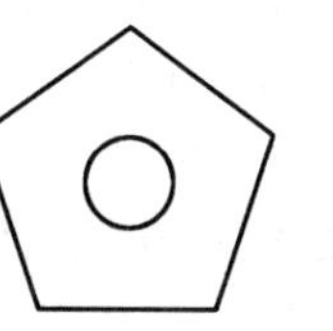

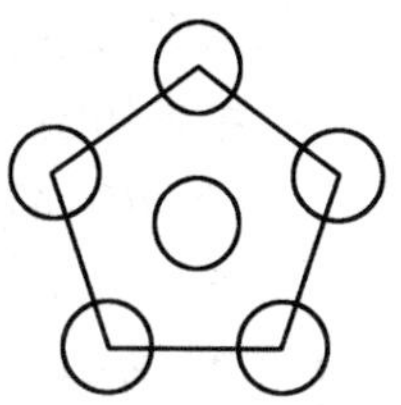

图 6-3　复制对象

命令：MOVE↙

选择对象：(选择一个圆)

选择对象：↙

指定基点或位移，或者[重复(M)]：M↙

指定基点：(捕捉圆的圆心)

指定位移的第二点或 <用第一点作位移>：(捕捉正五边形的第一个角点)

指定位移的第二点或 <用第一点作位移>：(捕捉正五边形的第二个角点)

指定位移的第二点或 <用第一点作位移>：(捕捉正五边形的第三个角点)

指定位移的第二点或 <用第一点作位移>：(捕捉正五边形的第四个角点)

指定位移的第二点或 <用第一点作位移>：(捕捉正五边形的第五个角点)

指定位移的第二点或 <用第一点作位移>：↙

6.5　旋转 (ROTATE)

旋转命令可以将图形对象旋转一指定角度或参照一对象进行旋转。

1. 输入命令的方法

单击“修改”工具栏上按钮，或单击“修改→旋转”菜单项，或在命令行键入 ROTATE (RO)并按回车键。

2. 命令提示及选项说明

执行旋转命令后出现如下提示：

(1)UCS 当前的正角方向：ANGDIR = 逆时针　ANGBASE = 0

选择对象：选择要旋转的对象。选择了要旋转的对象后，系统继续提示：

选择对象：

若结束选择要旋转的对象，即按回车键，出现如下提示：

(2)指定基点：指定旋转的基点。在指定旋转的基点后，有如下提示：

(3)指定旋转角度或 [参照(R)]：

①指定旋转角度：直接输入旋转的角度值。该角度值决定了将所选对象绕基点相对于原位置旋转的角度。

②参照(R)：表示将所选对象以参照方式进行旋转。选择了该项后，有如下提示：

指定参照角 <0>：输入参考方向的角度值。

指定参考角后，有连续的如下提示：

指定新角度：输入对象要旋转到的目标角度。则实际旋转角度 = 新角度 - 参考角。

3. 说明

旋转角度有正负之分。若为正值，则沿逆时针方向旋转对象；若为负值，则沿顺时针方向旋转对象。

4. 举例

用旋转命令将图 6-4a)中的大八边形旋转 22.5°，结果如图 6-4b)所示。

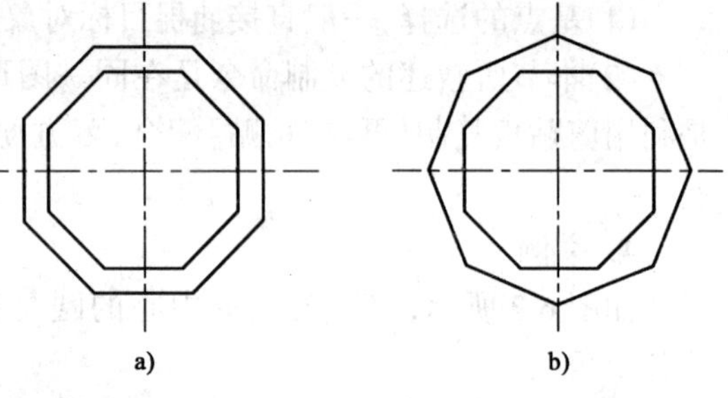

图 6-4　旋转对象

命令：ROTATE↙

UCS 当前的正角方向：ANGDIR = 逆时针　ANGBASE = 0

选择对象：(选择图中大八边形)找到 1 个

选择对象：↙

指定基点：(捕捉两中心线交点)

指定旋转角度或 [参照(R)]：22.5↙

6.6　缩放（SCALE）

缩放命令可以将对象按照指定的比例放大或缩小。

1. 输入命令的方法

单击“修改”工具栏上按钮，或单击“修改→缩放”菜单项，或在命令行键入 SCALE(SC)并按回车键。

2. 命令提示及选项说明

执行缩放命令后出现如下提示：

(1)选择对象：选择要缩放的对象。选择了要缩放的对象后，系统继续提示：

选择对象：

若结束选择要缩放的对象，即按回车键，出现如下提示：

(2)指定基点：指定缩放的基点。在指定缩放的基点后，有如下提示：

(3)指定比例因子或[参照(R)]:

①指定比例因子:直接输入比例因子。

②参照(R):表示将所选对象以参照方式进行缩放。选择了该项后,有如下提示:

指定参照长度 <1>:指定参照长度。

指定参照长度后,有连续的如下提示:

指定新长度:指定新长度。则缩放比例=新长度/参照长度。

执行此操作时,可以直接输入长度值,也可以指定两点,通过两点的距离确定长度值。

3. 说明

比例缩放是真正改变了图形的大小,和视图显示中的 ZOOM 命令缩放有本质的区别。ZOOM 命令仅仅改变在屏幕上显示的大小,图形本身的尺寸大小不变。

4. 举例

用缩放命令将图 6-5a)中的八边形缩小,缩放比例为 0.5,结果如图 6-5b)所示。

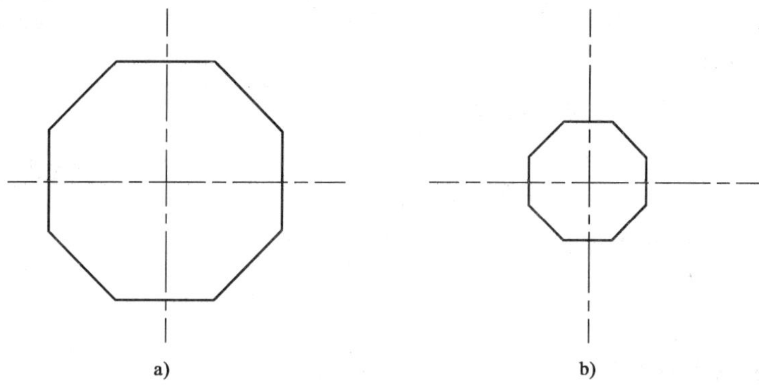

图 6-5 缩放对象

命令:SCALE↙

选择对象:(选择八边形)找到 1 个

选择对象:↙

指定基点:(捕捉中心线交点)

指定比例因子或[参照(R)]:0.5↙

6.7 拉伸(STRETCH)

拉伸命令可以在某一个方向上按照指定的尺寸拉长或缩短对象。

1. 输入命令的方法

单击“修改”工具栏上 按钮,或单击“修改→拉伸”菜单项,或在命令行键入 STRETCH(S)并按回车键。

2. 命令提示及选项说明

执行拉伸命令后出现如下提示:

(1)以交叉窗口或交叉多边形选择要拉伸的对象…

选择对象:选择要拉伸的对象。选择了要拉伸的对象后,系统继续提示:

选择对象:

若结束选择要拉伸的对象,即按回车键,出现如下提示:

(2)指定基点或位移:指定拉伸基点或输入位移。

指定拉伸基点或位移后,有如下提示:

(3)指定位移的第二个点或<用第一个点作位移>:指定第二点来确定距离。若回车则用第一点作位移。

3. 说明

(1)用交叉窗口选择对象进行拉伸时,窗口外端点不动,窗口内端点移动。若某一对象完全在交叉窗口内,则拉伸命令对于该对象如同移动命令。

(2)对圆弧拉伸时,圆弧弦高不变,圆心位置被调整。

(3)块、圆、椭圆和文字等没有端点的对象不能被拉伸。但若其定义点(例如圆和椭圆的圆心、块的插入点、文字的位置确定点)在交叉窗口内,则对象被移动,否则不动。

4. 举例

用拉伸命令将图 6-6a)中选取的部分向下拉伸 90,结果如图 6-6b)所示。

命令:STRETCH↙

以交叉窗口或交叉多边形选择要拉伸的对象…

选择对象:(以交叉窗口选取拉伸的对象,先指定一角点)指定对角点:(指定一对角点)找到 3 个

选择对象:↙

指定基点或位移:0,-90↙

指定位移的第二个点或<用第一个点作位移>:↙

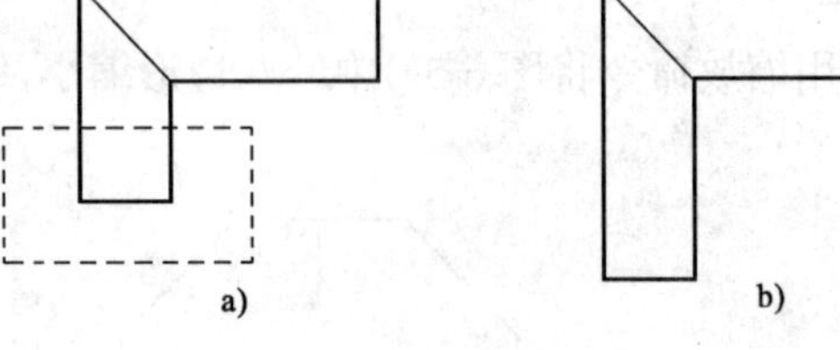

图 6-6 拉伸对象

6.8 拉长(LENGTHEN)

拉长命令可以用来延伸或缩短开放的对象,如直线、圆弧、椭圆弧、非封闭多段线和样条曲线,也可以改变圆弧的角度。

1. 输入命令的方法

单击"修改→拉长"菜单项,或在命令行键入 LENGTHEN (LEN)并按回车键。

2. 命令提示及选项说明

执行拉长命令后出现如下提示:

(1)选择对象或[增量(DE)/百分数(P)/全部(T)/动态(DY)]:

①选择对象:在此提示下选择要查看的对象,将会显示所选对象的长度,若选择的是圆弧,还会显示包含的中心角。

②增量(DE):指定长度增量或角度增量大小,正值为增大,负值为减小。

③百分数(P):以总长百分比的形式改变对象的长度。

④全部(T):指定输入最后的长度或圆弧的角度。

⑤动态(DY):通过动态拖动对象一端点的模式改变对象的长度。

输入 DY 后,有如下提示:

(2)选择要修改的对象或[放弃(U)]:选择要修改的对象。选择后系统继续提示:

(3)指定新端点:系统将根据新端点的位置改变对象的长度。

3. 说明

(1)直线由长度控制拉长或缩短,圆弧由圆心角控制。

(2)选取直线或圆弧时的拾取点位置决定了拉长或缩短的方向,修改发生在拾取点的那一侧。

4. 举例

用拉长命令将图 6-7a)中直线拉长至长度为 100,结果如图 6-7b)所示。

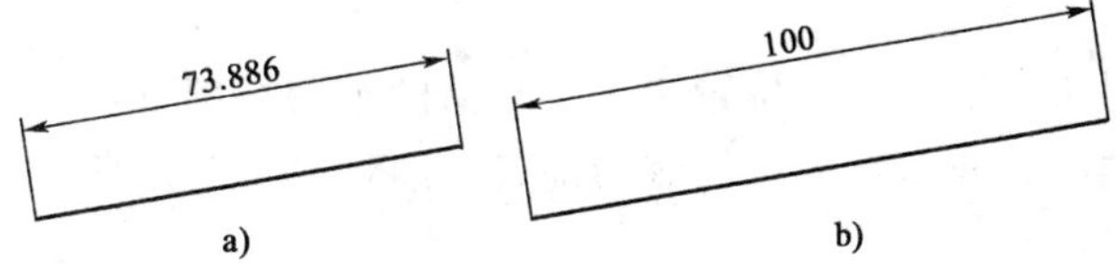

图 6-7　拉长对象

命令:LENGTHEN↙

选择对象或[增量(DE)/百分数(P)/全部(T)/动态(DY)]:T↙

指定总长度或[角度(A)]<(200.0000)>:100↙

选择要修改的对象或[放弃(U)]:(拾取直线右端)

选择要修改的对象或[放弃(U)]↙

6.9　修 剪 (TRIM)

修剪命令可以将对象上超过剪切边界的部分精确地去除。

1. 输入命令的方法

单击"修改"工具栏上按钮,或单击"修改→修剪"菜单项,或在命令行键入 TRIM (TR) 并按回车键。

2. 命令提示及选项说明

执行修剪命令后出现如下提示:

(1)当前设置:投影 = UCS,边 = 无

选择剪切边…

选择对象:提示选择对象作为剪切边界。选择了剪切边界后,系统继续提示:

选择对象:

若结束选择剪切边界,即按回车键,出现如下提示:

(2)选择要修剪的对象,或按住 Shift 键选择要延伸的对象,或[投影(P)/边(E)/放弃(U)]:

①选择要修剪的对象:选取被剪切对象的待剪部分。

②按住 Shift 键选择要延伸的对象:若对象的一端尚未到修剪边界,则按住 Shift 键,选择对象的该端可以使该端延伸至修剪边界。

③投影(P):确定执行修剪空间。选择该选项后,有如下提示:

输入投影选项[无(N)/UCS(U)/视图(V)]<UCS>:

• 无(N):表示按三维方式修剪。该选项对只在空间相交的对象有效。

• UCS(U):表示在当前用户坐标系的 XY 平面上修剪,此时也可在 XY 平面上按投影关系修剪在三维空间中并不相交的对象。

• 视图(V):表示在当前视图平面上修剪。

④边(E):确定修剪方式。选择该选项后,有如下提示:

输入隐含边延伸模式[延伸(E)/不延伸(N)]<不延伸>:

• 延伸(E):按延伸方式修剪。即在修剪对象与剪切边界在三维空间上并不相交,但延伸后可以相交的情况下,使用修剪命令也可以修剪对象。

• 不延伸(N):按不延伸方式修剪。即如果对象与剪切边界没有相交,则不进行剪切。

⑤放弃(U):放弃最后进行的一次剪切。

3. 说明

(1)指定被剪切对象的拾取点的位置决定了对象的被剪切部分。

(2)对块中包含的图元或多线等进行修剪前,必须将它们炸开,使之失去块、多线的性质后才能进行修剪。

4. 举例

用修剪命令将图 6-8a)中的圆和直线互为边界进行修剪,结果如图 6-8b)所示。

命令:TRIM↙

当前设置:投影 = UCS,边 = 无

选择剪切边…

选择对象:(选择圆作为修剪直线的边界)找到 1 个

选择对象:(选择直线作为修剪圆的边界)找到 1 个,总计两个

选择对象:↙

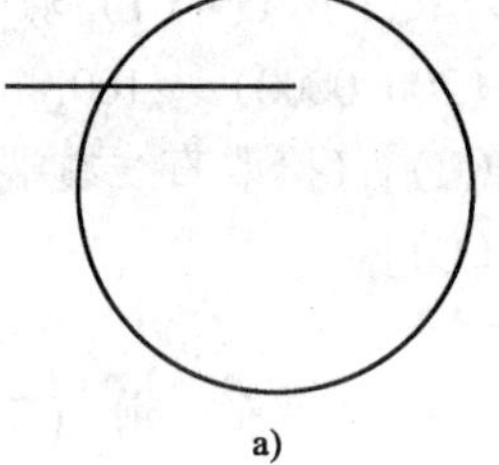

a)

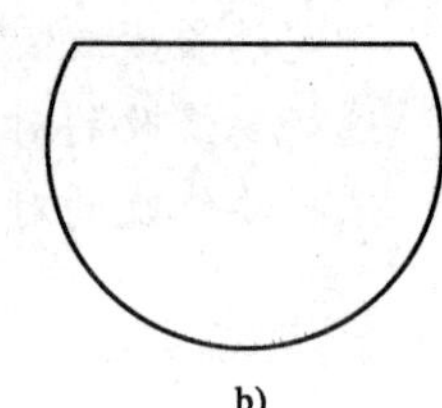

b)

图 6-8 修剪对象

选择要修剪的对象,或按住 Shift 键选择要延伸的对象,或[投影(P)/边(E)/放弃(U)]:E↙

输入隐含边延伸模式[延伸(E)/不延伸(N)]<不延伸>:E↙

选择要修剪的对象,或按住 Shift 键选择要延伸的对象,或[投影(P)/边(E)/放弃(U)]:(选择圆上部)

选择要修剪的对象,或按住 Shift 键选择要延伸的对象,或[投影(P)/边(E)/放弃(U)]:(选择直线左端超出圆的部分)

选择要修剪的对象,或按住 Shift 键选择要延伸的对象,或[投影(P)/边(E)/放弃(U)]:(按住 Shift 键选择直线右端部分)

选择要修剪的对象,或按住 Shift 键选择要延伸的对象,或[投影(P)/边(E)/放弃(U)]:↙

6.10 延 伸(EXTEND)

延伸命令可以将对象延伸至指定的延伸边界处,使其和延伸边界精确相接。

1. 输入命令的方法

单击"修改"工具栏上 --/ 按钮,或单击"修改→延伸"菜单项,或在命令行键入 EXTEND(EX)并按回车键。

2. 命令提示及选项说明

执行延伸命令后出现如下提示:

(1)当前设置:投影 = UCS,边 = 延伸

选择边界的边…

选择对象：提示选择对象作为延伸边界。选择了延伸边界后，系统继续提示：

选择对象：

若结束选择延伸边界，即按回车键，出现如下提示：

(2)选择要延伸的对象，或按住 Shift 键选择要修剪的对象，或[投影(P)/边(E)/放弃(U)]：

①选择要延伸的对象：选取对象的待延伸一侧。

②按住 Shift 键选择要修剪的对象：若对象的一端已超出延伸边界，则按住 Shift 键，选择对象的该端可以修剪该端至延伸边界。

③投影(P)：确定执行修剪空间。选择该选项后，有如下提示：

输入投影选项[无(N)/UCS(U)/视图(V)]<UCS>：

• 无(N)：表示按三维方式延伸。该选项对在空间可以相交的对象有效。

• UCS(U)：表示在当前用户坐标系的 XY 平面上延伸，此时也可在 XY 平面上按投影关系延伸在三维空间中不能相交的对象。

• 视图(V)：表示在当前视图平面上延伸。

④边(E)：确定修剪方式。选择该选项后，有如下提示：

输入隐含边延伸模式[延伸(E)/不延伸(N)]<延伸>：

• 延伸(E)：按延伸方式延伸。即当边界和要延伸的对象没有显式交点时，同样可以延伸到隐含的交点处。

• 不延伸(N)：按不延伸方式延伸。即当边界和要延伸的对象没有显式交点时，不能延伸。

⑤放弃(U)：放弃最后进行的一次延伸。

3. 说明

(1)指定被延伸对象的拾取点必须落在对象上近延伸边界的一侧，否则会提示“在该方向上没有边”，不能完成延伸。

(2)对块中包含的图元或多线等进行延伸前，必须将它们炸开，使之失去块、多线的性质后才能进行延伸。

4. 举例

如图 6-9a)所示，延伸 AB，修剪 CD 至 EF，结果如图 6-9b)所示。

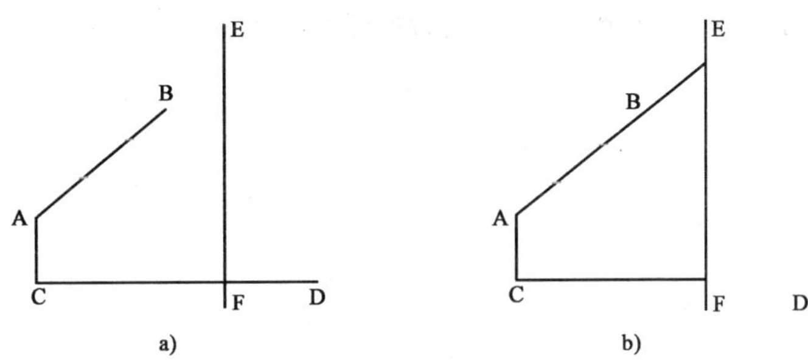

图 6-9 延伸对象

命令：EXTEND↙

当前设置：投影 = UCS，边 = 延伸

选择边界的边…

选择对象:(选择 EF)找到 1 个

选择对象:↙

选择要延伸的对象,或按住 Shift 键选择要修剪的对象,或[投影(P)/边(E)/放弃(U)]:(选择 AB 的 B 端)

选择要延伸的对象,或按住 Shift 键选择要修剪的对象,或[投影(P)/边(E)/放弃(U)]:(按住 Shift 键选择 CD 右端超出 EF 的部分)

选择要延伸的对象,或按住 Shift 键选择要修剪的对象,或 [投影(P)/边(E)/放弃(U)]:↙

6.11 打断(BREAK)

打断命令可以把对象在拾取点处一分为二或去除两拾取点之间的一段。

1. 输入命令的方法

单击"修改"工具栏上□按钮,或单击"修改→打断"菜单项,或在命令行键入 BREAK(BR)并按回车键。

2. 命令提示及选项说明

执行打断命令后出现如下提示:

(1)选择对象:选择要打断的对象。选择了要打断的对象后,出现如下提示:

(2)指定第二个打断点或[第一点(F)]:如果不输入 F 来重新定义第一点,则前面拾取该对象的点为第一个打断点。

①指定第二个打断点:拾取打断的第二点。如果输入@,则指第二点与第一点相同,此时对象一分为二。

②第一点(F):选择了该项,则重新指定打断的第一点。

3. 说明

(1)打断圆或椭圆时拾取点的顺序很重要,将从第一点开始沿逆时针方向打断对象。

(2)一个完整的圆不可以在同一点被打断。

(3)若第二个拾取点不在对象上,则系统自动在对象上选择与该点最近的点作为第二个打断点。

4. 举例

用打断命令将图 6-10a)中的水平中心线打断,结果如图 6-10b)所示。

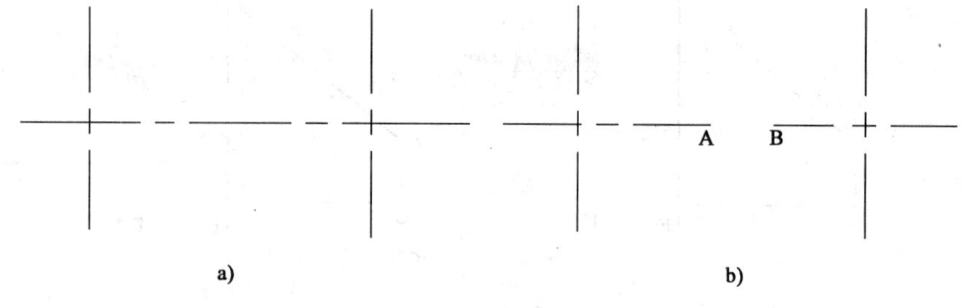

图 6-10 打断对象

命令:BREAK↙

选择对象:(选择水平中心线的 A 点处)

指定第二个打断点或 [第一点(F)]:(在近 B 点处点击)

6.12 偏移复制（OFFSET）

偏移复制可以按指定距离或指定通过的某一点来产生与原对象相同或相似的对象。

1．输入命令的方法

单击“修改”工具栏上按钮，或单击“修改→偏移”菜单项，或在命令行键入 OFFSET(O)并按回车键。

2．命令提示及选项说明

执行偏移命令后出现如下提示：

(1)指定偏移距离或［通过(T)］：

①指定偏移距离：指定偏移距离。该距离可直接通过键盘输入，也可通过点取两个点来确定。

②通过(T)：输入 T，然后点取偏移的对象将通过的点。

指定偏移距离后，系统继续提示：

(2)选择要偏移的对象或<退出>：选择要偏移的对象，若回车则退出偏移命令。选择了要偏移的对象后，有如下提示：

(3)指定点以确定偏移所在一侧：指定点以确定偏移的方向。

3．说明

对不同对象执行偏移命令，会有不同的结果。对于直线，偏移结果为原直线的平行线；对于圆或椭圆，偏移结果与原对象为同心圆或同心椭圆；对于圆弧，偏移结果与原对象为同心圆弧，且中心角相同。

4．举例

用偏移复制命令将图 6-11a)所示图形向内偏移 15，结果如图 6-11b)所示。

命令：OFFSET↙

指定偏移距离或［通过(T)］<5.0000>：15↙

选择要偏移的对象或 <退出>：(选择 AB 弧)

指定点以确定偏移所在一侧：(在 AB 弧下方点击)

选择要偏移的对象或 <退出>：(选择直线 BC)

指定点以确定偏移所在一侧：(在 BC 左方点击)

选择要偏移的对象或 <退出>：(选择 CD 弧)

指定点以确定偏移所在一侧：(在 CD 弧上方点击)

选择要偏移的对象或 <退出>：(选择直线 DA)

指定点以确定偏移所在一侧：(在 DA 右方点击)

选择要偏移的对象或 <退出>：↙

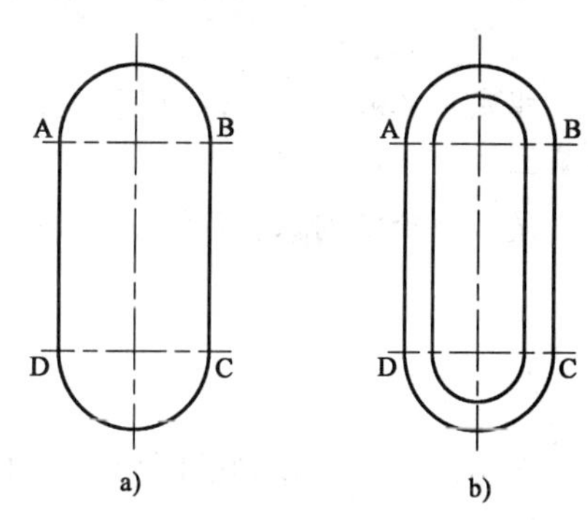

图 6-11　偏移复制对象

6.13 镜像复制（MIRROR）

镜像复制可以产生某一对象相对于某一对称轴的镜像，可以保留原对象，也可以删除原对象。

1．输入命令的方法

单击“修改”工具栏上 按钮，或单击“修改→镜像”菜单项，或在命令行键入 MIRROR(MI)并按回车键。

2. 命令提示及选项说明

执行镜像复制命令后出现如下提示：

(1)选择对象：选择要镜像复制的对象。选择了要镜像复制的对象后，系统继续提示：

选择对象：

若结束选择要镜像复制的对象，即按回车键，出现如下提示：

(2)指定镜像线的第一点：指定对称线上的一点。

在指定对称线上的一点后，有如下提示：

(3)指定镜像线的第二点：指定对称线上的另一点以确定对称线。

在指定对称线上的另一点后，有如下提示：

(4)是否删除源对象？[是(Y)/否(N)]〈N〉：如保留原对象，则直接回车。如将原对象删除，则键入Y并回车。

3. 说明

(1)该命令一般用于对称图形，可以只绘制其中的一半甚至四分之一，然后采用镜像复制命令来产生其他对称的部分。

(2)镜像线上点的选择要捕捉镜像线的特征点或最近点。

(3)文本也可以被镜像复制。操作时，应注意系统变量 Mirrtext 的值。其值为1时，镜像复制的文本反向；其值为0时，则镜像复制的文本不反向。

4. 举例

用镜像复制命令将图6-12a)中图形以对称线AB镜像复制，结果如图6-12b)所示。

命令：MIRROR↙

选择对象：(选择对称线AB左侧的7个对象)

选择对象：↙

指定镜像线的第一点：(捕捉A点)指定镜像线的第二点：(捕捉B点)

是否删除源对象？[是(Y)/否(N)]〈N〉：↙

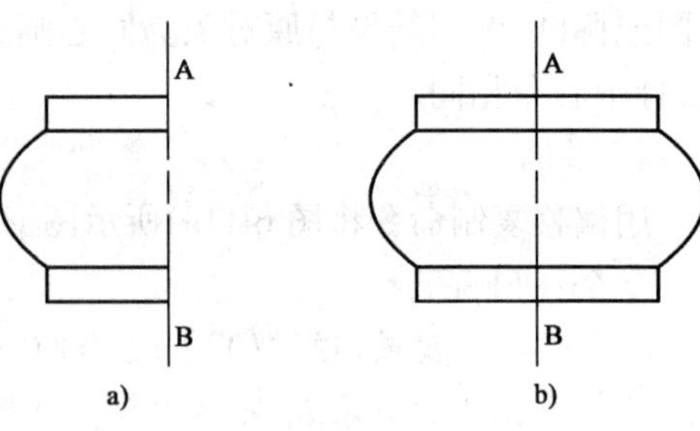

图6-12 镜像复制对象

6.14 阵列复制(ARRAY)

对按一定规律排列的图形可以用阵列复制命令复制。阵列复制有矩形阵列和环形阵列两个选项。

1. 矩形阵列复制

矩形阵列是按照网格行列的方式进行对象的复制。

1) 输入命令的方法

单击“修改”工具栏上 按钮，或单击“修改→阵列”菜单项，或在命令行键入 ARRAY(AR)并按回车键。

2)命令提示及选项说明

执行阵列命令后弹出“阵列”对话框，在“阵列”对话框中选中“矩形阵列”单选框，则对话框如图 6-13 所示。

该对话框中主要选项的含义如下：

(1)“选择对象”按钮：点击该按钮，则可回到绘图屏幕选择要阵列的对象。

(2)“行”编辑框和“列”编辑框：该编辑框分别用于设定阵列的行数和列数。

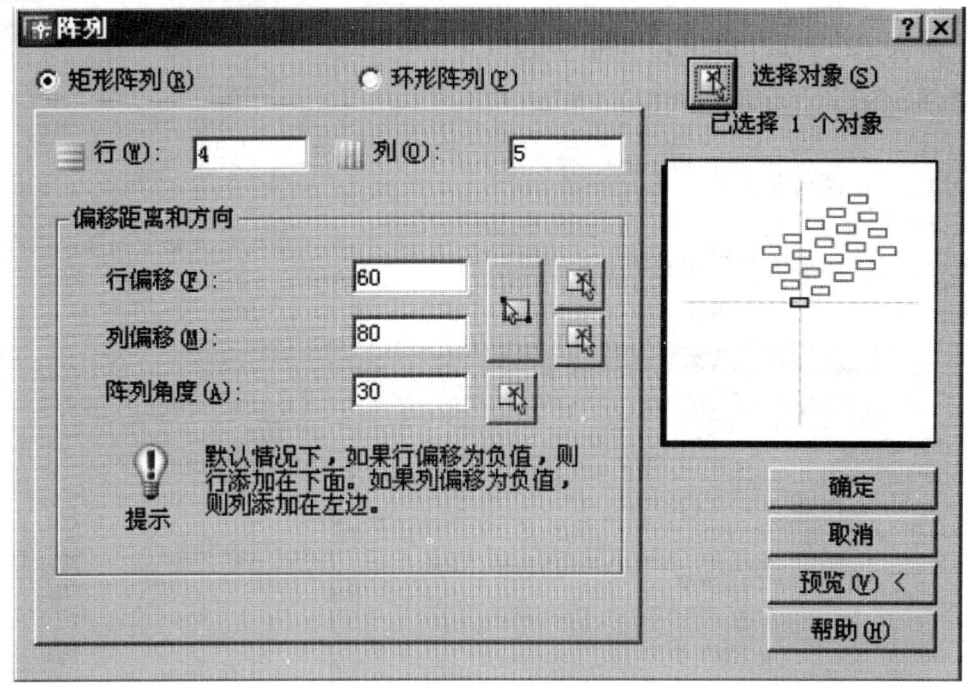

图 6-13 “阵列”对话框之矩形阵列

(3)“偏移距离和方向”选项区：该选项区中可设定行偏移、列偏移和阵列角度。

①“行偏移”、“列偏移”编辑框和按钮：在编辑框中分别键入行偏移、列偏移值；若点击“行偏移、列偏移”按钮，则回到绘图屏幕上，通过指定单位单元来确定行偏移、列偏移；若分别点击“行偏移”按钮、“列偏移”按钮，则回到绘图屏幕上，通过指定的两点的距离分别来确定行偏移、列偏移。

②“阵列角度”编辑框和按钮：在编辑框中键入阵列角度值；若点击“阵列角度”按钮，回到绘图屏幕上，指定两点，由这两点确定的线段与 X 轴的夹角即为阵列角度。

3)说明

当输入的行偏移为正值时，阵列方向向上；反之阵列方向向下。当输入的列偏移为正值时，阵列方向向右；反之阵列方向向左。

4)举例

用阵列复制命令将图 6-14 中左下角的矩形进行矩形阵列复制。

命令：ARRAY↙

弹出“阵列”对话框，在“阵列”对话框中选中“矩形阵列” 单选框，单击“选择对象”按钮，则出现如下提示：

选择对象：(选择最下方的矩形)

选择对象：↙

回到“阵列”对话框。按照图 6-14 在对话框中设定行数、列数、行偏移、列偏移、阵列角度，再单击“确定”按钮即可。

2. 环形阵列复制

环形阵列是把选择的目标复制后按照圆周等距离排列。

1)输入命令的方法

单击“修改”工具栏上按钮,或单击“修改→阵列”菜单项,或在命令行键入 ARRAY (AR)并按回车键。

2)命令提示及选项说明

执行阵列命令后弹出“阵列”对话框,在“阵列”对话框中选中“环形阵列” 单选框,则对话框如图6-15所示。

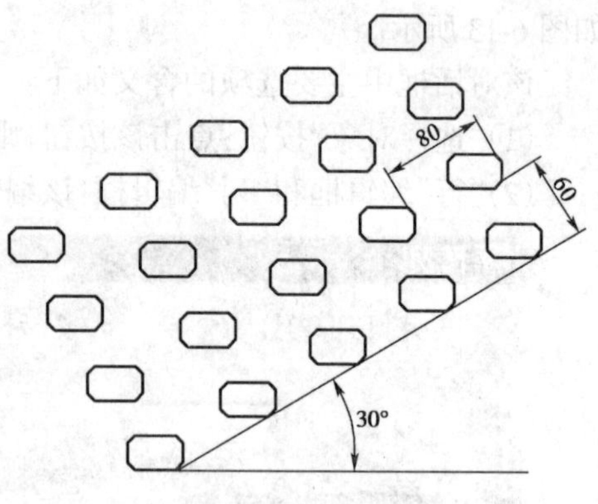

图 6-14 矩形阵列复制

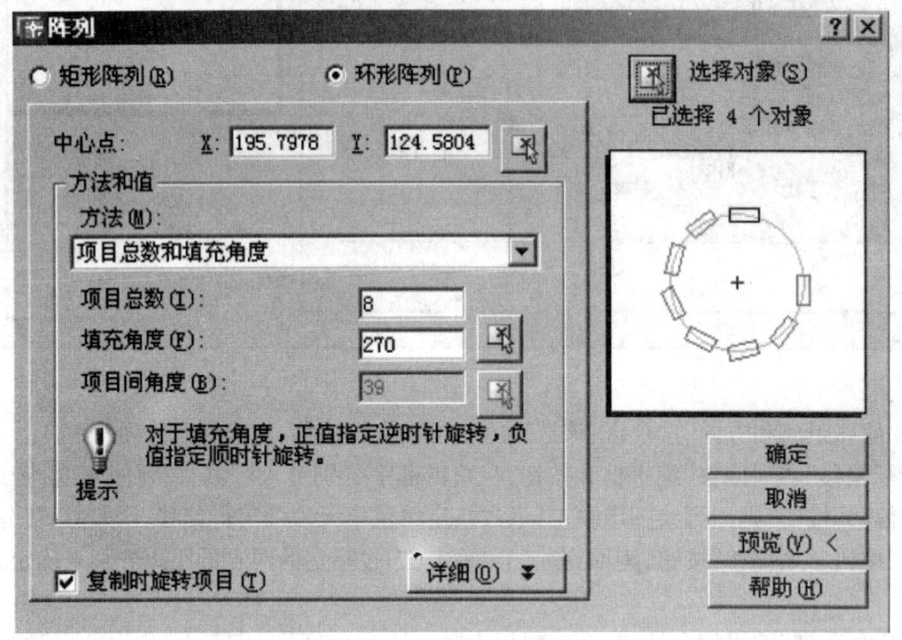

图 6-15 “阵列”对话框之环形阵列

该对话框中主要选项的含义如下:

(1)“中心点”编辑框和按钮:点击该按钮,回到绘图屏幕上点击确定中心点;或在编辑框中键入中心点坐标值。

(2)“方法和值”选项区:用于设置环形阵列的方法和参数值。

①“方法”下拉列表框:用于设置环形阵列的方式。下拉列表框中有 3 项可选择:项目总数和填充角度;项目总数和项目间的角度;填充角度和项目间的角度。

②“项目总数”编辑框:在该编辑框中设定阵列对象的数目。

③“填充角度”编辑框和按钮:在该编辑框中键入对象填充的角度值;或点击“填充角度”按钮回到绘图屏幕上,由指定点和默认点确定的线段与 X 轴的夹角来确定对象填充的角度值。

④“项目间角度”编辑框和按钮:在该编辑框中键入阵列对象间的角度值;或点击“项目间角度”按钮回到绘图屏幕上,由指定点和默认点确定的线段与 X 轴的夹角来确定阵列对象间的夹角。

(3)"复制时旋转项目"复选框:该复选框用于控制阵列中的对象本身是否旋转。

(4)"详细"按钮:点击该按钮,则下拉弹出"对象基点"选项区,如图 6-16 所示,可以重新设定对象基点。环形阵列复制时,如对象本身不旋转,基点指阵列复制后对象中与中心点距离不变的点。

图 6-16 "对象基点"选项区

3)说明

当输入的填充角度为正值时,按照逆时针方向生产环形阵列图形;反之输入负值时,按照顺时针方向生产环形阵列图形。

4)举例

用阵列复制命令对图 6-17 中最上方的菱形进行环形阵列复制。

命令:ARRAY↙

弹出"阵列"对话框,在"阵列"对话框中选中"环形阵列"单选项,单击"选择对象"按钮,则出现如下提示:

选择对象:(选择最上方的菱形)

选择对象:↙

回到如图 6-15 所示"阵列"对话框。设定中心点(到图中点取)、项目总数、填充角度,如选中"复制时旋转项目"复选框,单击"确定"按钮,结果如图 6-17a)所示。如未选中"复制时旋转项目"复选框,并且设定基点为菱形左边角点,单击"确定"按钮,结果如图 6-17b)所示。

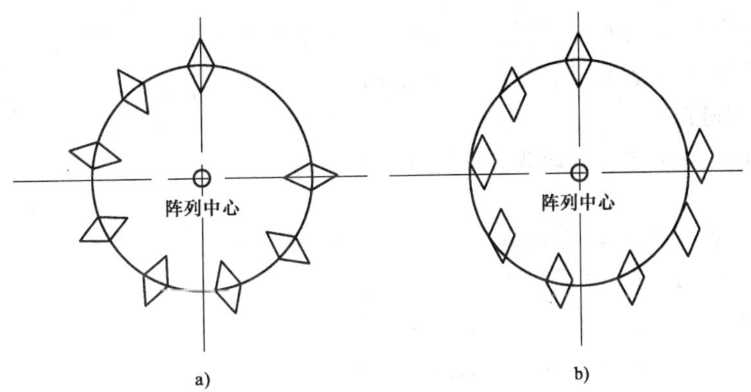

图 6-17 环形阵列复制

a)复制时旋转对象;b)复制时不旋转对象

6.15 倒角(CHAMFER)

倒角命令可以使两个互不平行的对象延伸或是修剪至恰好相交,或者将它们以一条斜线相连。可以使用倒角命令的对象有:直线、多段线、参照线、射线。

1. 输入命令的方法

单击“修改”工具栏上 按钮，或单击“修改→倒角”菜单项，或在命令行键入 CHAMFER (CHA)并按回车键。

2. 命令提示及选项说明

执行倒角命令后出现如下提示：

(1)(“修剪”模式)当前倒角距离 1 = 10.0000，距离 2 = 10.0000

选择第一条直线或［多段线(P)/距离(D)/角度(A)/修剪(T)/方式(M)/多个(U)］:

①选择第一条直线：选择要进行倒角的第一条直线。

②多段线(P)：选择多段线，将该多段线各相邻边进行倒角。AutoCAD 能一次性将多段线上的每个顶点的直线段倒角，倒角生成的线段成为多段线的一部分。

③距离(D)：设定两个新的倒角距离。

④角度(A)：用第一条线的倒角距离和倒角线与第一条线的夹角设置倒角。

⑤修剪(T)：设定是否将选定边修剪到倒角线端点。

⑥方式(M)：设定使用两个距离或是一个距离和一个角度来创建倒角。

⑦多个(U)：连续给多个对象倒角。

选择了第一条直线后，系统提示：

(2)选择第二条直线：选择要进行倒角的第二条直线，完成倒角操作。

3. 说明

(1)如果设定两距离为 0 和修剪模式，可以通过倒角命令修齐两条不平行直线，而不论这两条直线是否相交或需要延伸才能相交。

(2)对于两条相交的直线，选择直线时，拾取点的位置对修剪结果有影响，一般保留拾取点所在一侧的部分，而超过倒角斜线的部分自动被修剪。

4. 举例

(1)用倒角命令将图 6-18a)所示直线 A 和 B 以距离 15、角度 45°的倒角连接起来，结果如图 6-18b)所示。

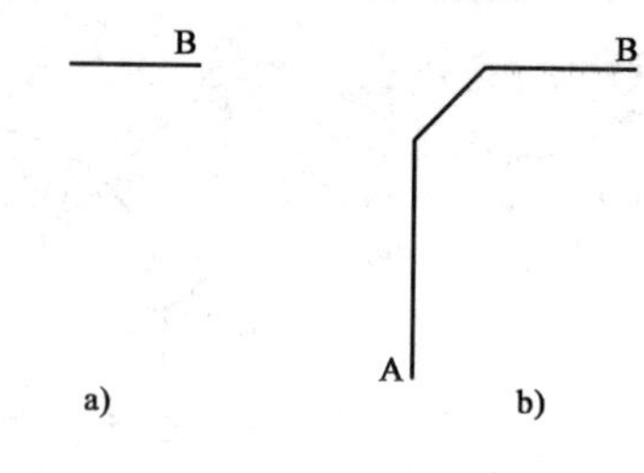

图 6-18　倒角示例一

命令：CHAMFER↙

(“修剪”模式) 当前倒角距离 1 = 20.0000，距离 2 = 20.0000

选择第一条直线或［多段线(P)/距离(D)/角度(A)/修剪(T)/方式(M)/多个(U)］:A↙

指定第一条直线的倒角长度 <0.0000>:15↙

指定第一条直线的倒角角度 <0.0000>:45↙

选择第一条直线或［多段线(P)/距离(D)/角度(A)/修剪(T)/方式(M)/多个(U)］:(选择直线 A)

选择第二条直线：(选择直线 B)

(2)用倒角命令采用不修剪、连续方式对图 6-19 所示矩形多段线倒角。

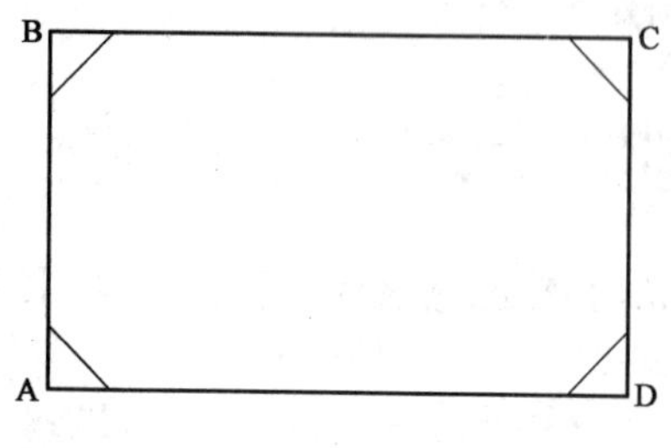

图 6-19　倒角示例二

命令：CHAMFER↙

(“修剪”模式)当前倒角距离 1 = 15.0000，距离 2 = 15.0000

选择第一条直线或［多段线(P)/距离(D)/角度(A)/

修剪(T)/方式(M)/多个(U)]:T↙

输入修剪模式选项[修剪(T)/不修剪(N)]<修剪>:N↙

选择第一条直线或[多段线(P)/距离(D)/角度(A)/修剪(T)/方式(M)/多个(U)]:U↙

选择第一条直线或[多段线(P)/距离(D)/角度(A)/修剪(T)/方式(M)/多个(U)]:(选择线段 AB)

选择第二条直线:(选择线段 BC)

选择第一条直线或[多段线(P)/距离(D)/角度(A)/修剪(T)/方式(M)/多个(U)]:(选择线段 BC)

选择第二条直线:(选择线段 CD)

选择第一条直线或[多段线(P)/距离(D)/角度(A)/修剪(T)/方式(M)/多个(U)]:(选择线段 CD)

选择第二条直线:(选择线段 DA)

选择第一条直线或[多段线(P)/距离(D)/角度(A)/修剪(T)/方式(M)/多个(U)]:(选择线段 DA)

选择第二条直线:(选择线段 AB)

选择第一条直线或[多段线(P)/距离(D)/角度(A)/修剪(T)/方式(M)/多个(U)]:↙

6.16 圆角(FILLET)

圆角命令可以利用指定半径的光滑圆弧将两个对象连接起来。可以使用此命令编辑的对象有:圆弧、圆、椭圆、直线、射线、参照线、多段线、样条曲线等,无论这些对象是否相交,都可以使用圆角命令。

1. 输入命令的方法

单击“修改”工具栏上按钮,或单击“修改→圆角”菜单项,或在命令行键入 FILLET (F)、并按回车键。

2. 命令提示及选项说明

执行圆角命令后出现如下提示:

(1)当前设置:模式 = 修剪,半径 = 10.0000

选择第一个对象或[多段线(P)/半径(R)/修剪(T)/多个(U)]:

①选择第一个对象:选择要进行倒圆角的第一个对象。

②多段线(P):选择多段线,将该多段线各相邻边进行倒圆角。

③半径(R):确定圆弧的半径。

④修剪(T):控制是否修剪选定的对象使其延伸到圆角弧的端点。

⑤多个(U):连续给多个对象倒圆角。

选择了进行倒圆角的第一个对象后,系统提示:

(2)选择第二个对象:选择要进行倒圆角的第二个对象,完成倒圆角操作。

3. 说明

(1)如果将圆角半径设定为 0,则在修剪模式下,不论不平行的直线情况如何,都将会自动准确相交。

(2)如果是修剪模式,则拾取点的位置对修剪结果有影响,一般保留拾取点所在一侧的部分,而超过圆角弧的部分自动被修剪。

4. 举例

用圆角命令将图6-20a)所示直线和圆用圆弧连接起来,结果如图6-20b)所示。

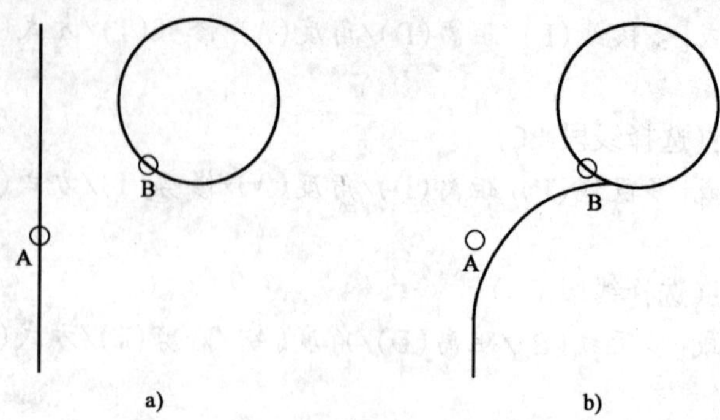

图6-20 用圆角命令倒圆角

命令:FILLET↙

当前设置:模式 = 不修剪,半径 = 50.0000

选择第一个对象或[多段线(P)/半径(R)/修剪(T)/多个(U)]:T↙

输入修剪模式选项[修剪(T)/不修剪(N)] <不修剪>:T↙

选择第一个对象或[多段线(P)/半径(R)/修剪(T)/多个(U)]:(在A点下方选择直线)

选择第二个对象:(在B点右下方选择圆)

6.17 编辑多段线(PEDIT)

编辑多段线命令可以修改多段线的一些特性,如修改多段线的宽度,增减或移动多段线的顶点,使多段线样条化或直线化,也可以将直线、圆弧等合并转化为多段线。

1. 输入命令的方法

单击"修改→对象→多段线"菜单项,或在命令行键入PEDIT(PE)并按回车键。

2. 命令提示及选项说明

执行编辑多段线命令后出现如下提示:

(1)选择多段线或[多条(M)]:选择要编辑的多段线;或选择"多条"项,连续选择要编辑的多条多段线后,出现如下提示:

(2)输入选项

[闭合(C)/合并(J)/宽度(W)/编辑顶点(E)/拟合(F)/样条曲线(S)/非曲线化(D)/线型生成(L)/放弃(U)]:

①闭合(C)/打开(O):如果选择选项C绘制出的闭合多段线,则提示变为"打开(O)"。选择了选项O,则将最后一条封闭该多段线的线条删除,形成一不封口的多段线。

②合并(J):将和多段线端点精确相连的其他直线、圆弧、多段线合并成一条多段线。该多段线必须是开口的。

③宽度(W):设置该多段线的全程宽度。对于其中某一段的宽度,可以通过顶点编辑来修改。

④编辑顶点(E):对多段线的各个顶点进行单独的编辑。选择该项后,出现如下提示:

输入顶点编辑选项

［下一个(N)/上一个(P)/打断(B)/插入(I)/移动(M)/重生成(R)/拉直(S)/切向(T)/宽度(W)/退出(X)］ <N>

- 下一个(N):选择当前标记顶点的下一个顶点。
- 上一个(P):选择当前标记顶点的上一个顶点。
- 打断(B):将多段线一分为二,或是删除顶点处的一条线段。
- 插入(I):在标记处插入一顶点。
- 移动(M):移动顶点到新的位置。
- 重生成(R):重新生成多段线以观察编辑后的效果。一般情况下重生成是不必要的。
- 拉直(S):删除所选顶点间的所有顶点,用一条直线替代。
- 切向(T):在当前标记顶点处设置切线的方向或角度以控制随后的曲线拟合。
- 宽度(W):设置多段线上当前标记顶点的下一段的宽度,始末点宽度可以设置成不同。
- 退出(X):退出顶点编辑,回到 PEDIT 命令提示下。

⑤拟合(F):产生通过多段线所有顶点,彼此相切的各圆弧段组成的光滑曲线。

⑥样条曲线(S):产生通过多段线首末顶点,其形状和走向有多段线其余顶点控制的样条曲线。

⑦非曲线化(D):取消拟合或样条曲线,并使多段线由直线段构成。

⑧线型生成(L):控制线型为点划线的多段线是否沿多段线的整个长度表现为一种均匀的线型模式。选择后出现以下提示:

输入多段线线型生成选项［开(ON)/关(OFF)］<关>:

- 开(ON):沿多段线的整个长度表现为一种均匀的线型模式。
- 关(OFF):多段线的每段独立地设置线型,点划线线型位于多段线的每一段。

⑨放弃(U):取消上一次对多段线的编辑。

3. 说明

多段线编辑中的宽度选项和环境设置中的线宽有类似之处。在分解后的多段线中不再具有宽度性质。

4. 举例

(1)用编辑多段线命令将图 6-21a)所示的直线和圆弧改成多段线并设定宽度,结果如图 6-21b)所示。

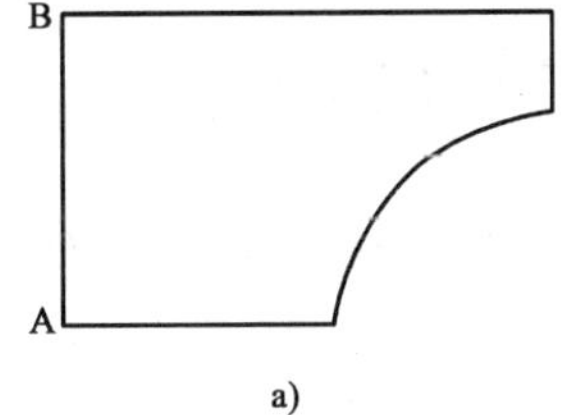

a)

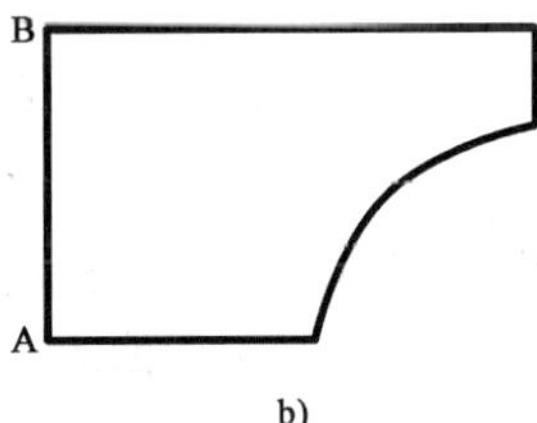

b)

图 6-21　编辑多段线示例一

命令:PEDIT↙

选择多段线或［多条(M)］:(选择直线 AB)

选定的对象不是多段线

是否将其转换为多段线? <Y>:↙

输入选项

[闭合(C)/合并(J)/宽度(W)/编辑顶点(E)/拟合(F)/样条曲线(S)/非曲线化(D)/线型生成(L)/放弃(U)]:J↙

选择对象:(指定对角点，选择直线 AB 外的其余 4 个对象)

选择对象:↙

输入选项

[打开(O)/合并(J)/宽度(W)/编辑顶点(E)/拟合(F)/样条曲线(S)/非曲线化(D)/线型生成(L)/放弃(U)]:W↙

指定所有线段的新宽度:2↙

输入选项[打开(O)/合并(J)/宽度(W)/编辑顶点(E)/拟合(F)/样条曲线(S)/非曲线化(D)/线型生成(L)/放弃(U)]:↙

(2)接着上例移动 B 点到新的位置，如图 6-22 所示。

命令:PEDIT↙

选择多段线或[多条(M)]:(选择图上的多段线)

输入选项

[打开(O)/合并(J)/宽度(W)/编辑顶点(E)/拟合(F)/样条曲线(S)/非曲线化(D)/线型生成(L)/放弃(U)]:E↙

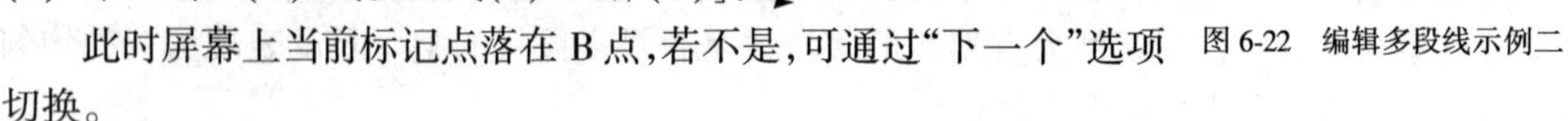

图 6-22 编辑多段线示例二

此时屏幕上当前标记点落在 B 点，若不是，可通过“下一个”选项切换。

输入顶点编辑选项

[下一个(N)/上一个(P)/打断(B)/插入(I)/移动(M)/重生成(R)/拉直(S)/切向(T)/宽度(W)/退出(X)] <N>:M↙

指定标记顶点的新位置:(在 B 点新位置处点击)

输入顶点编辑选项

[下一个(N)/上一个(P)/打断(B)/插入(I)/移动(M)/重生成(R)/拉直(S)/切向(T)/宽度(W)/退出(X)] <N>:X↙

输入选项

[打开(O)/合并(J)/宽度(W)/编辑顶点(E)/拟合(F)/样条曲线(S)/非曲线化(D)/线型生成(L)/放弃(U)]:↙

6.18 分解(EXPLODE)

分解命令可以将多段线、块、尺寸标注、填充图案等整体对象分解，使之变成单独的对象，则可使用普通的编辑命令进行编辑修改了。

1. 输入命令的方法

单击“修改”工具栏上按钮，或单击“修改→分解”菜单项，或在命令行键入 EXPLODE 并按回车键。

2. 命令提示及选项说明

执行分解命令后出现如下提示:

选择对象:选择要分解的对象。选择了要分解的对象后，系统继续提示:

选择对象:

若结束选择要分解的对象,即按回车键,则命令完成。

3. 说明

(1)如果要对诸如多段线、块、尺寸标注、填充图案等进行特殊的编辑,必须预先将它们分解才能使用普通的编辑命令进行编辑,否则只能用专用的编辑命令进行编辑。

(2)多段线被分解后会失去宽度性质。

4. 举例

用分解命令将图 6-22 所示的多段线分解,结果如图 6-23 所示。

命令:EXPLODE↙

选择对象:(选择多段线)

选择对象:↙

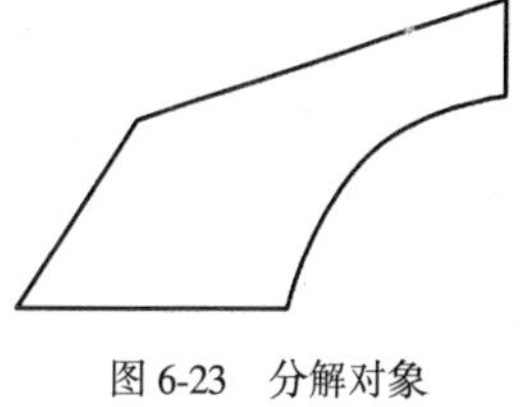

图 6-23　分解对象

6.19　改变实体(CHANGE)

改变实体命令可以修改所选对象的颜色、图层、线型、位置等特性。

1. 输入命令的方法

在命令行键入 CHANGE 并按回车键。

2. 命令提示及选项说明

执行改变实体命令后出现如下提示:

(1)选择对象:选择要改变特性的对象。选择了要改变特性的对象后,系统继续提示:

选择对象:

若结束选择要改变特性的对象,即按回车键,出现如下提示:

(2)指定修改点或[特性(P)]:

①指定修改点:此选项可以修改直线的端点、块的插入点、圆的半径等参数,修改的内容和结果取决于选择对象的类型。

②特性(P):此选项可以修改对象的特性。选择该项后,出现如下提示:

输入要修改的特性

[颜色(C)/标高(E)/图层(LA)/线型(LT)/线型比例(S)/线宽(LW)/厚度(T)]:输入其中的选项,则改变所选对象的相关特性。

3. 说明

(1)如果选择了不可以更改修改点的对象如尺寸、多段线等,即使点取了修改点,也不会更改任何点,只能输入参数修改特性。

(2)如果一次选择了多个直线,在修改点的提示下输入了修改点,所有直线的端点都将根据修改点被移动。

4. 举例

(1)用改变实体命令将图 6-24a)所示的直线 AB 的端点 B 改变位置,结果如图 6-24b)所示。

命令:CHANGE↙

选择对象:(选择直线 AB)

选择对象:↙

指定修改点或[特性(P)]:(捕捉节点 C)

(2)用改变实体命令将图 6-25a)中圆的线型改为中心线,结果如图 6-25b)所示。

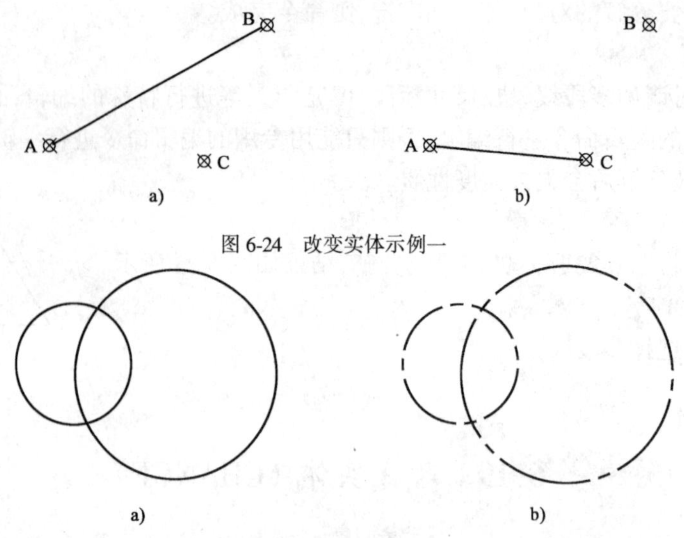

图 6-24　改变实体示例一

图 6-25　改变实体示例二

命令:CHANGE↙

选择对象:(选择两圆)

选择对象:↙

指定修改点或[特性(P)]:P↙

输入要修改的特性

[颜色(C)/标高(E)/图层(LA)/线型(LT)/线型比例(S)/线宽(LW)/厚度(T)]:LT↙

输入新线型名 <ByLayer>:CENTER↙

输入要修改的特性

[颜色(C)/标高(E)/图层(LA)/线型(LT)/线型比例(S)/线宽(LW)/厚度(T)]:↙

6.20　修改对象特性(PROPERTIES)

修改对象特性命令是利用“特性”对话框更全面直接地修改对象特性和当前绘图设置。当没有对象被选中时,通过“特性”对话框可以更改当前图层、颜色、线型、打印样式等;当选中了编辑对象时,使用“特性”对话框可以修改对象的普通特性和固有特性。

1. 输入命令的方法

单击“标准”工具栏上按钮,或单击“修改→特性”菜单项,或单击“工具→对象特性管理器”菜单项,或在命令行键入 PROPERTIES(CH)并按回车键。

2. “特性”对话框

如果未选择任何对象,执行修改对象特性命令将弹出如图 6-26 所示的“特性”对话框,其中列出了当前图层的基本特点。

该对话框中主要选项的含义如下:

(1)对象类型下拉列表框:该下拉列表框位于“特性”对话框的顶部,显示了当前选定对象的类型。若选取的对象为同一类图形对象时(如都是圆),则该下拉列表框中显示出该对象的图形类别。若一次选取了多种类型的对象,则该下拉列表框会分类显示出每种对象及其数目。图 6-27 所示的对话框中表明已选择了 4 个图形对象,其中 3 个圆,1 个多段线。

(2)快速选择按钮 :单击该按钮,显示出如图 6-28 所示的"快速选择"对话框,用于创建基于过滤条件的选择集,其方法详见第 7 章的快速选择对象。

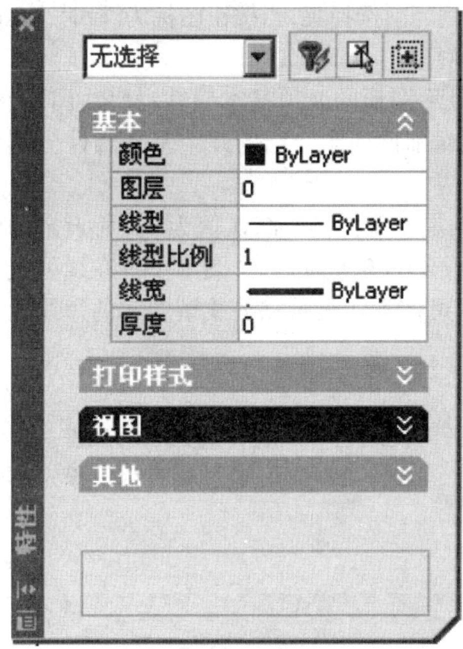

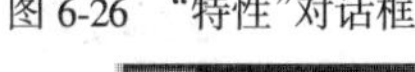
图 6-26 "特性"对话框

图 6-27 "特性"对话框中对象类型下拉列表框

图 6-28 "快速选择"对话框

(3)对象选择按钮：单击该按钮后，在图面上选择所需修改特性的对象。

(4)切换 PICKADD 系统变量的值按钮：单击该按钮可切换 PICKADD 系统变量。当按钮图标为时，PICKADD 系统变量为 1，则选定对象添加到当前选择集；当按钮图标为时，PICKADD 系统变量为 0，则选定对象取代当前选择集中的对象。

(5)“基本”列表框：选择了对象后，该列表框将显示图形的 8 项基本属性：颜色、图层、线型、线型比例、打印样式、线宽、超链接和厚度。下面对前面尚未介绍的几个基本属性分别介绍。

①线型比例：在该编辑框直接输入具体数值以设定线型比例。默认值为 1。所设定的值越小，每个图形单位中画出的重复图案越多。例如，设定为 0.5 时，每个图形单位在线型定义中显示重复两次的同一图案。设置更小的线型比例，可使不能显示完整线型图案的短线段显示为连续线。

②打印样式：显示所选对象的打印样式。

③超链接：超链接是在 AutoCAD 图形中创建的指针，使用它可以跳转到关联的文件。单击“超链接”，再单击按钮，弹出 “插入超链接”对话框，如图 6-29 所示，通过该对话框设定所选对象的超级链接。

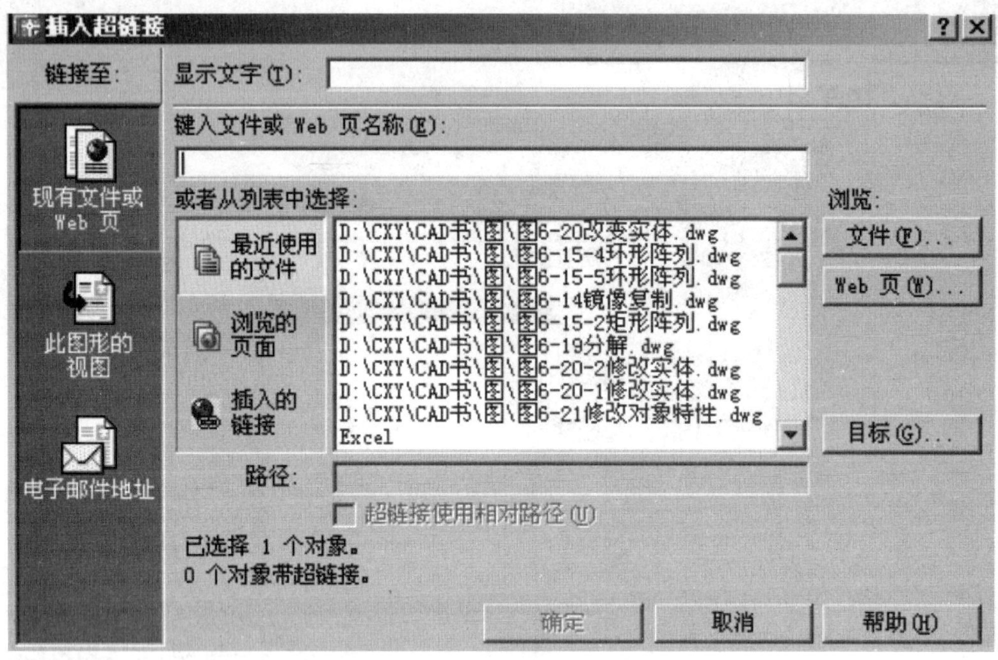

图 6-29 “插入超链接”对话框

④厚度：设定所选对象的厚度，即在 Z 轴方向的高度。在三维绘图中会利用到这个属性。

(6)几何属性列表框：该列表框在选择了某个或某种(如都是直线)对象后出现“特性”对话框。根据几何对象的不同种类，出现的几何属性也大不相同，如图 6-30 所示。编辑框不灰显的几何属性可以通过直接键入新的属性值进行更改；有的也可单击该编辑框，出现拾取按钮后回到绘图区域，通过鼠标拾取点来修改。编辑框灰显的几何属性不能修改，因为这些属性由其他属性确定。例如矩形的面积和周长由矩形的四个顶点坐标确定。

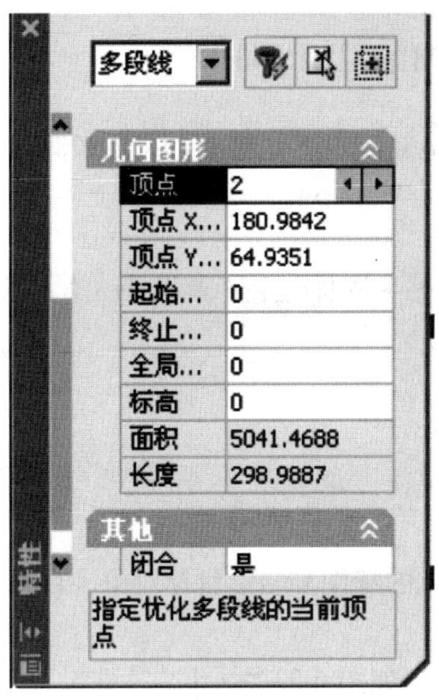

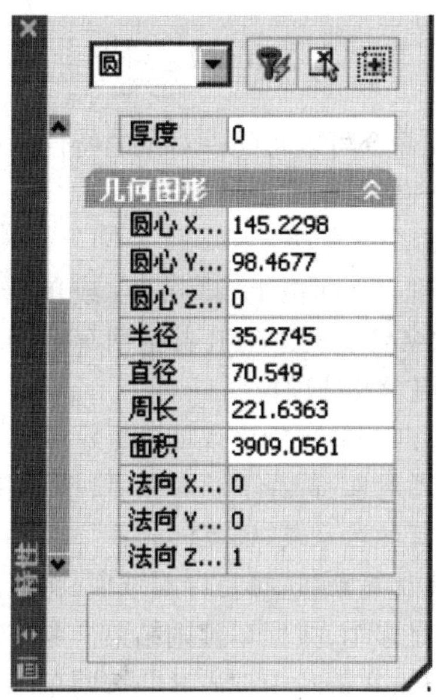

图 6-30 “特性”对话框中的“几何图形”列表框

3. 说明

对“特性”对话框中的“图层”特性进行编辑并不是对图层本身的特性如颜色、线宽等作修改，而是修改了被选对象的所在层，即把对象放到另外一个图层中。

4. 举例

如图 6-31a)所示，AB、CD 两条直线在 0 图层上，线型为 Continuous，线型比例为 1，线宽为 0.5。用修改对象特性命令将它们放到“中心线”图层，并将线型比例改为 0.5，线宽改为默认，结果如图 6-31b)所示。

命令：PROPERTIES↙

弹出“特性”对话框后选择 AB、CD 两条直线，将“基本”列表框中的有关属性修改后如图 6-32所示，点击对话框左上方的关闭按钮✕，结果如图 6-31b)所示。

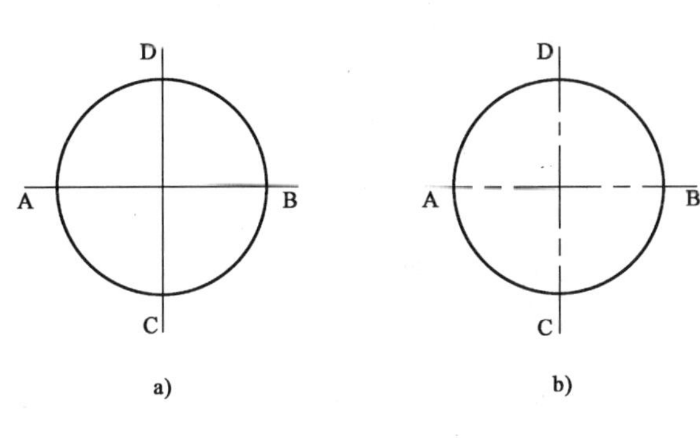

图 6-31 修改对象特性

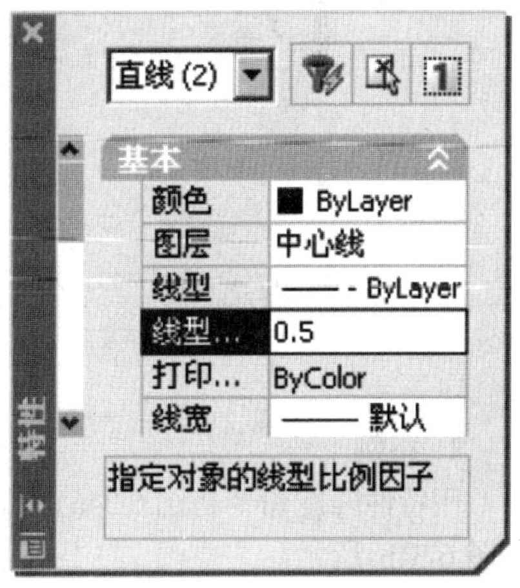

图 6-32 修改“特性”对话框中的“基本”列表框

6.21 特性匹配（MATCHPROP）

特性匹配命令可以将某一对象的特性有选择地复制给其他对象。特性来源对象称为源对象,要赋予特性的对象称为目标对象。

1. 输入命令的方法

单击“标准”工具栏上按钮,或单击“修改→特性匹配”菜单项,或在命令行键入MATCHPROP(MA)或PAINTER并按回车键。

2. 命令提示及选项说明

执行特性匹配命令后出现如下提示:

(1)选择源对象:选择了源对象后,系统继续提示:

(2)选择目标对象或[设置(S)]:

①选择目标对象:选择目标对象后,将把源对象的特性复制给目标对象。目标对象可以是一个,也可以是多个,按回车键则结束命令。

②设置(S):在提示中键入S并按回车键,则弹出如图6-33所示的“特性设置”对话框。在该对话框中,包含了12种不同特性的复选框,可以选择其中的部分或全部特性为要复制的特性,其中灰显的是不可选的特性。在“特殊特性”选项区中的“标注”、“文字”、“填充图案”、“多段线”、“视口”各项分别仅适用于其相应的对象,如“标注”仅适用于标注、引线和公差对象。

“特性设置”对话框设置完毕后点击“确定”按钮,则出现如下提示:

选择目标对象或[设置(S)]:选择目标对象后按回车键则结束命令。

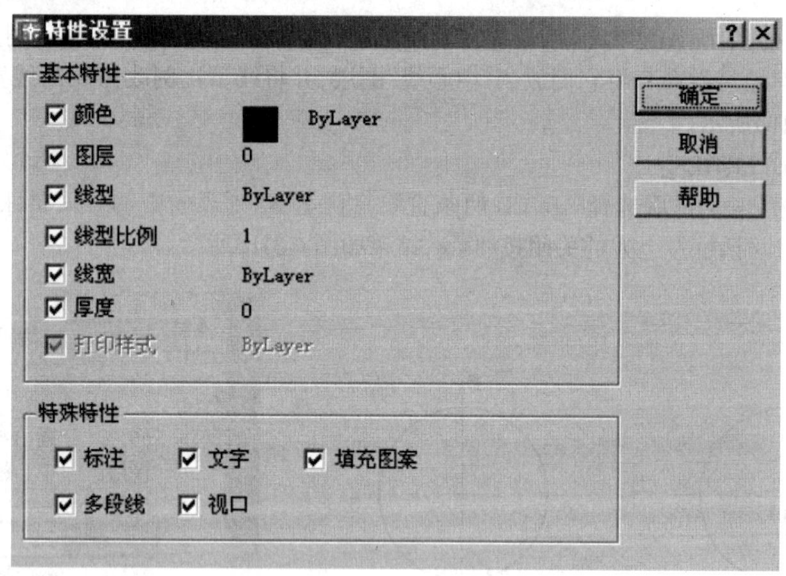

图6-33 “特性设置”对话框

3. 举例

用特性匹配命令将图6-34a)中的中心线AB除线型比例外的特性复制给直线CD、EF,结果如图6-34b)所示。

命令:MATCHPROP↙

选择源对象:(选择中心线AB)

当前活动设置:颜色 图层 线型 线宽 厚度 文字 标注 填充图案 多段线 视口

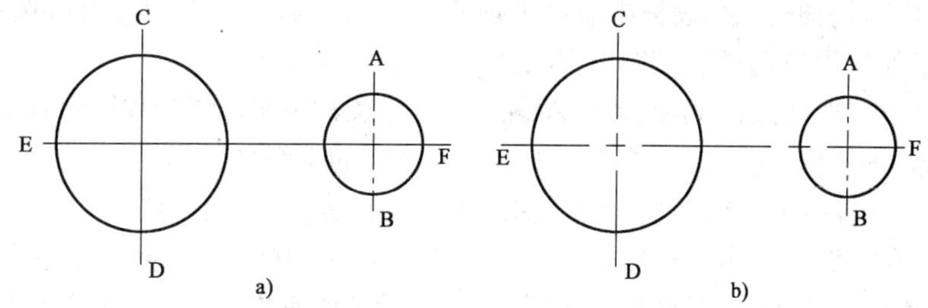

图 6-34　特性匹配对象

选择目标对象或[设置(S)]:S↙

弹出“特性设置”对话框,在对话框中取消线型比例。

当前活动设置:颜色 图层 线型 线宽 厚度 文字 标注 填充图案 多段线 视口

选择目标对象或[设置(S)]:(选择 CD、EF 两实线)

选择目标对象或[设置(S)]:↙

6.22　构造对象组 (GROUP)

构造对象组命令可以将不同对象组合起来编组名,该名称随图形保存,以便在编辑较长一段时间后,或在存盘及以后打开图形时还要对同一组对象进行编辑。

1. 输入命令的方法

在命令行键入 GROUP 并按回车键。

2. “对象编组”对话框

执行构造对象组命令后弹出如图 6-35 所示的“对象编组”对话框,该对话框中主要选项的含义如下:

对象编组
编组名(P)　可选择的
编组标识
编组名(G):
说明(D):
查找名称(F) <　亮显(H) <　包含未命名的(I)
创建编组
新建(N) <　可选择的(S)　未命名的(U)
修改编组
删除(R) <　添加(A) <　重命名(M)　重排(O)...
说明(D)　分解(E)　可选择的(L)
确定　取消　帮助(H)

图 6-35　“对象编组”对话框

(1)“编组名”列表框:该列表框中显示了现有编组的组名以及它们是否可选择。“可选择的”的含义是指如果用户选择了该编组中的任一对象,则选择了该组。

(2)“编组标识”选项区:显示或者输入编组的名称及其说明。该选项区包含下列内容:

①“编组名”编辑框:可以在该编辑框内输入要新建的编组名称。

②“说明” 编辑框:可以在该编辑框内输入描述要新建的编组的内容。

③“查找名称”按钮:单击该按钮,AutoCAD 将切换到绘图屏幕,要求用户选择对象,选择完毕后,会弹出“编组成员列表”对话框,该对话框中显示了所有包含该对象的编组名。

④“亮显”按钮:单击该按钮,则在“编组名”列表框中被选择的编组的下属对象将全部被高亮显示。

⑤“包含未命名的”复选框:选择此复选框,则未命名的编组也可以列在“编组名”列表框中。

(3)“创建编组”选项区:该选项区用于创建新的编组。

①“新建”按钮:在“编组名”编辑框中输入新组名后,单击该按钮,则 AutoCAD 将切换到绘图屏幕,用户可以为新组选择所包含的对象。

②“可选择的”复选框:此复选框用于控制新建的编组是否可选择。

③“未命名的”复选框:此复选框用于控制是否可新建一个无编组名的编组。

(4)“修改编组”选项区:该选项区用于修改已建编组的设置。

①“删除”按钮:单击该按钮,则 AutoCAD 将切换到绘图屏幕,用户可以选择要从编组中移出的对象。如果将所有的对象全部移出,该编组依然存在。

②“添加”按钮:单击该按钮,可以向编组中增加对象。

③“重命名”按钮:单击该按钮,可以为所选的编组重新命名。

④“重排”按钮:单击该按钮,则弹出“编组排序”对话框,通过该对话框可以对编组中的对象重新排序。

⑤“说明”按钮:单击该按钮,可以修改所选编组的说明文字。

⑥“分解”按钮:单击该按钮,则炸开编组,即从图形中删除所选编组定义。

⑦“可选择的”按钮:单击该按钮,则取消所选编组的群组功能,即选择该编组中的一个对象,其余对象不会同时被选中。

3. 举例

如图 6-36a)所示,将图中大圆周围的 4 个小圆编组成“GROUP1”,将 3 条直线编组成“GROUO2”,然后删除小圆的编组,结果如图 6-36b)所示。

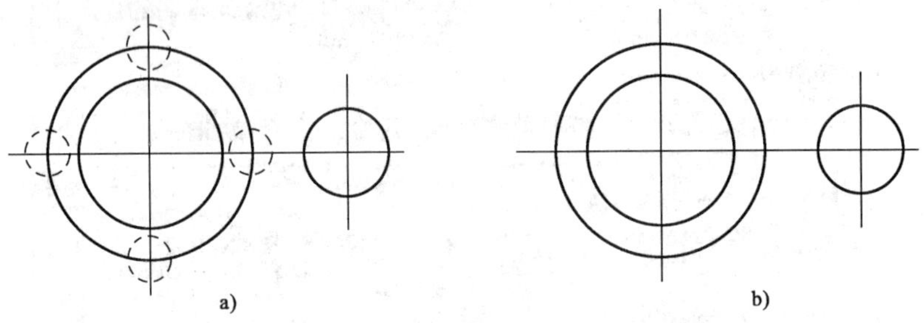

图 6-36 构造对象组

命令:GROUP↙

弹出“对象编组”对话框,在“编组名”编辑框中输入“GROUP1”,单击“新建”按钮,切换到绘图屏幕。

选择要编组的对象:

选择对象:(选择圆周上的一个小圆)找到 1 个

选择对象:(选择圆周上的第二个小圆)找到 1 个,总计 2 个

选择对象:(选择圆周上的第三个小圆)找到 1 个,总计 3 个

选择对象:(选择圆周上的第四个小圆)找到 1 个,总计 4 个

选择对象:↙

返回到“对象编组”对话框,在“编组名”编辑框中输入“GROUP2”,单击“新建”按钮,切换到绘图屏幕。

选择要编组的对象:

选择对象:(选择一条直线)找到 1 个

选择对象:(选择第二条直线)找到 1 个,总计 2 个

选择对象:(选择第三条直线)找到 1 个, 总计 3 个

选择对象:↙

返回到“对象编组”对话框,单击“确定”按钮,退出“对象编组”对话框。

命令:ERASE↙

选择对象:(选择圆周上的一个小圆)找到 4 个,1 个编组

选择对象:↙

第7章　选择对象

在进行图形编辑时,需要选择被编辑的对象。当命令行出现的提示为“选择对象:”时,系统要求选择需要编辑的对象,同时绘图窗口中的光标由十字光标变成了一个小方框,这就是拾取框。有些编辑操作是多对象的,有些则是单对象的,被选中进行编辑操作的对象就构成选择集。

当命令行的提示为“命令:”时,如直接用光标选择对象,在默认的情况下,会在对象的特征点位置显示出小方块,这些小方块称为对象的夹点。

7.1　设置选择模式

单击“工具→选项”菜单项,弹出“选项”对话框,选择“选择”选项卡,如图7-1所示。

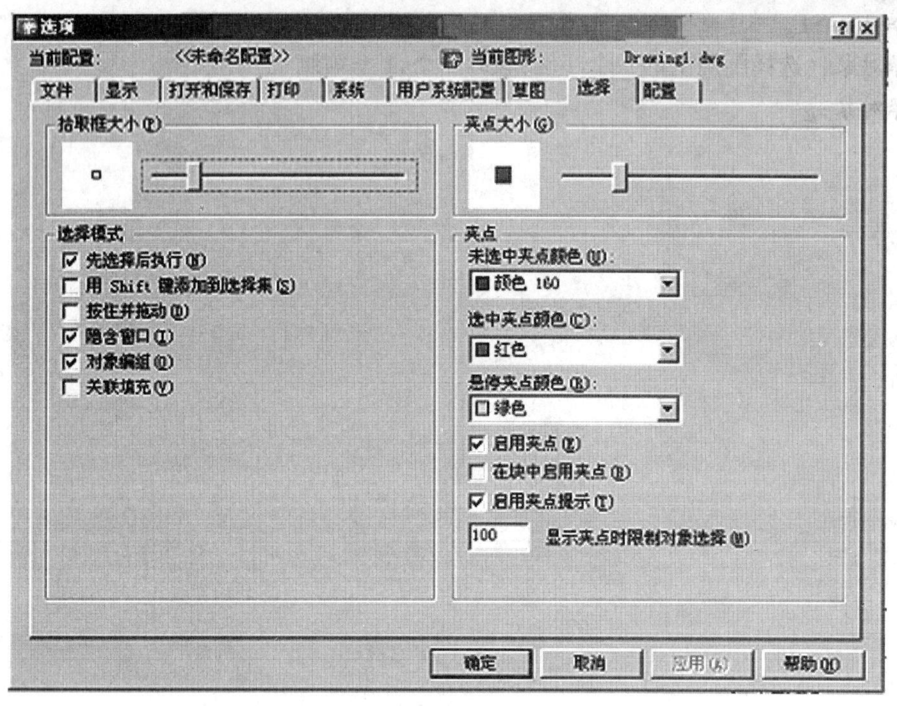

图7-1　“选项”对话框之“选择”选项卡

“选择”选项卡用来设置选择集模式、拾取框大小、夹点模式及夹点大小。通过使用不同的对象选择模式,可以使用户更方便、更灵活地选择对象。

该选项卡中的各选项说明如下:

1.“拾取框大小”区

通过移动滑块设置拾取框大小,向右移动增大,向左移动减小。

2.“选择模式”选项区

(1)“先选择后执行”复选框:当选中该复选框时,用户就可以先选择对象,构造出一个选择集,然后再调用编辑命令。但是修剪(TRIM)、延伸(EXTEND)、打断(BREAK)、倒角(CHAMFER)和倒圆角(FILLET)命令不支持“先选择后执行”模式。当未选中“先选择后执行”复选框时,则要先调用编辑命令,再选择对象,即所谓的“先执行后选择”。

(2)“用 Shift 键添加到选择集”复选框:当选中该复选框,在 AutoCAD 第一次提示“选择对象:”时,直接选择了一个对象,该对象将亮显,这时如果直接再选择另一对象,则先前亮显的对象不再亮显,即从选择集中删除;如果要向已有的选择集中添加对象,就必须同时按下 Shift 键。当未选中该复选框时,可连续直接选择对象构造选择集。

(3)“按住并拖动”复选框:该复选框用于设置用鼠标定义选择窗口的方式。当选中“按住并拖动”复选框时,必须按住鼠标左键并拖拉才可以生成一个选择窗口。当未选中该复选框时,用户可以通过单击鼠标左键来定义选择窗口的两个对角点。

(4)“隐含窗口”复选框:该复选框用于设置是否自动生成一个选择窗口。当选中“隐含窗口”复选框时,用户可以在 AutoCAD 出现“选择对象:”提示后,直接在绘图窗口生成一个矩形框来选择对象。当未选中该复选框时,则不允许用户直接生成一个矩形框来选择对象,而只能在命令行输入 W 或 C 回车后,才能生成一个矩形框以窗口(WINDOW)或者交叉窗口(CROSSING)来选择对象。

(5)“对象编组”复选框:该复选框用于设置是否可以自动按组选择。当选中该复选框时,选择某个对象组中的一个对象时,就会选中这个对象组中的所有对象。

(6)“关联填充”复选框:该复选框用于设置是否可以从关联性填充中选择编辑对象。当选中该复选框时,用户就可以只选择一个关联性填充,就会选中该填充的所有对象,包括边界。

3.“夹点大小”区

通过移动滑块设置夹点大小。

4.“夹点”选项区

(1)“未选中夹点颜色”下拉列表框:该下拉列表框用于设置未选中夹点的颜色。

(2)“选中夹点颜色”下拉列表框:该下拉列表框用于设置选中夹点的颜色。

(3)“悬停夹点颜色”下拉列表框:该下拉列表框用于设置悬停夹点的颜色。

(4)“启用夹点”复选框:该复选框用于设置是否启用夹点编辑。当选中该复选框时,启用夹点编辑功能。当未选中该复选框时,在选择对象后不会出现夹点。

(5)“在块中启用夹点”复选框:该复选框用于设置是否在块中启用夹点编辑功能。当选中该复选框,在选择块后,在块中所有对象的特征点位置均显示出夹点,用户可以选择夹点对块中的对象进行编辑。当未选中该复选框,选择块后,仅在块的插入点显示夹点,用户只能用夹点对块进行编辑。

(6)“启用夹点提示”复选框:该复选框用于设置是否启用夹点提示。

(7)“显示夹点时限制对象选择”编辑框:该编辑框用于设置显示夹点的选定对象的最大数目。

7.2 对象选择的方式

在命令使用过程中,经常要选择对象。AutoCAD 提供了多种对象选择方法。当对象处于被选择状态时,该对象亮显。如果是先选择后编辑,则直接选择的对象的特征位置显示夹点。如图 7-2b)所示。如果是先输入命令后选择对象,则不显示夹点,如图 7-2c)所示。

1. 直接选择对象

直接选择对象是指当命令行的提示为"命令:"时,不输入命令而直接在绘图窗口选择对象。直接选择对象分为点选和窗口选择两种方法。

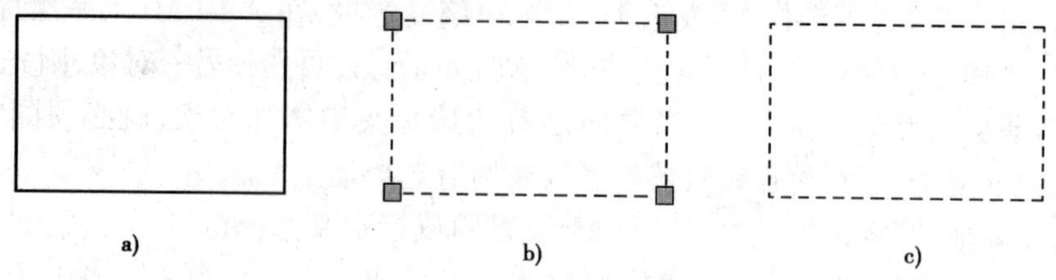

图 7-2 选择对象示意图

a)未被选择的对象;b)直接选择的对象;c)先输入命令后选择的对象

1)点选

当命令行的提示为"命令:"时,将光标移到被选择对象上并单击鼠标左键,则选中该对象。点选一次只能选择一个对象,但可以用点选方式连续选择多个对象。

2)窗口选择

如果点选没有选择到任何对象,则系统自动进行窗口选择方式。窗口选择方式通过鼠标指定矩形的两个对角点确定选择的范围。如果该矩形是从左到右确定,则在矩形内部的对象被选中,称为"包含选择";如果该矩形是从右到左确定,则在矩形内部的和与矩形边相交的对象都被选中,称为"交叉选择"。窗口选择可以连续进行多次,也可以和点选方式结合使用。

2. 用选择命令(SELECT)选择对象

当命令行的提示为"命令:"时,从命令行输入 SELECT,回车后,命令行提示为"选择对象:"。这时,除了用点选或窗口选择方式选择对象以外,有两种途径来选择对象。

1)当命令行提示为"选择对象:"时,输入下列某选项的大写英文字母或全名,就执行了该选择方式。

(1)"窗口"方式(WINDOW)

该方式通过指定的两个角点来定义矩形选择窗口,用该矩形窗口来选定一个或多个对象,只有完全被包围在矩形窗口中的对象才能被选中,而部分处于矩形窗口内的对象不被选中。

(2)"上一个"方式(LAST)

该方式用于选择用户最后绘制的并在屏幕上可见的对象。

(3)"窗交"方式(CROSSING)

该方式通过指定的两个角点来定义矩形选择窗口,用该矩形窗口来选定一个或多个对象,处于矩形窗口内的以及与矩形窗口相交的对象都被选中。

(4)"框"方式(BOX)

该方式通过指定的两个角点来定义矩形选择窗口。当第一角点在左边,第二角点在右边时与"窗口"方式等价;当第一角点在右边,第二角点在左边时与"窗交"方式等价。

(5)"全部"方式(ALL)

该方式选择图形中的全部对象,但不能选择冻结图层和锁定图层中的对象。

(6)"栏选"方式(FENCE)

该方式通过指定的一条折线来选择对象,与该折线相交的所有对象都被选中。

(7)"圈围"方式(WPOLYGON)

该方式用多边形窗口来选择对象，只有完全被包围在多边形窗口中的对象才能被选中。

(8)“圈交”方式(CPOLYGON)

该方式用多边形窗口来选择对象，在多边形窗口内的对象以及与多边形相交的对象均被选中。

(9)“编组”方式(GROUP)

该方式用于选择已经建立对象组名的某对象编组中的所有对象。

(10)“添加”方式(ADD)

该方式用于在执行“删除”方式后向选择集中添加对象。

(11)“删除”方式(REMOVE)

该方式用于从已经建立的选择集中扣除对象。

(12)“多个”方式(MULTIPLE)

该方式采用多点选择方式，在被选中的对象不亮显的情况下一次点选多个对象，这样可加快选择过程，选择完按回车键后，所有选中的对象一起被亮显。

(13)“上一个”方式(PREVIOUS)

该方式用于上一次(即最后一次)选择的对象。当用户使用如 UNDO 等命令取消前一命令操作时，该命令中创建的选择也随着被清除，从而不能再用本方式来选择对象，命令提示“没有上一个选择集”。

(14)“放弃”方式(UNDO)

该方式用于放弃前一步选择操作所选中的对象。

(15)“自动”方式(AUTO)

该方式用于返回自动选择方式，即“点选”和“窗口选择”方式。

(16)“单个”方式(SINGLE)

该方式只能使用一种选择方式进行一次选择，选中对象后便自动退出选择状态而不再继续提示选择对象。

2)当命令行提示为“选择对象:”时，输入一种无效的选择模式，如 T，回车后系统会提示：

无效选择

需要点或

窗口(W)/上一个(L)/窗交(C)/框(BOX)/全部(ALL)/栏选(F)/圈围(WP)/圈交(CP)/编组(G)/添加(A)/删除(R)/多个(M)/上一个(P)/放弃(U)/自动(AU)/单个(SI)

在此情况下，可以使用点选和窗口选择来选择对象，也可以输入一个选项来设置对象选择模式。

3. 用编辑命令选择对象

如果采用先调用编辑命令再选择对象的模式，则在执行编辑命令后系统会提示“选择对象:”，这时用户可以采用选择命令(SELECT)的所有方式来选择对象。

4. 重叠对象的选择

如果有两个以上的对象相互重叠在一起，或相互位置非常靠近，要选择其中一个对象就很困难。这时可用 Ctrl 键配合来选择对象。

AutoCAD 支持循环选择对象。在选择对象之前，先按住 Ctrl 键，再点选要选择的对象，这时命令提示“<循环 开>”，同时重叠的对象中有一个被选中，如果它不是要选中的对象，可继续单击鼠标左键，重叠的对象会被依次选中，如果出现了要选中的对象，松开 Ctrl 键，并按回车键确认,这时命令提示"<循环 关>"。

5. 快速选择对象(QSELECT)

AutoCAD 2004 给用户提供了一种根据目标对象的类型和特性来快速选择对象的方法。用户根据目标对象的类型和特性在"快速选择"对话框中建立过滤条件,满足过滤条件的对象将自动被选中。

单击"工具→快速选择"菜单项,或在命令行键入 QSELECT 并按回车键,弹出"快速选择"对话框,如图 7-3 所示。

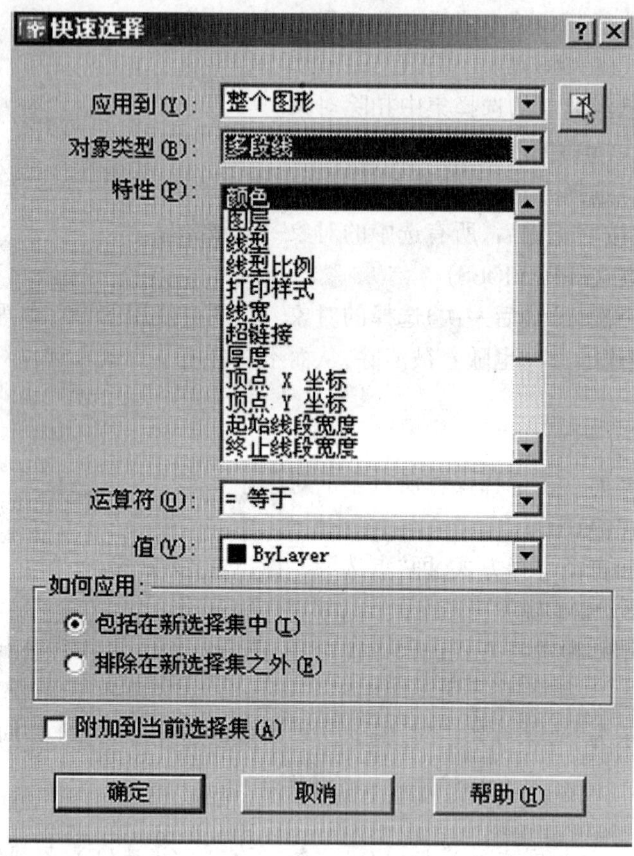

图 7-3 "快速选择"对话框

该对话框的各选项说明如下:

(1)"应用到"下拉列表框:该下拉列表框用于设置将选择对象的类型和特性应用到"整个图形"还是"当前选择"。"当前选择"由"选择对象"按钮创建。

(2)"选择对象"按钮:该按钮位于"应用到"下拉列表框右侧,用于设置"当前选择"的选择集。单击"选择对象"按钮,创建"当前选择"的选择集,则在"应用到"下拉列表框中增加了"当前选择"。

(3)"对象类型" 下拉列表框:该下拉列表框用于设置快速选择的对象类型。

(4)"特性"列表框:该列表框用于设置对象特性条件。列出特性是相应于上面所选对象类型所拥有的特性,即选择不同对象类型,特性列表内容不同。

(5)"运算符" 下拉列表框:该下拉列表框用于设置选择特性的逻辑运算符,并用逻辑运算符来控制选择范围。用户可从下拉列表中选择一种逻辑运算符,包含有"= 等于"、"< > 不等于”、“> 大于”、“< 小于”4种逻辑运算。

(6)“值”下拉列表框:该下拉列表框用于设置已选择特性的值。例如已选择的特性为“颜色”,则在该下拉列表框中列有颜色的各种值,选择其中一个作为条件。

(7)“如何应用”选项区:

①“包括在新选择集中”单选框:选中该单选框,表示创建选择集中的对象应完全符合所设置的条件。

②“排除在新选择集之外”单选框:选中该单选框,表示创建选择集中的对象不符合所设置的条件。

(8)“附加到当前选择集”复选框:该复选框用于设置是否附加到当前选择集。选中该复选框,表示选中的对象添加到当前选择集中;否则创建一个新的选择集替代当前选择集。

第8章 尺寸标注

尺寸在图样中是不可缺少的组成部分，一幅按比例绘制出来的精确图样对工程师来说，所传达的信息往往是不够的。因为图形只能反映实物的形状，而物体各部分的真实大小和它们之间的确切位置只有通过尺寸标注才能表达出来，这样制造者才能真正生产出设计的产品。

8.1 标注尺寸

虽然尺寸标注的样式和形式不同，但一个完整的尺寸标注是由尺寸界线、尺寸线、箭头和尺寸文本四部分组成。通常将构成尺寸标注的尺寸界线、尺寸线、箭头和尺寸文本以块的形式存储，除非用户使用 EXPLODE 命令将尺寸标注分解或将 DIMASSOC 变量设置为 0，否则 AutoCAD 把尺寸标注作为单一对象来看待。

尺寸标注类型包括线性标注、基线标注、连续标注、对齐标注、半径与直径标注、角度标注等。

1．线性尺寸标注(DIMLINEAR)

线性尺寸标注用来标注直线和两点间的距离。

1)输入命令的方法

单击“标注”工具栏按钮，或单击“标注→线性”菜单项，或在命令行键入 DIMLINEAR 并按回车键。

2)命令提示及选项说明

执行 DIMLINEAR 命令后，系统出现如下提示：

指定第一条尺寸界线原点或<选择对象>：指定第一条尺寸界线的原点，或回车选择标注对象。

指定第一条尺寸界线原点后出现如下提示：

指定第二条尺寸界线原点：指定第二条尺寸界线的原点。

指定尺寸线位置或[多行文字(M)/文字(T)/角度(A)/水平(H)/垂直(V)/旋转(R)]：

(1)多行文字(M)：输入多行文字。

输入 M 回车，弹出如图 8-1 所示“文字格式”对话框，可在编辑框中输入文字。

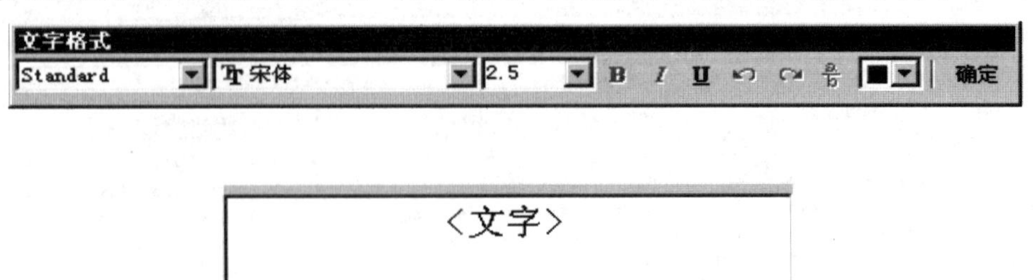

图 8-1 “文字格式”对话框

(2)文字(T)：用于在命令行输入单行文字。

(3)角度(A):指定标注文字的角度。

(4)水平(H):标注水平尺寸线。

(5)垂直(V):标注垂直尺寸线。

(6)旋转(R):指定尺寸线的角度。

3)说明

一般情况下设置好尺寸标注样式后就可进行尺寸标注。

4)举例

对图 8-2 中的图形标注尺寸。

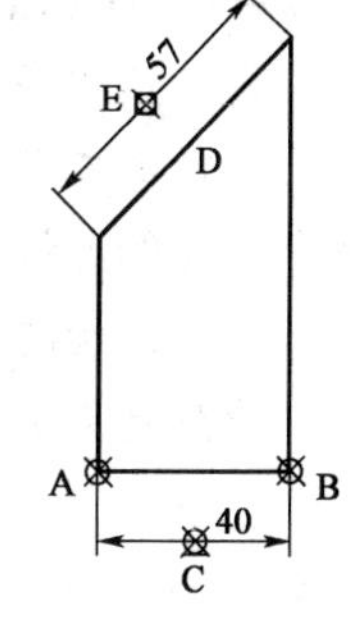

图 8-2　线性标注

命令:DIMLINEAR↙

指定第一条尺寸界线原点或<选择对象>:(选择 A 点)

指定第二条尺寸界线原点:(选择 B 点)

指定尺寸线位置或[多行文字(M)/文字(T)/角度(A)/水平(H)/垂直(V)/旋转(R)]:(选择 C 点)

命令:DIMLINEAR↙

指定第一条尺寸界线原点或<选择对象>:↙

选择标注对象:(选择直线 D)

指定尺寸线位置或[多行文字(M)/文字(T)/角度(A)/水平(H)/垂直(V)/旋转(R)]:R↙

指定尺寸线角度<0>:45↙

指定尺寸线位置或[多行文字(M)/文字(T)/角度(A)/水平(H)/垂直(V)/旋转(R)]:(选择 E 点)

绘制结果如图 8-2 所示。

2. 连续尺寸标注(DIMCONTINUE)

该尺寸标注可以方便、迅速地标注同一列或行上的尺寸,生成首尾相接的连续的尺寸线。在连续尺寸标注之前,应先标注出一个相应尺寸,AutoCAD 把该标注作为基准,进行连续标注。

1)输入命令的方法

单击“标注”工具栏按钮,或单击“标注→连续”菜单项,或在命令行键入 DIMCONTINUE 并按回车键。

2)命令提示及选项说明

执行 DIMCONTINUE 命令后,系统出现如下提示:

指定第二条尺寸界线原点或[放弃(U)/选择(S)]<选择>:指定第二条尺寸界线的起始位置;或选择“放弃(U)”,放弃上一个连续尺寸标注;或选择“选择(S)”,重新选择一个线性尺寸的尺寸界线为连续标注的基准。

指定第二条尺寸界线的原点后系统继续提示:

指定第二条尺寸界线原点或[放弃(U)/选择(S)]<选择>:可继续进行多个尺寸的连续标注。回车两次结束标注。

3)举例

对图 8-3 进行连续尺寸标注。

命令:DIMLINEAR↙

指定第一条尺寸界线原点或<选择对象>:(选择 A 点)

指定第二条尺寸界线原点:(选择 B 点)

指定尺寸线位置或[多行文字(M)/文字(T)/角度(A)/水平(H)/垂直(V)/旋转(R)]:(选择C点)

命令:DIMCONTINUE↙

指定第二条尺寸界线原点或[放弃(U)/选择(S)]<选择>:(指定D点,标注第二个尺寸)

指定第二条尺寸界线原点或[放弃(U)/选择(S)]<选择>:(可继续选择E、F、G点,进行多个尺寸的连续标注)↙

选择连续标注:↙

绘制结果如图8-3所示。

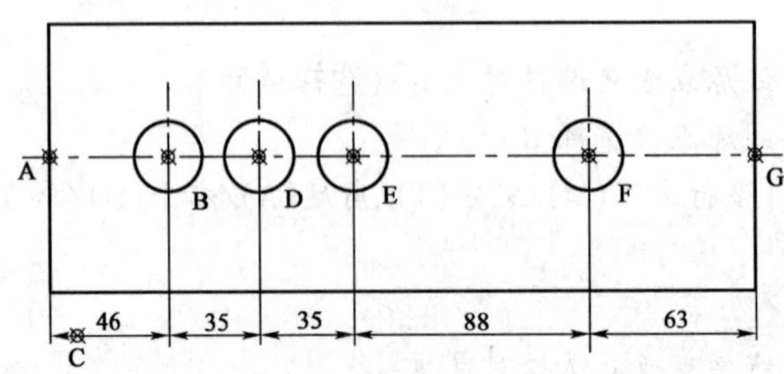

图8-3 连续尺寸标注

3. 基线尺寸标注(DIMBASELINE)

在基线尺寸标注之前,应先标注出一个相应尺寸,AutoCAD把该尺寸的第一条尺寸界线作为基线,进行基线标注。

1)输入命令的方法

单击"标注"工具栏按钮,或单击"标注→基线"菜单项,或在命令行键入DIMBASELINE并按回车键。

2)命令提示及选项说明

执行DIMBASELINE命令后,系统出现如下提示:

指定第二条尺寸界线原点或[放弃(U)/选择(S)]<选择>:指定第二条尺寸界线原点;或选择"选择(S)",含义同前。

指定第二条尺寸界线原点后系统继续提示:

指定第二条尺寸界线原点或[放弃(U)/选择(S)]<选择>:指定另一个尺寸界线的原点,再标注一个尺寸,可继续进行多个尺寸的基线标注。

3)说明

基线标注时基线距离的控制可在"替代当前样式"对话框"直线和箭头"选项卡中"基线间距"中进行设置。

4)举例

对图8-4进行基线尺寸标注。

命令:DIMLINEAR↙

指定第一条尺寸界线原点或<选择对象>:(选择A点)

指定第二条尺寸界线原点:(选择B点)

指定尺寸线位置或[多行文字(M)/文字(T)/角度(A)/水平(H)/垂直(V)/旋转(R)]:(选择C点)

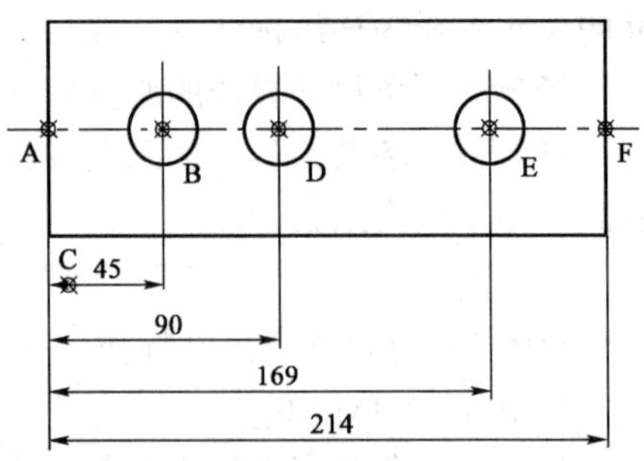

图8-4 基线标注

命令:DIMBASELINE↙

指定第二条尺寸界线原点或[放弃(U)/选择(S)]<选择>:(指定D点)

指定第二条尺寸界线原点或[放弃(U)/选择(S)]<选择>:(指定E、F点,继续进行多个尺寸的基线标注)↙

选择基准标注:↙

结果如图8-4所示。

4. 对齐尺寸标注(DIMALIGNED)

对于倾斜的线性尺寸,可以通过对齐尺寸标注自动获取其大小进行平行标注。

1)输入命令的方法

单击"标注"工具栏按钮,或单击"标注→对齐"菜单项,或在命令行键入DIMALIGNED并按回车键。

2)命令提示及选项说明

执行对齐尺寸标注命令后出现以下提示:

指定第一条尺寸界线原点或<选择对象>:

各选项说明同线性尺寸标注命令。

3)举例

对图8-5中三角形的斜边进行对齐尺寸标注。

命令:DIMALIGNED↙

指定第一条尺寸界线原点或<选择对象>:(选择A点)

指定第二条尺寸界线原点:(选择B点)

指定尺寸线位置或[多行文字(M)/文字(T)/角度(A)]:(指定尺寸线位置)

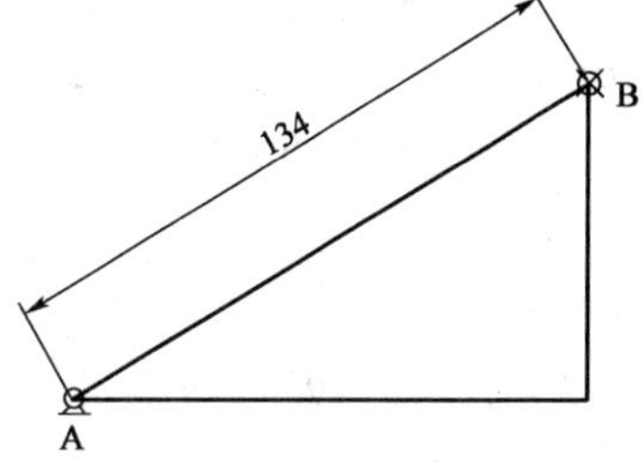

图8-5 对齐尺寸标注

5. 直径尺寸标注(DIMDIAMETER)和半径尺寸标注(DIMRADIUS)

直径尺寸标注和半径尺寸标注使用可选的中心线或中心标记测量圆弧与圆的直径和半径。

1)输入命令的方法

单击"标注"工具栏按钮,或单击"标注→直径"菜单项,或在命令行键入DIMDIAMETER并按回车键。

单击"标注"工具栏按钮,或单击"标注→半径"菜单项,或在命令行键入DIMRADIUS并按回车键。

2)命令提示及选项说明

执行直径标注命令后出现以下提示:

选择圆弧或圆:指定要标注的圆弧或圆。

指定尺寸线位置或[多行文字(M)/文字(T)/角度(A)]:指定尺寸线的位置。其他选项含义与前面相同。

半径尺寸标注与直径尺寸标注的提示相同。

3)说明

直径尺寸标注时文字方向可在"标注样式管理器"对话框中之"替代当前样式"对话框中之"文字"选项卡的"文字对齐"选项区选择"水平"设置,"水平"设置与"与尺寸线对齐"设置的区别可参考图 8-6 中的两种方式。

4)举例

对图 8-6 进行直径尺寸标注。

命令:DIMDIAMETER↙

选择圆弧或圆:(选择小圆)

指定尺寸线位置或[多行文字(M)/文字(T)/角度(A)]:(指定尺寸线位置)

打开“标注样式管理器”对话框,选择“替代”按钮,打开“替代当前样式”对话框,选择“文字”选项卡,在“文字对齐”选项区选择“水平”单选框,点击“确定”按钮,再点击“关闭”按钮。

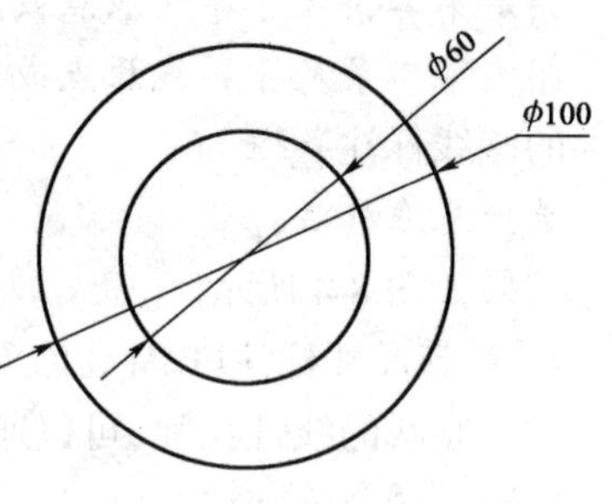

图 8-6　直径尺寸标注

命令:DIMDIAMETER↙

选择圆弧或圆:(选择大圆)

指定尺寸线位置或[多行文字(M)/文字(T)/角度(A)]:(指定尺寸线位置)

6. 角度标注(DIMANGULAR)

对于不平行的两条直线、圆弧或圆以及指定的三个点,AutoCAD 可以自动测量其角度并进行角度标注。

1)输入命令的方法

单击“标注”工具栏按钮,或单击“标注→角度”菜单项,或在命令行键入 DIMANGULAR 并按回车键。

2)命令提示及选项说明

执行角度标注命令后出现以下提示:

选择圆弧、圆、直线或 <指定顶点>:

(1)选择圆弧,系统出现如下提示:

指定标注弧线位置或[多行文字(M)/文字(T)/角度(A)]:指定尺寸线位置,其他选项含义与前面相同。

(2)选择圆:

选择圆上一个点,该点为被标注角度的第一条尺寸界线的位置。系统出现如下提示:

指定角的第二个端点:指定被标注角度的第二条尺寸界线的位置。

系统继续提示:

指定标注弧线位置或[多行文字(M)/文字(T)/角度(A)]:指定尺寸线位置。此时系统自动标注出角度值。

(3)选择两条不平行直线中的一条线:

选择一条直线,系统出现如下提示:

选择第二条直线:选取第二条直线。

指定标注弧线位置或[多行文字(M)/文字(T)/角度(A)]:指定尺寸线位置。此时系统自动标注出角度值。

(4)由三个点确定的角度标注:

在执行角度标注命令后回车,系统出现如下提示:

指定角的顶点:指定角的顶点。

指定角的第一个端点:指定角的第一条尺寸界线的端点。

指定角的第二个端点:指定角的第二条尺寸界线的端点。

指定标注弧线位置或[多行文字(M)/文字(T)/角度(A)]:指定尺寸线位置。此时系统自动标注出角度值。

3)说明

在机械制图中规定角度数值必须水平书写,不能倾斜,可在标注样式中进行调整。

4)举例

对图 8-7 进行角度尺寸标注。

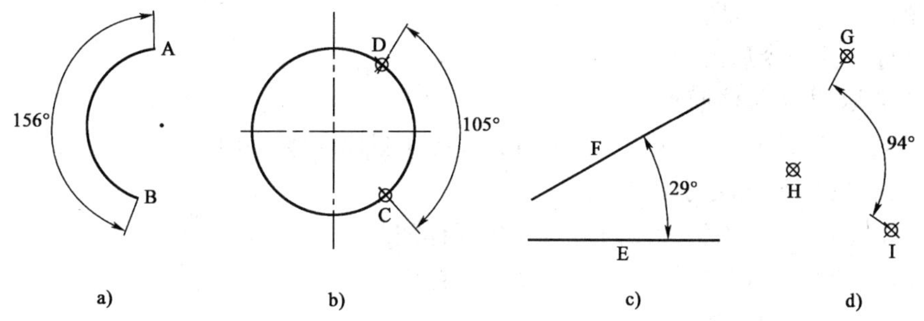

图 8-7 角度标注

命令:DIMANGULAR↙

选择圆弧、圆、直线或 <指定顶点>:(选择圆弧 AB)

系统出现如下提示:

指定标注弧线位置或[多行文字(M)/文字(T)/角度(A)]:(指定尺寸线位置)

绘制结果如图 8-7a)所示。

命令:DIMANGULAR↙

选择圆弧、圆、直线或 <指定顶点>:(选择圆上点 C)

系统出现如下提示:

指定角的第二个端点:(指定圆上点 D)

系统继续提示:

指定标注弧线位置或[多行文字(M)/文字(T)/角度(A)]:(指定尺寸线位置)

此时系统自动标注出角度值,绘制结果如图 8-7b)所示。

命令:DIMANGULAR↙

选择圆弧、圆、直线或 <指定顶点>:(选择两条不平行直线中的一条线 E)

系统出现如下提示:

选择第二条直线:(选取第二条直线 F)

指定标注弧线位置或[多行文字(M)/文字(T)/角度(A)]:(指定尺寸线位置)

此时系统自动标注出角度值,绘制结果如图 8-7c)所示。

命令:DIMANGULAR↙

选择圆弧、圆、直线或 <指定顶点>:↙

指定角的顶点:(指定角的顶点 H)

指定角的第一个端点:(指定角的第一条尺寸界线的端点 I)

指定角的第二个端点:(指定角的第二条尺寸界线的端点 G)

指定标注弧线位置或[多行文字(M)/文字(T)/角度(A)]:(指定尺寸线位置)

此时系统自动标注出角度值,绘制结果如图 8-7d)所示。

7. 坐标尺寸标注(DIMORDINATE)

坐标尺寸标注是基于某一个原点的图形对象任意点的 X 或 Y 坐标标注,AutoCAD 选取当前 UCS 的原点为基准点,用户也可以自行设置。

1)输入命令的方法

单击"标注"工具栏按钮,或单击"标注→坐标"菜单项,或在命令行键入 DIMORDINATE 并按回车键。

2)命令提示及选项说明

执行坐标标注命令后出现以下提示:

指定点坐标:指定标注起点。

指定引线端点或[X 基准(X)/Y 基准(Y)/多行文字(M)/文字(T)/角度(A)]:

(1)指定引线端点:指定引出线端点。

(2)X 基准(X):该选项将标注固定为 X 坐标标注。

(3)Y 基准(Y):该选项将标注固定为 Y 坐标标注。

其他选项含义与前面相同。

3)说明

坐标尺寸标注一般用 UCS 命令先设置新原点作为基准点,否则选用当前 UCS 坐标原点为基准点。

4)举例

对图 8-8 中圆的圆心进行坐标尺寸标注,以矩形左下角点 A 为基准点。

命令:UCS↙

输入选项[新建(N)/移动(M)/正交(G)/上一个(P)/恢复(R)/保存(S)/删除(D)/应用(A)/? /世界(W)]< 世界 >:N↙

指定新 UCS 的原点或[Z 轴(ZA)/三点(3)/对象(OB)/面(F)/视图(V)/X/Y/Z] < 0,0,0 >:(指定 A 点)

命令:DIMORDINATE↙

指定点坐标:(指定标注起点 B)

指定引线端点或[X 基准(X)/Y 基准(Y)/多行文字(M)/文字(T)/角度(A)]:Y↙

指定引线端点或[X 基准(X)/Y 基准(Y)/多行文字(M)/文字(T)/角度(A)]:(指定引出线端点)

绘制结果如图 8-8 所示。

8. 圆心标记(DIMCENTER)

使用圆或圆弧的中间对齐,并以一定的记号进行标记。

1)输入命令的方法

单击"标注"工具栏按钮,或单击"标注→圆心标记" 菜单项,或在命令行键入 DIMCENTER 并按回车键。

2)命令提示及选项说明

执行圆心标记命令后出现以下提示:

选择圆或圆弧:选择圆或圆弧,系统自动完成圆心标记,如图 8-9 所示。

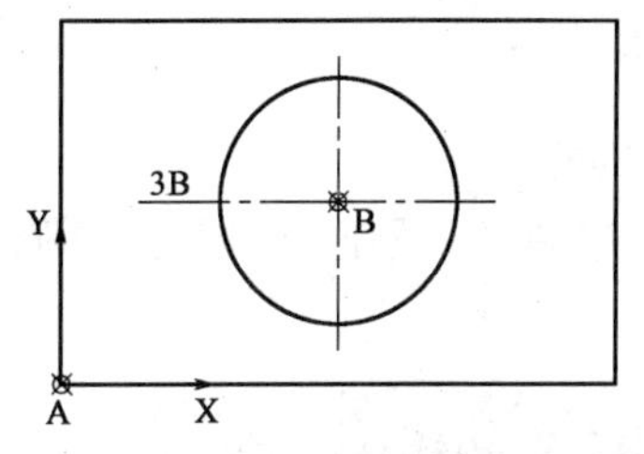

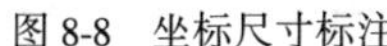
图 8-8　坐标尺寸标注

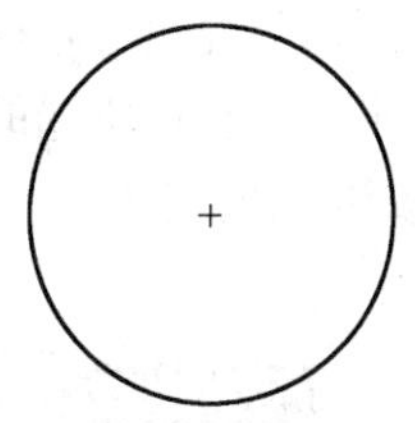
图 8-9　圆心标记

3)说明

在执行圆心标记命令前,可以设定合适的圆心标记尺寸。设置方式如下:

命令:DIMCEN↙

输入 DIMCEN 的新值:输入合适的值并回车。

8.2　设置尺寸标注样式

标注尺寸时首先应该设置尺寸标注样式,然后再进行尺寸标注。尺寸标注样式确定尺寸标注的尺寸界线、尺寸线、箭头和尺寸文本等的尺寸变量的值,设置完成后 AutoCAD 将可保存,以便调用。

1. 输入命令的方法

单击"标注"工具栏按钮,或单击"标注→样式"、"格式→标注样式" 菜单项,或在命令行键入 DIMSTYLE 并按回车键。

2. "标注样式管理器"对话框

执行标注样式命令后出现"标注样式管理器"对话框,如图 8-10 所示。

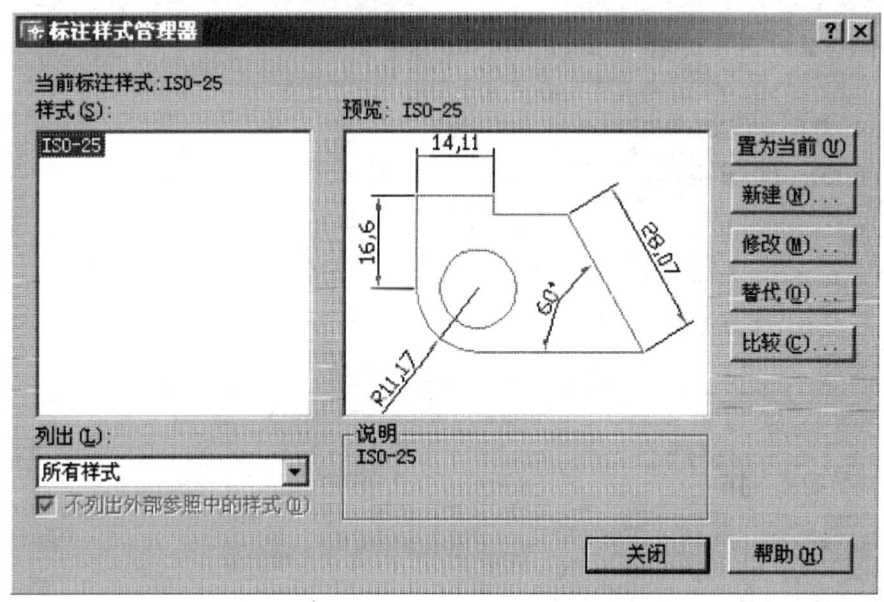

图 8-10　"标注样式管理器"对话框

(1)"样式"列表框:显示储存样式名称。右键单击样式名可实现重命名、删除或置为当前操作。

(2)"列出"下拉列表框:列表显示尺寸标注样式。

(3)“预览”框:图形显示设置的结果。

(4)“说明”文本框:说明尺寸标注样式。

(5)“置为当前”按钮:将所选的样式置为当前的样式。

(6)“新建”按钮:用于新建尺寸标注样式。单击“新建”按钮,弹出“创建新标注样式”对话框,如图 8-11 所示。

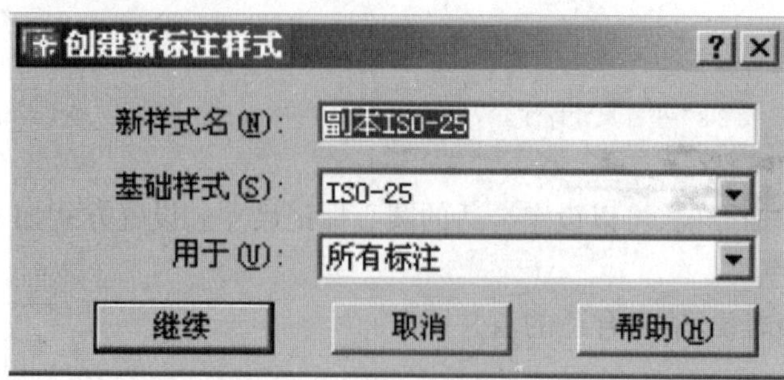

图 8-11 “创建新标注样式”对话框

①“新样式名”编辑框:输入新样式名称。

②“基础样式”下拉列表框:选择一种已有的样式作为该新样式的基础样式,可以是一个外部参考的标注样式。

③“用于”下拉列表框:选择该新样式适用的标注类型。其中“所有标注”选项指建立一个主尺寸标注样式,在此主尺寸标注样式下,可建立若干个子尺寸标注样式,如线性标注、角度标注等。当标注时,AutoCAD 先按子尺寸标注样式标注,如果没有,则按主尺寸标注样式标注。

④“继续”按钮:单击“继续”按钮,弹出“新建标注样式”对话框,如图 8-12 所示。

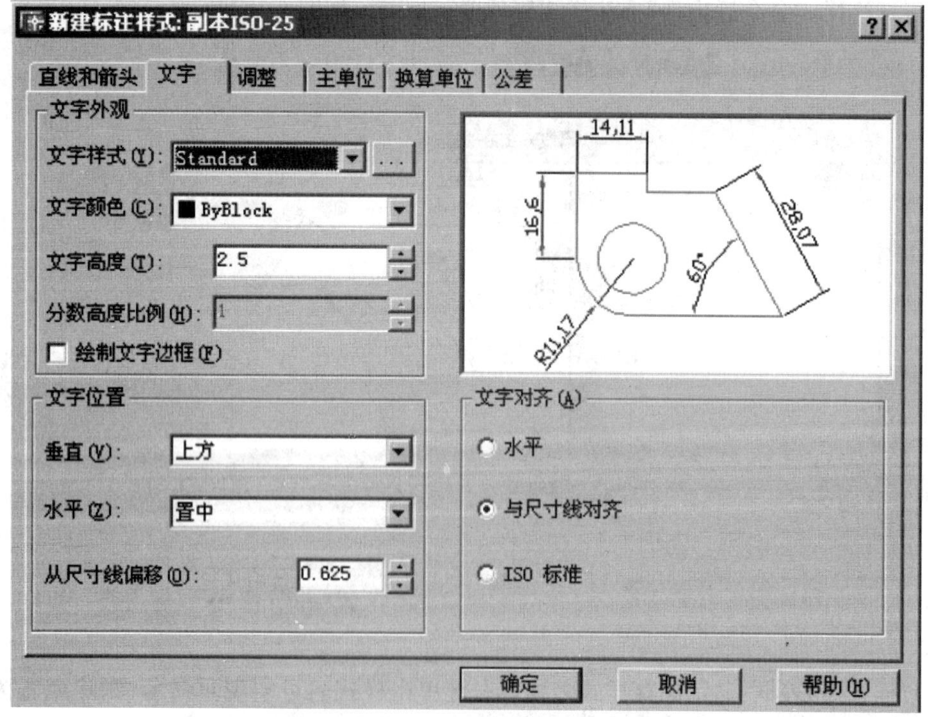

图 8-12 “新建标注样式”对话框

此对话框包含 6 个选项卡,各选项的含义在后面介绍。

(7)“修改”按钮:可对尺寸样式进行修改。单击“修改”按钮,弹出“修改标注样式”对话框。

①“直线和箭头”选项卡(图 8-13)

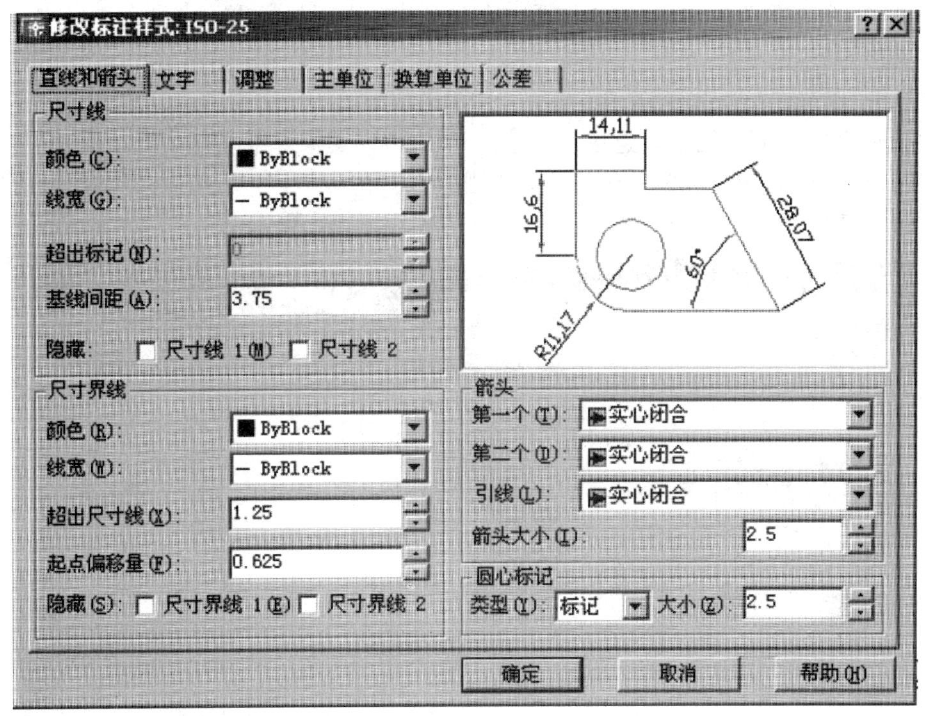

图 8-13 “直线和箭头”选项卡

A.“尺寸线”选项区

• “颜色”下拉列表框:用于选择尺寸线的颜色。

• “线宽”下拉列表框:用于选择尺寸线的线宽。

• “超出标记”编辑框:用于设置当用斜线作为尺寸终端时尺寸线超出尺寸界线的大小。

• “基线间距”编辑框:用于设置在基线标注方式下尺寸线之间间距的大小。

• “隐藏”复选框:用于确定尺寸线是否隐藏。

B.“尺寸界线”选项区

• 超出尺寸线”编辑框:用于确定尺寸界线超出尺寸线部分的长度。

• “起点偏移量”编辑框:用于确定尺寸界线与标注尺寸时的拾取点之间的偏移量,一般“起点偏移量”设置为 0。

• “隐藏”复选框:用于确定尺寸界线是否隐藏。

C.“箭头”选项区:用于设置终端的形式及大小。

D.“圆心标记”选项区:用于确定圆心标记的类型和大小。

②“文字”选项卡(图 8-14)

A.“文字外观”选项区

确定文字样式、颜色、高度、分数高度比例以及是否绘制文字边框。其中“分数高度比例”用来设定分数和公差标注中的公差部分相对于标注文字的高度。

B.“文字位置”选项区

• “垂直”下拉列表框:用于设置文字在垂直方向的位置,可以选择“置中”、“上方”、“外部”

或“JIS”。“JIS”为按照日本工业标准(JIS)标注文字。

•“水平”下拉列表框:用于设置文字在水平方向上的位置,可以选择“置中”、“第一条尺寸界线”、“第二条尺寸界线”、“第一条尺寸界线上方”、“第二条尺寸界线上方”等位置。

•“从尺寸线偏移” 编辑框:用于设置文字和尺寸线之间的间隔。

C.“文字对齐”选项区

•“水平”单选框:选中该单选框,文字一律水平放置。

•“与尺寸线对齐” 单选框:选中该单选框,文字方向与尺寸线平行。

•“ISO 标准”单选框:当文字在尺寸界线内时,文字与尺寸线对齐;当文字在尺寸界线外时,文字则水平放置。

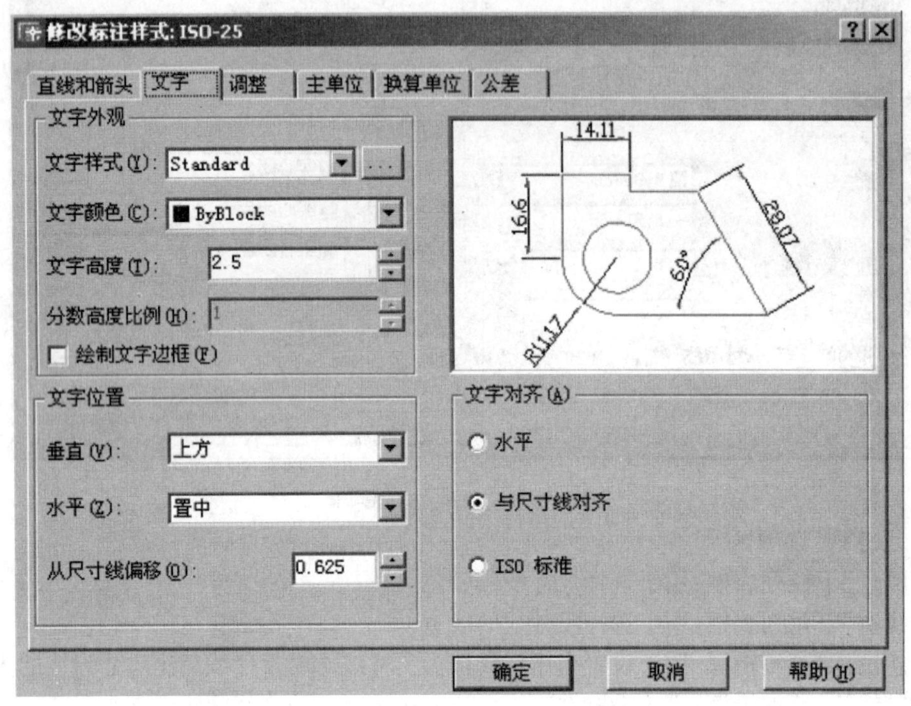

图 8-14 “文字”选项卡

③“调整”选项卡(图 8-15)

A.“调整选项”选项区

当两条尺寸界线之间的距离足够大时,AutoCAD 始终把文字和箭头放在尺寸界线之间,否则,将按照“调整”选项放置文字和箭头。

•“文字或箭头,取最佳效果”单选框:选中该单选框,当尺寸界线之间的距离足够放置文字和箭头时,文字和箭头都放在尺寸界线内,否则,AutoCAD 将按最佳布局移动文字和箭头;当尺寸界线之间的距离仅够容纳文字时,将文字放在尺寸界线内,而箭头放在尺寸界线外;当尺寸界线之间的距离仅够容纳箭头时,将箭头放在尺寸界线内,而文字放在尺寸界线外;当尺寸界线之间的距离既不够放文字又不够放箭头时,文字和箭头都放在尺寸界线外。

•“箭头”单选框:选中该单选框,当尺寸界线之间的距离足够放置文字和箭头时,文字和箭头都放在尺寸界线内;当尺寸界线之间的距离仅够容纳箭头时,将箭头放在尺寸界线内,而文字放在尺寸界线外;当尺寸界线之间的距离不足以放下箭头时,文字和箭头都放在尺寸界线外。

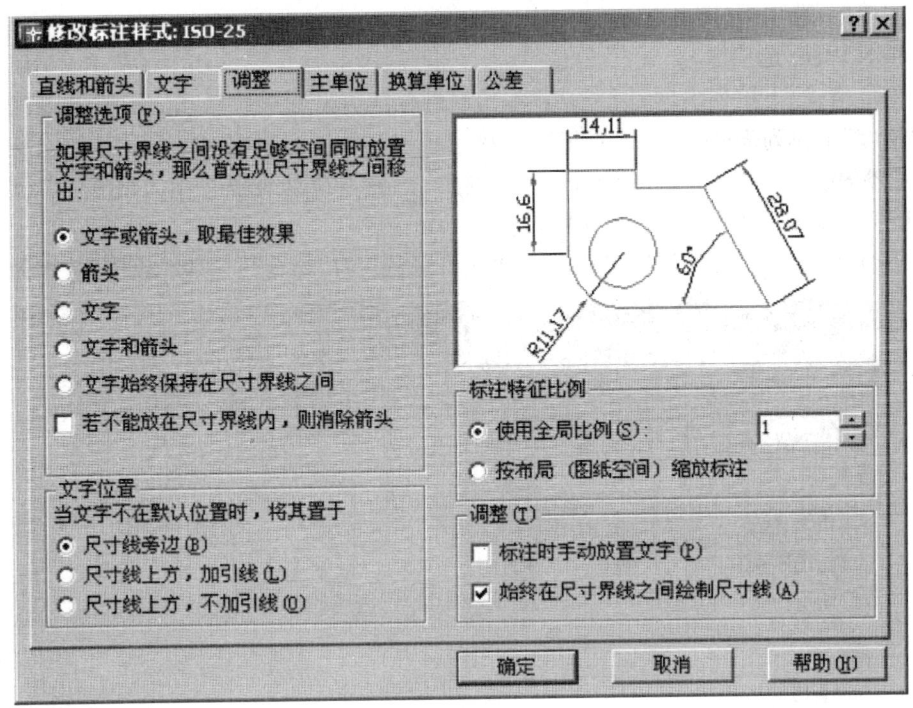

图 8-15 “调整”选项卡

•“文字”单选框:选中该单选框,当尺寸界线之间的距离足够放置文字和箭头时,文字和箭头都放在尺寸界线内;当尺寸界线之间的距离仅够容纳文字时,将文字放在尺寸界线内,而箭头放在尺寸界线外;当尺寸界线之间的距离不足以放下文字时,文字和箭头都放在尺寸界线外。

•“文字和箭头”单选框:选中该单选框,当尺寸界线之间的距离不足以放下文字和箭头时,文字和箭头都放在尺寸界线外。

•“文字始终保持在尺寸界线之间”单选框:选中该单选框,始终将文字放在尺寸界线之间。

•“若不能放在尺寸界线内,则消除箭头”复选框:如果尺寸界线内没有足够的可用空间,则消除箭头。

B.“文字位置”选项区

当文字不在默认位置时,调整至尺寸线旁边或尺寸线上方。

C.“标注特征比例”选项区

使用全局比例或按布局缩放标注。

•“使用全局比例”单选框:选中该单选框,则为所有标注样式设置设定一个比例,这些设置指定了大小、距离,包括文字和箭头的大小。该缩放比例并不更改标注的测量值。

•“按布局缩放标注” 单选框:选中该单选框,则根据当前模型空间视口和图纸空间之间的比例确定比例因子。

D.“调整”选项区

•“标注时手动放置文字”复选框:选中该复选框,标注时可根据需要,手动放置文字。

•“始终在尺寸界线之间绘制尺寸线” 复选框:选中该复选框,始终在尺寸界线之间绘制尺寸线。

④“主单位”选项卡(图 8-16)

A.“线性标注”选项区

• “单位格式”下拉列表框:用来设置除角度外标注类型的单位格式。一般采用“小数”。

• “精度”下拉列表框:用于设置精度位数。

• “分数格式”下拉列表框:用于设置分数格式。该下拉列表框在单位格式为“分数”时有效,有“水平”、“对角”和“非堆叠”3 种格式。

• “小数分隔符”下拉列表框:用于设置小数分隔符。有“句点”、“逗号”和“空格”3 种格式。

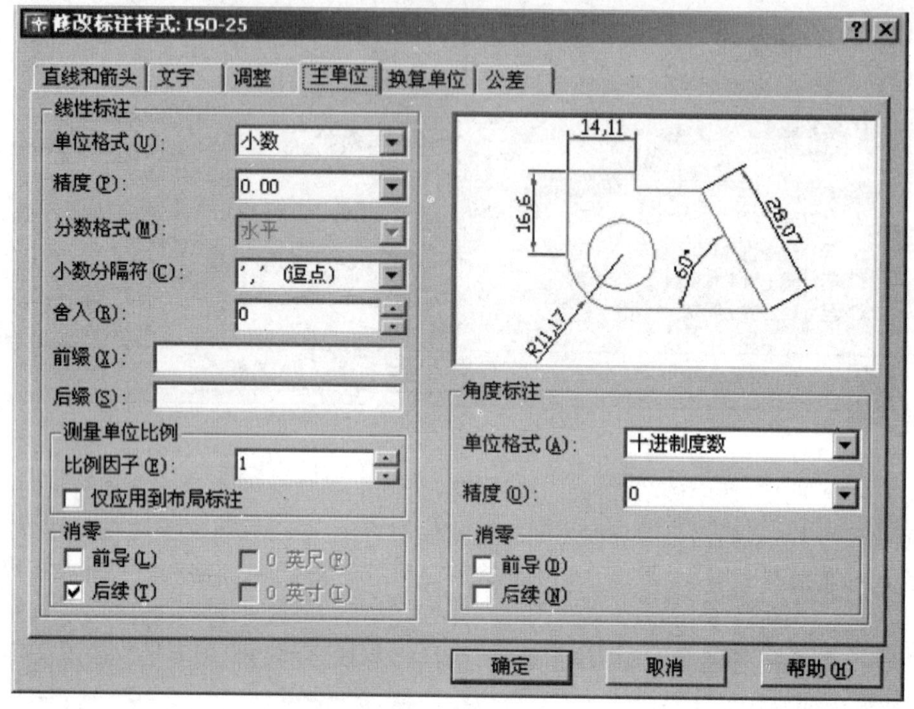

图 8-16 “主单位”选项卡

• “舍入”编辑框:用于设置除角度标注外所有标注长度的舍入规则。

• “前缀”编辑框:用于设置增加在数字前的字符。

• “后缀”编辑框:用于设置增加在数字后的字符。

B.“测量单位比例”选项区

“比例因子”设定了除角度外的所有标注测量值的比例因子。

C.“消零”选项区

• “前导”复选框:用于确定输出数值是否有前导零,即小数点前的零。

• “后续”复选框:用于确定输出数值是否有后续零,即小数点后无意义的零。

D.“角度标注”选项区

• “单位格式”下拉列表框:用于设置角度的单位格式。

• “精度”下拉列表框:用于设置角度精度位数。

• “消零”选项区:分为“前导”复选框和“后续”复选框。

⑤“换算单位” 选项卡(图 8-17)

A.“显示换算单位”复选框

用于控制是否显示经换算后标注文字的值。

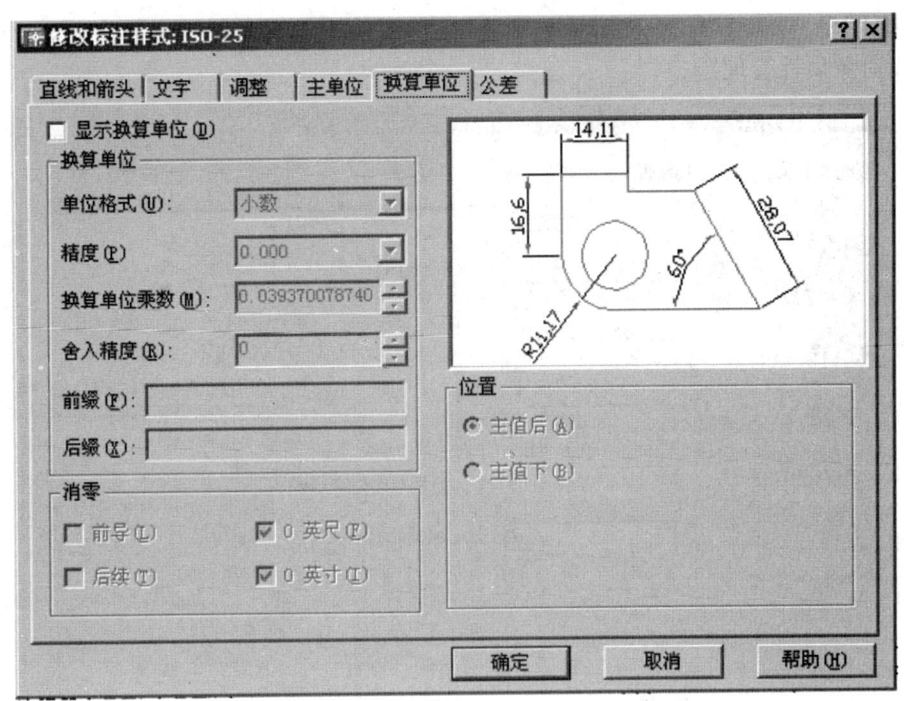

图 8-17 “换算单位”选项卡

B.“换算单位”选项区

设置与前面所述相似,注意“换算单位乘数”可设主单位和换算单位之间的比例因子。

C.“消零”选项区

分为“前导”复选框、“后续”复选框、英尺复选框和英寸复选框。

D.“位置”选项区

• “主值后”单选框:选中该单选框,则换算单位在主单位后面。

• “主值下”单选框:选中该单选框,则换算单位在主单位下面。

⑥“公差” 选项卡(图 8-18)

A.“公差格式”选项区

• “方式”下拉列表框:用于设定公差标注方式。有“无”、“对称”、“极限偏差”、“极限尺寸”和“基本尺寸”等 5 种格式。

• “精度”下拉列表框:用于设置公差精度位数。

• “上偏差”编辑框:用于设置公差的上偏差。

• “下偏差”编辑框:用于设置公差的下偏差。

• “高度比例”编辑框:用于设置公差文字相对于主标注文字的高度比例。

• “垂直位置”下拉列表框:用于控制公差在垂直位置上和主标注文字的对齐方式。

• “消零”选项区:含义同前。

B.“换算单位公差” 选项区

• “精度”下拉列表框:用于设置换算单位公差精度位数。

• “消零”选项区:含义同前。

(8)“替代”按钮:单击“替代”按钮,弹出“替代当前样式”对话框,其各选项与“修改标注样式”对话框相似。注意“替代”与“修改”的区别。一般情况下,如需要对某个细小的地方进行修改，又不想创建一种新的样式，可以为该标注定义一个替代样式。如果要替代一个已有的标注就要使用对象属性管理器。

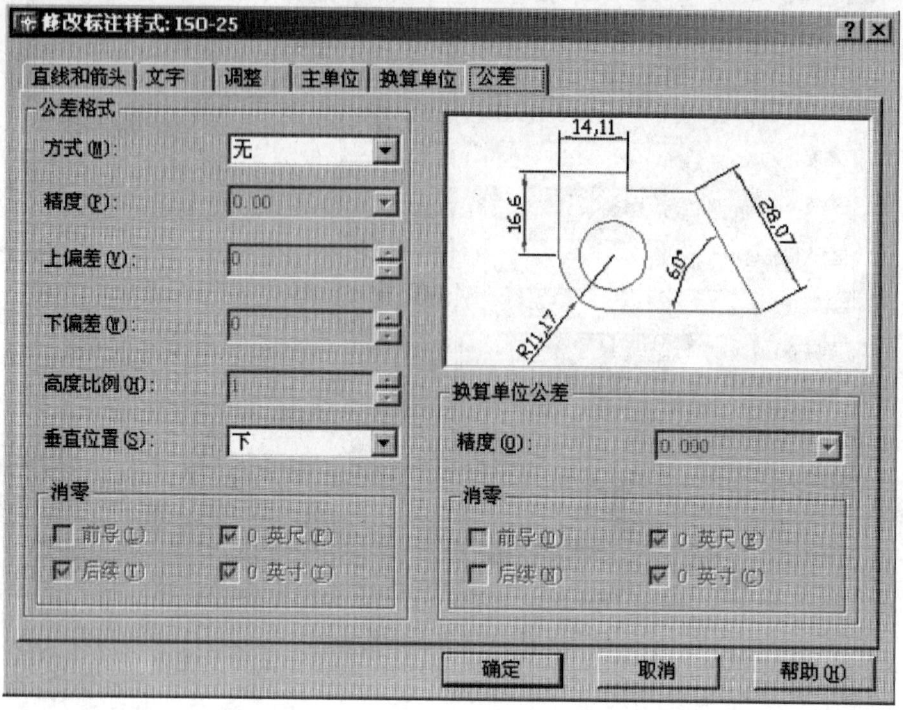

图 8-18 “公差”选项卡

(9)“比较”按钮：单击“标注样式管理器”中“比较”按钮可弹出“比较标注样式”对话框(图 8-19)，从中可任意选择两个已经存在的标注样式进行比较，AutoCAD 列表显示两种样式设定的区别。如果没有区别，则显示尺寸变量值，否则显示两样式之间变量的区别。

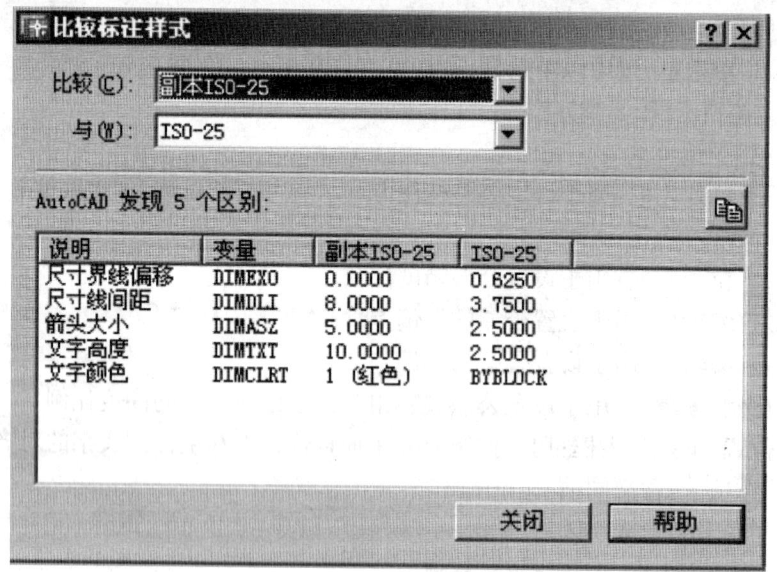

图 8-19 “比较标注样式”对话框

3. 说明

(1)一般情况下，用户在给一个图形进行标注时需为尺寸标注建立专用的图层和样式，以方便管理。

(2)标注尺寸时应该充分利用对象捕捉功能准确标注尺寸,以获得正确的尺寸数值。

(3)标注尺寸时为了减少其他图线的干扰,应将不必要的图层关闭。

8.3 编 辑 标 注

对已经标注的尺寸可以进行编辑修改。可以利用编辑标注命令(DIMEDIT)、“特性”对话框和“鼠标右键快捷菜单”进行编辑标注,同时还可以通过分解命令将尺寸分解成文本、箭头、直线等对象进行修改。

1. 利用编辑标注命令(DIMEDIT)编辑

1)输入命令的方法

单击“标注”工具栏按钮,或在命令行键入 DIMEDIT 并按回车键。

2)命令提示及选项说明

执行编辑标注命令后出现以下提示:

输入标注编辑类型[默认(H)/新建(N)/旋转(R)/倾斜(O)]<默认>:

(1)默认(H):修改指定的尺寸文字回到缺省位置。

(2)新建(N):通过“文字格式”对话框输入新的标注文字。

(3)旋转(R):按指定的角度旋转标注文字。

(4)倾斜(O):调整线性标注尺寸界线的倾斜角度。

3)举例

将标注尺寸界线改为倾斜 30°,如图 8-20 所示。

命令:DIMEDIT↙

输入标注编辑类型[默认(H)/新建(N)/旋转(R)/倾斜(O)]< 默认>:O↙

选择对象:(选择尺寸标注 70)

输入倾斜角度(按 ENTER 表示无):30↙

绘制结果如图 8-20 所示。

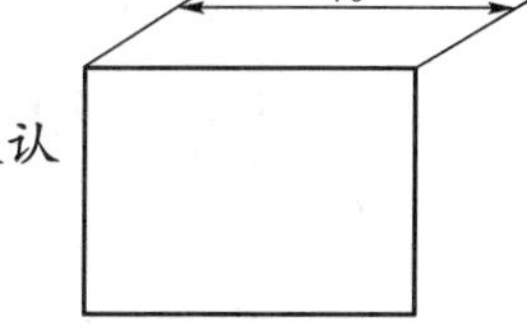

图 8-20 编辑标注

2. 利用“特性”对话框编辑

1)输入命令的方法

单击“标准”工具栏按钮,或单击“修改→特性”菜单项,或在命令行键入 PROPERTIES 并按回车键。

2)“特性”对话框

首先选择欲修改的对象,然后单击按钮,弹出“特性”对话框,如图 8-21 所示。在该对话框中进行相应的修改即可。该对话框中各选项的含义见第 6 章 6.20 修改对象特性。

3)举例

将图 8-22 中标注尺寸的文字高度改为 10。

选择欲修改的尺寸标注,然后单击“标准”工具栏“”按钮,弹出“特性”对话框,在该对话框中将“文字高度”编辑框内的数值改为 10,单击“关闭”按钮,按 Esc 键完成修改。

3. 利用“鼠标右键快捷菜单”编辑

1)操作方法

选择欲修改的对象,单击鼠标右键弹出快捷菜单,如图 8-23 所示,选择相应选项进行修改。

2)举例

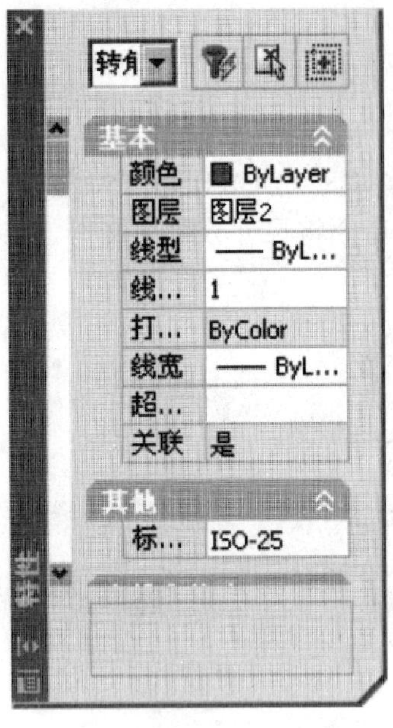

图 8-21 “特性”对话框

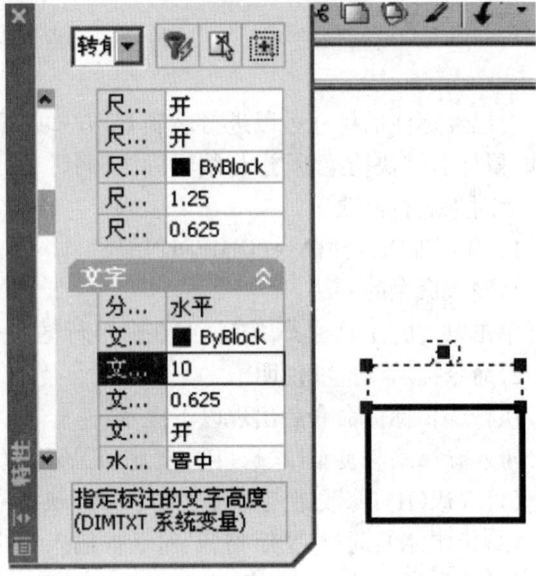

图 8-22 利用“特性”对话框编辑标注

将图 8-24 中尺寸标注精度改为小数点后两位。

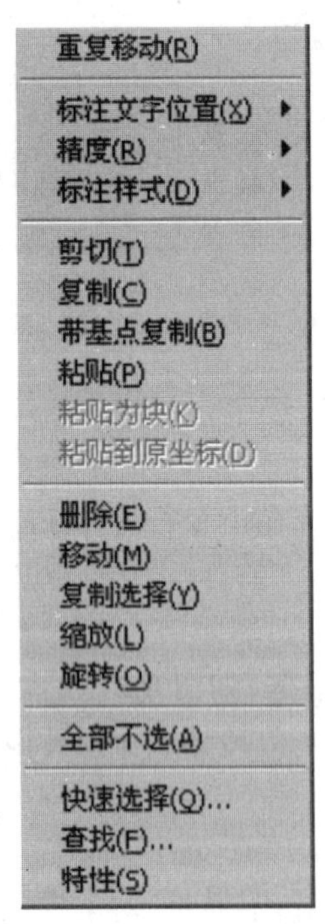

图 8-23 鼠标右键快捷菜单

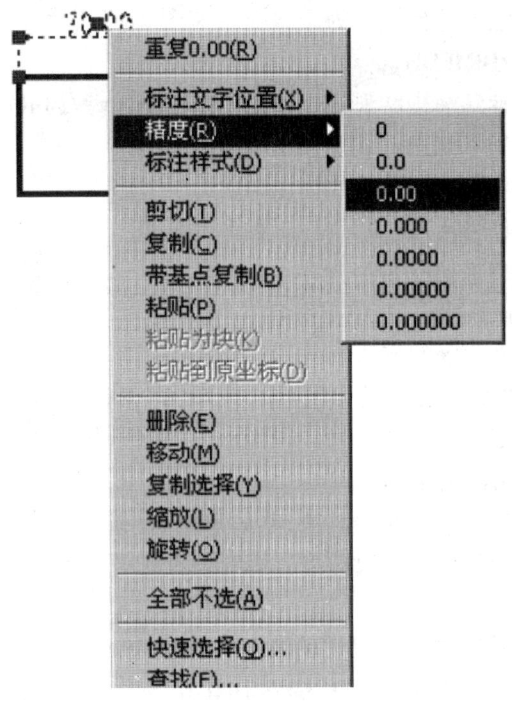

图 8-24 利用快捷菜单编辑标注

选择标注对象,单击鼠标右键弹出快捷菜单,单击“精度→0.00”菜单项,完成操作。

8.4 快速标注

快速标注可以自动标注一系列简单的选择集,特别适用于基线标注和连续标注。

1. 输入命令的方法

单击“标注”工具栏按钮,或单击“标注→快速标注”菜单项,或在命令行键入 QDIM 并按回车键。

2. 命令提示及选项说明

执行快速标注命令后出现以下提示:

选择要标注的几何图形:选择对象。

指定尺寸线位置或[连续(C)/并列(S)/基线(B)/坐标(O)/半径(R)/直径(D)/基准点(P)/编辑(E)/设置(T)]<连续>:

(1)指定尺寸线位置:用于定义尺寸线的位置。

(2)连续(C):采用连续方式标注所选图形。

(3)并列(S):采用并列方式标注所选图形。

(4)基线(B):采用基线方式标注所选图形。

(5)坐标(O):采用坐标方式标注所选图形。

(6)半径(R):对所选圆或圆弧标注半径。

(7)基准点(P):用于设置基线和坐标标注新的基准点。

(8)编辑(E):对标注点进行编辑。

选择编辑选项,系统出现如下提示:

指定要删除的标注点或[添加(A)/退出(X)]:

①指定要删除的标注点:删除标注点。

②添加(A):添加标注点。

③退出(X): 退出编辑提示,返回上一级提示。

(9)设置(T):为指定尺寸界线原点设置默认对象捕捉。

3. 举例

对图 8-25 中的图形按连续方式进行快速标注。

命令:QDIM↙

选择要标注的几何图形:(选择整个图形)

指定尺寸线位置或[连续(C)/并列(S)/基线(B)/坐标(O)/半径(R)/直径(D)/基准点(P)/编辑(E)]<连续>:↙

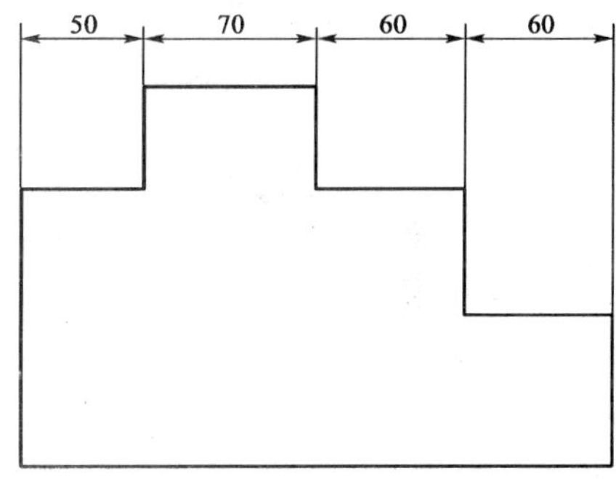

图 8-25 按连续方式进行快速标注

指定尺寸线位置或[连续(C)/并列(S)/基线(B)/坐标(O)/半径(R)/直径(D)/基准点(P)/编辑(E)]<连续>:(指定尺寸线位置)

绘制结果如图 8-25 所示。

8.5 快速引线标注

1. 输入命令的方法

单击“标注”工具栏按钮，或单击“标注→引线”菜单项，或在命令行键入 QLEADER 并按回车键。

2. 命令提示及选项说明

执行快速引线标注命令后出现以下提示：

指定第一个引线点或[设置(S)] < 设置 > :指定引线的起始点或输入设置。

(1)指定第一个引线点：指定第一个引线点。

指定第一个引线点后出现如下提示：

指定下一点：指定引线的另一点，出现一条引线。

指定文字宽度 < 0.000 > :输入宽度。

输入注释文字的第一行 < 多行文字(M) > :输入文字。

(2)设置(S)：设置引线标注。直接回车，弹出“引线设置”对话框。

①“注释”选项卡(图 8-26)

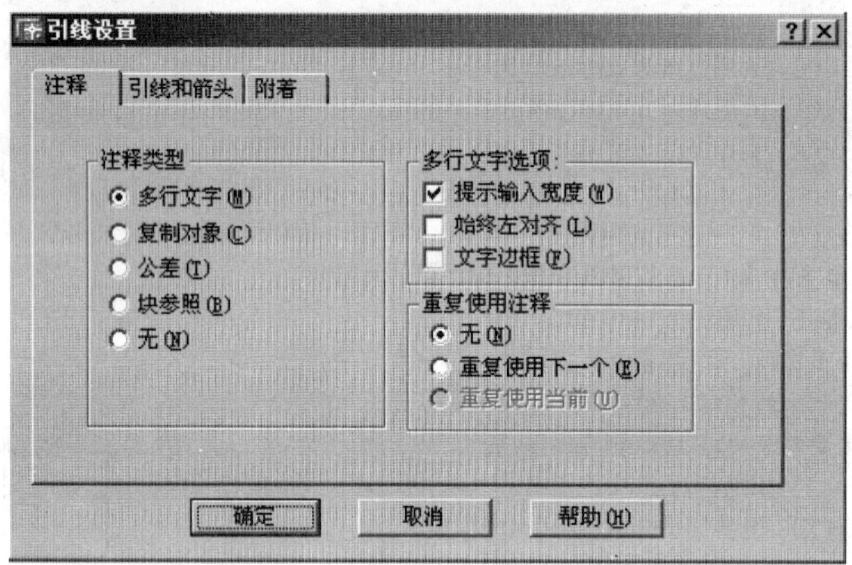

图 8-26 “注释”选项卡

A.“注释类型”选项区

• “多行文字”单选框：选中该单选框，可设定多行文字的格式。

• “复制对象”单选框：选中该单选框，AutoCAD 在确定了引线点后提示复制对象，此时只需选择一个已存在的多行文字、公差、块参照，AutoCAD 将复制选择对象到指定的位置。

• “公差”单选框：选中该单选框，显示“公差”对话框，用于创建将要附加到引线上的特征控制框。

• “块参照”单选框：选中该单选框，提示插入一个块参照。

• “无”单选框：选中该单选框，创建无注释的引线。

B.“多行文字选项：”选项区

• “提示输入宽度”复选框：选中该复选框，提示多行文字输入的宽度。

• “始终左对齐”复选框：选中该复选框，多行文字左对齐。

• “文字边框”复选框：选中该复选框，给文字添加边框。

C.“重复使用注释”选项区

• “无”单选框：选中该单选框，不重复使用引线标注。

•“重复使用下一个”单选框:选中该单选框,下一次引线标注时,重复使用此次注释。

•“重复使用当前”单选框:选中该单选框,重复使用当前注释。选择“重复使用下一个”后重复使用注释时,则 AutoCAD 自动选择此项。

②“引线和箭头”选项卡(图 8-27)

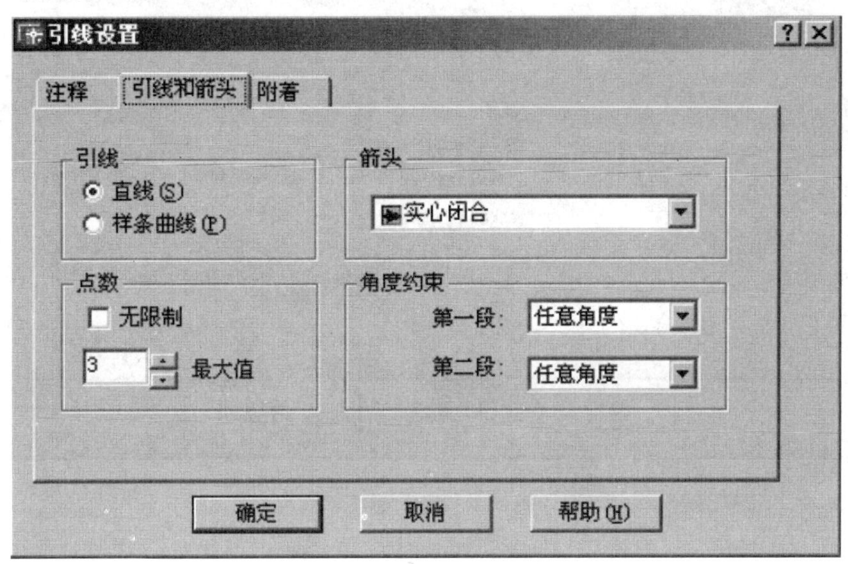

图 8-27 “引线和箭头”选项卡

A.“引线”选项区

可选择引线为直线或样条曲线。

B.“箭头”下拉列表框

用于选择箭头样式。

C.“点数”选项区

用于设定引线点的个数,一般设置为 3 用于直线引线,设置个数多一些用于样条曲线引线,可选择“最大值”或“无限制”。

D.“角度约束”选项区

用于设定第一段和第二段引线的角度限制。

③“附着”选项卡(图 8-28)

A.“多行文字附着”选项区

用于确定多行文字附着在引线上的对齐格式。如选中“第一行顶部”,则将引线附加到多行文字的第一行顶部右边或左边。

B.“最后一行加下划线”复选框

用于确定是否最后一行加下划线。

3. 举例

用快速引线标注对图 8-30 标注零件名。

设置文字样式:宋体,高度为 10。设置文字样式见下一章文字样式设置例题。

命令:QLEADER↙

指定第一个引线点或[设置(S)]<设置>:↙

弹出对话框,如图 8-29 所示,选择“引线和箭头”选项卡,“箭头”选择“圆点”,选择“附着”选项卡,在多行文字中间选择“文字在右边”,点击“确定”按钮。

引线设置

注释　引线和箭头　附着

多行文字附着

文字在左边　文字在右边

第一行顶部

第一行中间

多行文字中间

最后一行中间

最后一行底部

最后一行加下划线(U)

确定　取消　帮助(H)

图 8-28 “附着”选项卡

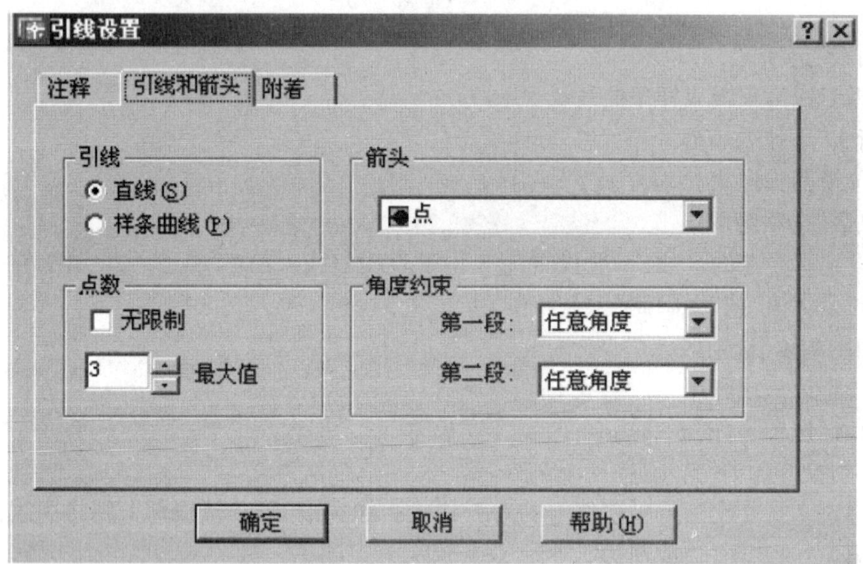

图 8-29 “引线和箭头”设置

指定第一个引线点或[设置(S)]<设置>:(指定点 A)

指定下一点:(指定另一点 B)

指定下一点:(指定另一点 C)

指定文字宽度<0.000>:↙

输入注释文字的第一行<多行文字(M)>:(输入文字“底座”)↙

输入注释文字的下一行:↙

绘制结果如图 8-30 所示。

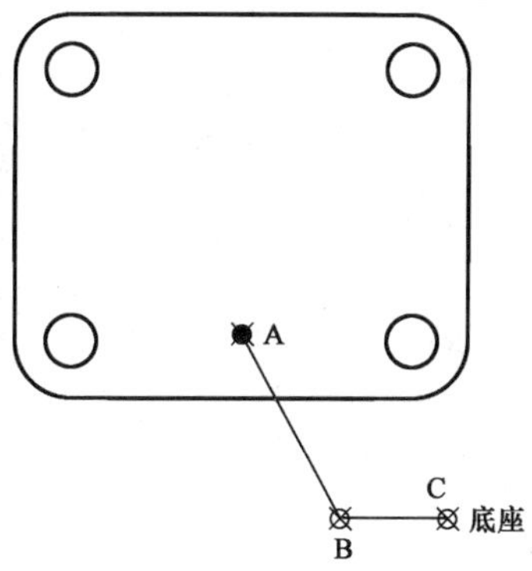

图 8-30　快速引线标注

8.6　标注形位公差

形位公差在机械图样中是必不可少的，它们用于确定实现正确功能所要求的精确度。标注形位公差必须在设定“形位公差”对话框后，才可以标注。

标注形位公差可以通过引线标注中的公差参数进行，也可以通过公差命令进行。

1. 输入命令的方法

单击“标注”工具栏按钮，或单击“标注→公差”菜单项，或在命令行键入 TOLERANCE 并按回车键。

2. “形位公差”对话框

执行标注形位公差命令后弹出“形位公差”对话框，如图 8-31 所示。

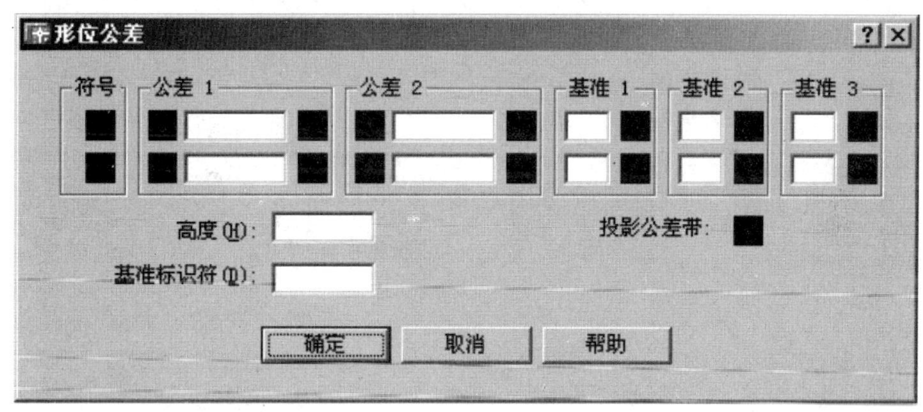

图 8-31　“形位公差”对话框

(1)“符号”选项区：单击符号下的小黑块，弹出“符号”对话框，如图 8-32 所示，选择公差符号。

(2)“公差”选项区：公差左侧的小黑块为直径符号是否打开的开关，单击右侧的小黑块弹出“包容条件” 对话框，如图 8-33 所示，用于设置被测要素的包容条件。中间编辑框可输入公差值。

(3)“基准”选项区：单击小黑块，弹出“包容条件”对话框，用于设置基准的包容条件。编辑框用于创建基准参照值。

(4)“高度”编辑框:用于设置投影公差带的值。

(5)“投影公差带”按钮:用于设定投影公差符号。

(6)“基准标识符”编辑框:用于设置该公差的基准标识符号。

3. 说明

直接使用公差命令标注形位公差没有指引线,必须补绘指引线。最好使用引线命令来标注形位公差。

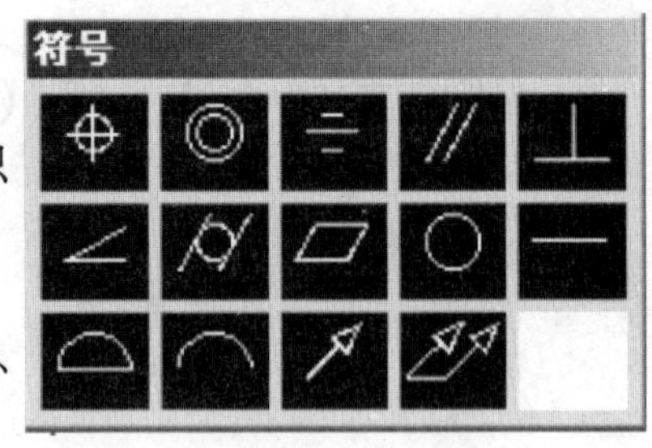

图 8-32 “符号”对话框

4. 举例

对图 8-34 标注形位公差。

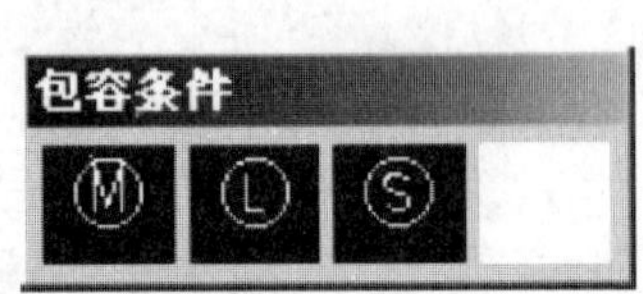

图 8-33 “包容条件”对话框

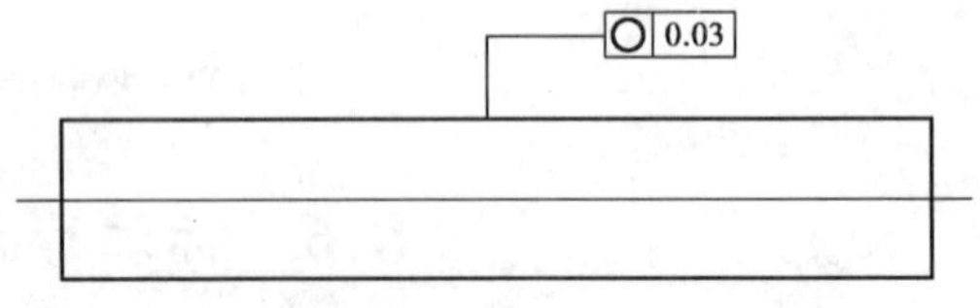

图 8-34 标注形位公差

命令:QLEADER↙

指定第一个引线点或[设置(S)]<设置>:↙

弹出“引线设置”对话框,选择“注释”选项卡,在“注释类型”选项区选“公差”选项,如图 8-35所示,点击“确定”按钮。

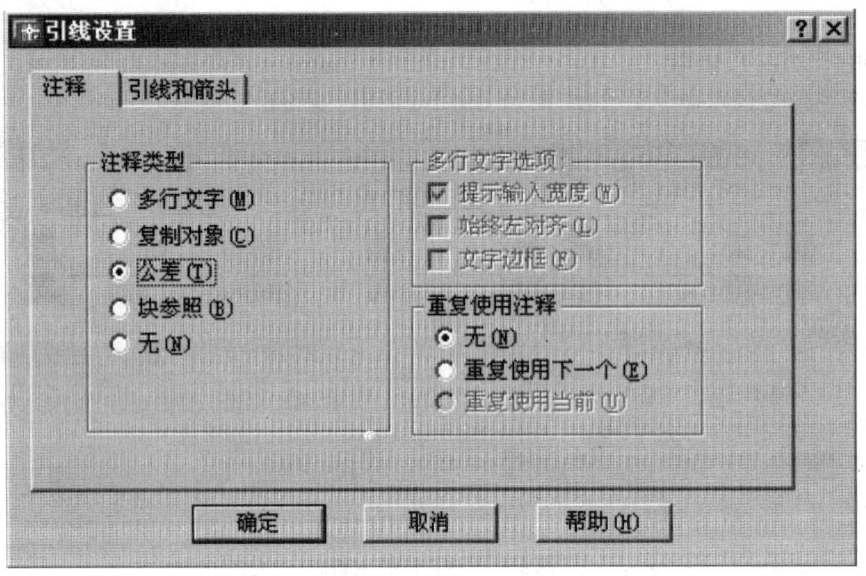

图 8-35 “引线设置”对话框设置

系统提示如下:

指定第一个引线点或[设置(S)]<设置>:(指定起点)

指定下一点:(指定另一点)

指定下一点:(指定另一点)

弹出“形位公差”对话框,设置如图 8-36 所示,点击“确定”按钮。

绘制结果如图 8-34 所示。

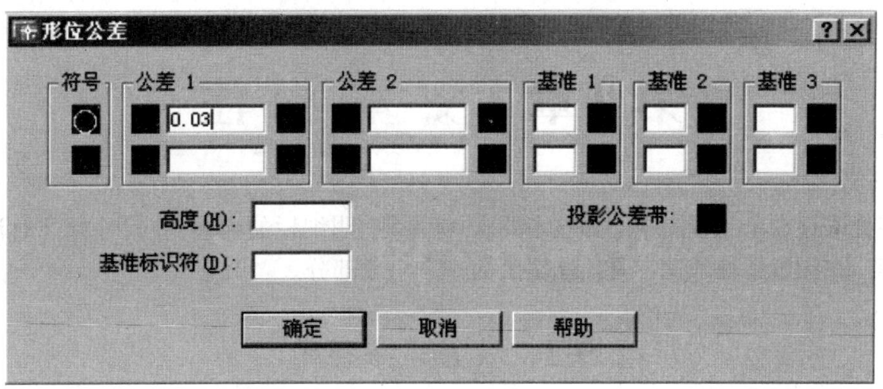

图 8-36 “形位公差”对话框设置

第9章 文本标注

文字普遍存在于工程图中。如技术要求、标题栏、明细栏的内容;在尺寸标注时注写的尺寸数值等。在图纸中输入文字是绘制图纸的一个组成部分。

9.1 设置文字样式

在不同的场合会使用到不同的文字样式,所以设置文字样式是文字注写的首要任务。

1. 输入命令的方法

单击"格式→文字样式"菜单项,或在命令行键入 STYLE 并按回车键。

2. "文字样式"对话框

执行 STYLE 命令后,弹出"文字样式"对话框,如图 9-1 所示。

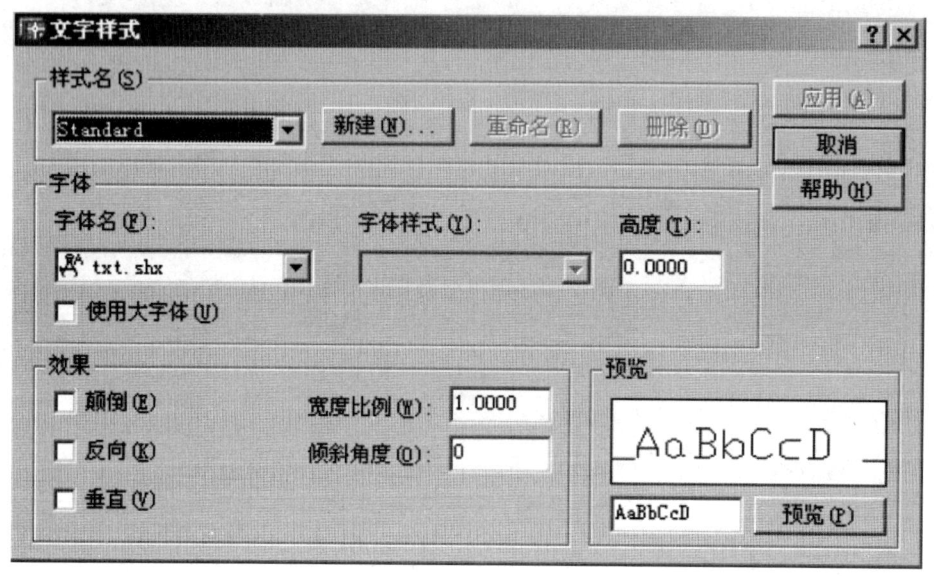

图 9-1 "文字样式"对话框

该对话框中各选项说明如下:

(1)"样式名"选项区

①"样式名"下拉列表框:用于设置和显示当前文字样式。"Standard"样式为缺省的文字样式,采用的字体为 txt.shx,该文字样式不可以删除和重命名。

②"新建" 按钮: 创建新的文字样式, 点击该按钮后, 弹出 "新建文字样式" 对话框, 如图9-2 所示。输入新的样式名, 点击 "确定" 按钮, 新名称将被添加到 "样式名" 下拉列表中。

③"重命名" 按钮:重新命名文字样式。单击该按钮,弹出"重命名文字样式"对话框,如图 9-3 所示。

图 9-2 “新建文字样式”对话框

图 9-3 “重命名文字样式”对话框

④“删除” 按钮:删除文字样式,但不能删除正被图形对象中的文字使用的字体样式。从下拉列表框中选择一个样式名,然后单击“删除”按钮。

(2)“字体”选项区

①“字体名”下拉列表框:用于设置和显示当前字体样式。点击下拉箭头,弹出所有已注册的字体名,可选取对应的字体。

②“使用大字体”复选框:在选择了相应的字体后,该复选框有效,用于指定某种大字体。

③“字体样式”下拉列表框:用于设置字体样式。

④“高度”编辑框:用于设置字体的高度。一般设置为 0,如果设置为非零的高度,则在使用该字体时统一使用该高度,不再提示输入高度。

(3)“效果”选项区

①“颠倒”复选框:选中该复选框,则字体上下颠倒放置。

②“反向”复选框:选中该复选框,则文字为自右向左的镜像书写。

③“垂直”复选框:选中该复选框,则文字垂直书写。

④“宽度比例”编辑框:用于设置文字宽与高的比例,一般可取为 0.67 左右。

⑤“倾斜角度”编辑框:用于设置文字的倾斜角度,AutoCAD 2004 要求用户设置倾斜角度的区间为 – 85° ~ 85°,否则出现提示要求重新输入。

(4)“预览”选项区

①预览框:直观显示了设置的字体的效果。

②编辑框:可以输入想预览的文字。

③“预览”按钮

根据对话框中所做的更改,更新预览框中的样例文字。

(5)“应用”按钮

将指定的样式应用到图形中。

3. 说明

文字样式的改变直接影响到用 TEXT 和 DTEXT 命令注写的文字,而用 MTEXT 命令注写的文字不一定受到其影响。

4. 举例

建立文字样式名为“汉字”,字体为“宋体”,高度为 10,宽度比例为 0.67。

(1)输入命令 STYLE,弹出“文字样式”对话框。

(2)单击“新建”按钮,弹出“新建文字样式”对话框,在样式名中输入“汉字”,单击“确定”按钮。

(3)在“文字样式”对话框中,字体名设为“宋体”,高度设置为 10,宽度比例设为 0.67,如图 9-4 所示。

(4)点击“应用”按钮,再点击“关闭”按钮。

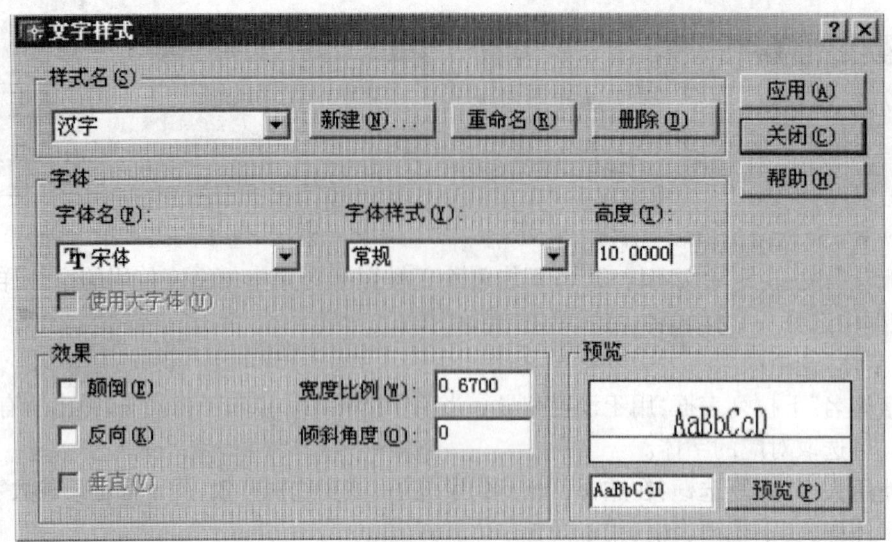

图 9-4　设置文字样式

9.2　标注单行文本

单行文字主要用于直接在屏幕上标注文字,用户可动态看到输入的文字,并且可以使用 Back Space 键逐步删除已经输入的文字。

1. 输入命令的方法

单击“绘图→文字→单行文字”菜单项,或在命令行键入 TEXT 或 DTEXT 并按回车键。在缺省“绘图”工具栏中单行文字按钮不存在,用户可通过按钮自定义在“绘图”中找到,并添加到“绘图”工具栏中。

2. 命令提示及选项说明

执行 TEXT 命令后,系统出现如下提示:

指定文字的起点或[对正(J)/样式(S)]:

(1)指定文字的起点:指定文字的起点。缺省情况下对正点为左对齐。

指定文字的起点后系统提示如下:

指定高度:输入文字高度。

指定文字旋转角度:输入旋转角度。

输入文字:输入需要的文字。

(2)对正(J):设置对正方式。

输入 J 回车后,系统提示如下:

[对齐(A)/调整(F)/中心(C)/中间(M)/右(R)/左上(TL)/中上(TC)/右上(TR)/左中(ML)/正中(MC)/右中(MR)/左下(BL)/中下(BC)/右下(BR):

①对齐(A):通过指定基线端点来指定文字的高度,保持字体的高和宽之比不变。

②调整(F):通过指定基线端点和文字高度来调整文字的宽度,以便将文本放置在两点之间。

③中心(C):以基线的水平中点对齐文字。

④中间(M):以基线的水平中点和高度垂直中点对齐文字。

⑤右(R):在基线上靠右对齐文字,基线由用户指定。

(3)样式(S):用于设置文字样式。

输入 S 回车后系统提示如下:

输入样式名或[?] < Standard > :输入文字样式或输入?,列出所有文字样式,当前样式为 Standard。

3. 说明

在 AutoCAD 中有些字符无法通过标准键盘直接输入,可以通过特定的编码输入,如下表所列。

代　码	对应字符	代　码	对应字符
%%o	上划线	%%p	正负号 ±
%%u	下划线	%%%	%
%%d	度°	%%nnn	ASCIInnn 码对应的字符
%%c	直径 Φ		

4. 举例

用单行文字输入命令在矩形正中输入文字,如图 9-5 所示。

命令:TEXT↙

当前文字样式:宋体字　文字高度:10

指定文字的起点或[对正(J)/样式(S)]:J↙

[对齐(A)/调整(F)/中心(C)/中间(M)/右(R)/左上(TL)/中上(TC)/右上(TR)/左中(ML)/正中(MC)/右中(MR)/左下(BL)/中下(BC)/右下(BR)]:MC↙

指定文字的中间点:(捕捉矩形中心点)

指定文字的旋转角度 <0> :↙

输入文字:文字与技术要求↙

输入文字:↙

文字与技术要求

图 9-5　单行文字输入

9.3　标注多行文本

多行文字又称段落文字,它允许用户一次创建多行文字,而且可以设定其中的不同文字具有不同的字体、样式、颜色、高度等特性。

1. 输入命令的方法

单击“绘图”工具栏 A 按钮,或单击“绘图→文字→多行文字”菜单项,或在命令行键入 MTEXT(MT 或 T)并按回车键。

2. 命令提示及选项说明

执行 MTEXT 命令后,系统出现如下提示:

指定第一角点:指定一个点。

指定对角点或[高度(H)/对正(J)/行距(L)/旋转(R)/样式(S)/宽度(W)]:指定对角点后系统弹出“文字格式”对话框,如图 9-6 所示。

①“样式名”下拉列表框:设定和显示当前文字的样式名。

②“字体名”下拉列表框:设定和显示当前设定的字体。

③“高度”下拉列表框:设定和显示当前字体的高度。

④“B”按钮:将文字变为粗体。

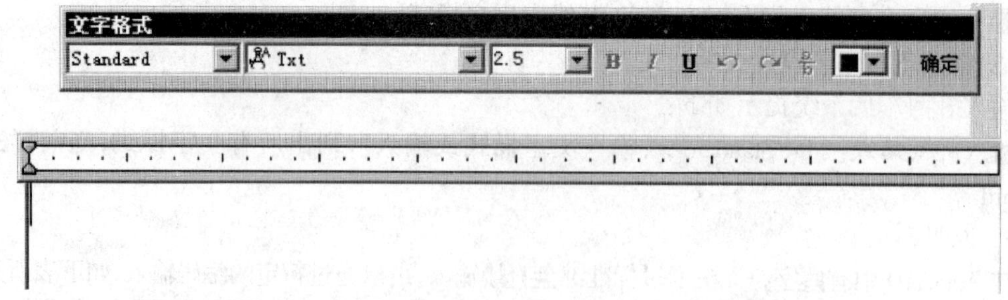

图 9-6 “文字格式”对话框

⑤“I”按钮:将文字变为斜体。

⑥“U”按钮:给文字添加下划线。

⑦“a/b”按钮:将文本中的分数采用上下堆叠方式表示。

⑧“文字颜色”下拉列表框:用于设定文字的颜色。提供了 7 种基本颜色和其他 284 种颜色供用户选择。

3. 说明

在编辑区域单击鼠标右键,可以弹出快捷菜单,其中包含了许多非常有用的功能。

(1)从该快捷菜单中选择“符号→其他”,弹出“字符映射表”对话框,如图 9-7 所示,可以添加特殊符号。

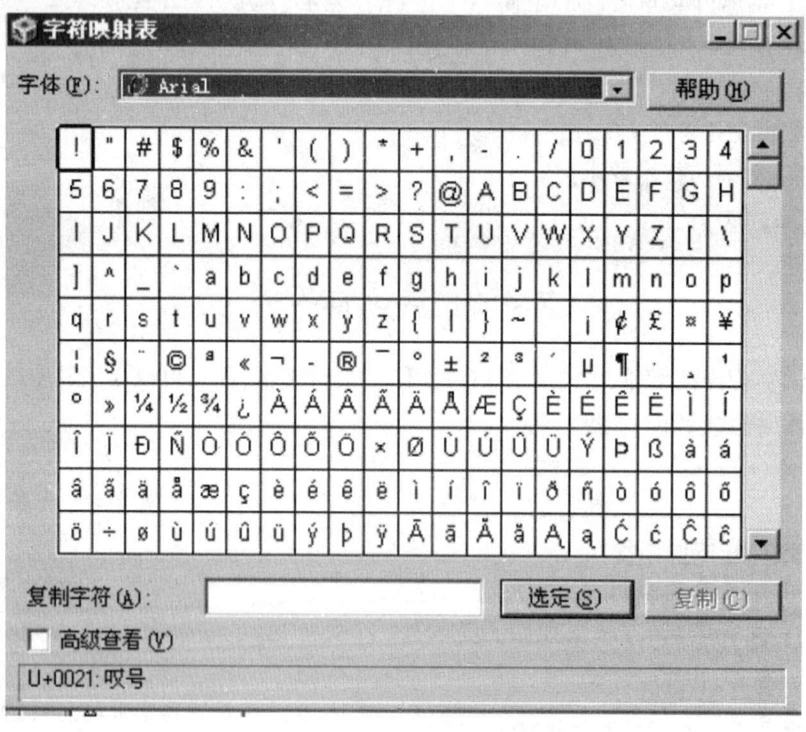

图 9-7 “字符映射表”对话框

(2)从该快捷菜单中选择“输入文字”,弹出“选择文件”对话框,可以将磁盘文件中的文字插入到图形对象中。

(3)从该快捷菜单中选择“查找和替换”,弹出“替换”对话框,可以快速编辑文字。

4. 举例

用多行文字输入命令在图 9-8 所示的长方形框正中标注文字。

命令:MTEXT↙

指定第一角点:(指定点 A)

指定对角点或[高度(H)/对正(J)/行距(L)/旋转(R)/样式(S)/宽度(W)]:J↙

[左上(TL)/中上(TC)/右上(TR)/左中(ML)/正中(MC)/右中(MR)/左下(BL)/中下(BC)/右下(BR)] <左上(TL)>:MC↙

图 9-8 多行文字输入

指定对角点或[高度(H)/对正(J)/行距(L)/旋转(R)/样式(S)/宽度(W)]:(指定点 B)

指定另一对角点后系统弹出“文字格式”对话框,在“字体名”中选择“楷体 GB _ 2312”,高度为 10,在编辑框中输入“文字输入”,点击“确定”按钮。

9.4 编辑文本标注

1. 输入命令的方法

单击“修改→对象→文字→编辑”菜单项,或在命令行键入 DDEDIT 并按回车键。

2. 命令提示及选项说明

执行 DDEDIT 命令后,系统出现如下提示:

选择注释对象或[放弃(U)]:选择对象。

(1)如果选择对象为单行文字,则弹出“编辑文字”对话框,用户可利用此对话框修改文字内容。

(2)如果选择对象为多行文字,则弹出“文字格式”对话框,用户可进行文字的编辑、修改。

3. 说明

(1)文字的特性也可通过 “特性”对话框进行编辑。用户选择欲编辑的文本,再单击“标准”工具栏中的“特性”按钮,弹出“特性”对话框,从中选择相关属性就可进行编辑。

(2)必须注意字体和特殊字符的兼容性,否则会出现“?”来替代输入的字符。

4. 举例

将图 9-8 中的文字“文字输入”改为“技术要求”。

命令:DDEDIT↙

选择注释对象或[放弃(U)]:(选择对象“文字输入”)

弹出“文字格式”对话框,在编辑框中将“文字输入”改为“技术要求”,如图 9-9 所示。单击“确定”按钮完成编辑。

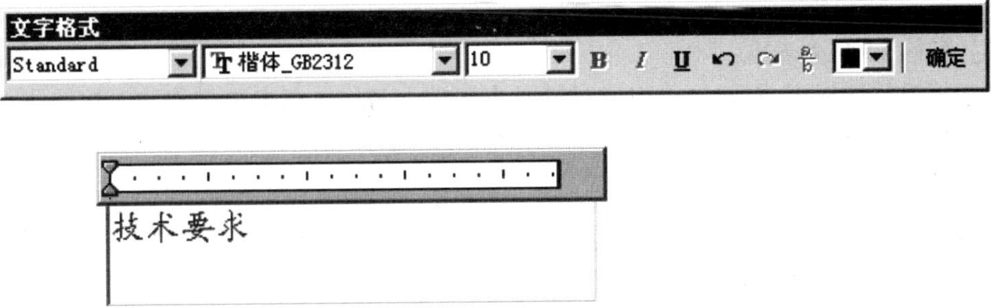

图 9-9 用编辑文本标注命令编辑多行文字

第10章　图　　块

10.1　图块的概念和特点

“图块”是指一个或多个对象的集合，是一个整体，即单一的对象，可以象对待单独对象一样对其进行复制、移动、删除等操作。利用图块可以减少重复劳动、简化绘图过程并可以系统地组织任务。如一张装配图可以分成若干个图块，由不同的人员分别绘制，最后再通过图块的插入及修改得到装配图。又如可以将表面粗糙度制成图块在图中多次引用，而对于不同的粗糙度值，只要更改该图块的属性值就可以了。

图块具有以下特点：

(1)图块的名字惟一。图块之间通过名字来区分，在一个图形文件中不能有名字相同的图块。

(2)图块可以嵌套。即定义一新图块时，可以包含其他已定义的图块，嵌套的层次不受数量限制。

(3)图块的插入具有可重复性。即可以在一个图形中多次按照指定的位置、角度和比例插入图块。

10.2　创 建 图 块

要使用图块，必须首先创建图块。创建图块时，应先将需要定义图块的图形绘制出来，然后通过对话框方式或命令行方式来完成。

1. 使用对话框方式创建图块

1)输入命令的方法

单击“绘图”工具栏上 按钮，或单击“绘图→块→创建”菜单项，或在命令行键入 BLOCK (B)并按回车键。

2)“块定义”对话框

执行创建图块命令，弹出如图 10-1 所示的“块定义”对话框，该对话框中主要选项的含义如下：

(1)“名称”下拉列表框

用于编辑块的标识，新建块可以通过键盘直接键入名称。点击块名称的下拉按钮，出现当前图形文件中所有已定义块的名称。

(2)“基点”选项区

该选项区用于定义块的基点，该基点也就是块在插入时的基准点。缺省的块基点为图形文件当前用户坐标系的原点。

①“拾取点”按钮：单击该按钮，AutoCAD 将切换到绘图屏幕，要求点取某点作为基点。

②“X”、“Y”、“Z”文本框：可以在该文本框内输入基点的 X、Y、Z 坐标值。

(3)“对象”选项区

该选项区用于定义块中包含的对象。

①“选择对象”按钮:单击该按钮,则 AutoCAD 将切换到绘图屏幕,用户选择屏幕上的图形作为块中包含的对象。这时也可选择已有的块作为对象,即为“块的嵌套”。选择完块的对象后,对话框中提示选择对象的数目。

②快速选择按钮:单击该按钮,则弹出“快速选择”对话框,可以建立具有过滤条件的选择集以设定块中包含的对象。

③“保留”单选框:选择了此项,则块中对象的所有选择前的特性被保留。

④“转换为块”单选框:选择了此项,则在选择了组成块的对象后,所有被选择的对象转换成块。该项为缺省设置。

⑤“删除”单选框:选择了此项,则将选择的对象从图形文件中删除。

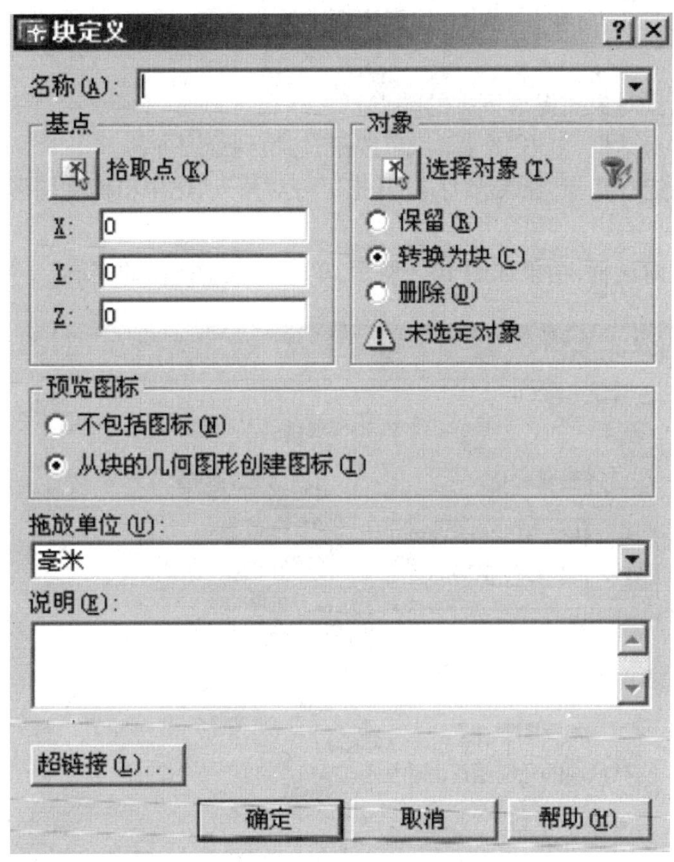

图 10-1 “块定义”对话框

(4)“预览图标”选项区

该选项区用于控制是否随块定义一起保存预览图标,同时指定块的图标样式。

①“不包括图标”单选框:选中该单选框,AutoCAD 将不会创建预览图标。

②“从块的几何图形创建图标”单选框:选中该单选框,AutoCAD 将创建一个块定义的预览图标和块定义一起保存,并将其显示在“预览图标”选项区的右侧,以便用户在以后使用块定义前可以先预览块的图形。

(5)“拖放单位”下拉列表框:该下拉列表框用于指定块插入时使用的单位。

(6)“说明” 列表框：在该列表框中可以输入与图块有关的描述性文字。如果块具有说明，则在 AutoCAD 设计中心也可以看到这些说明文字。

3)说明

(1)如果在“块定义”对话框的“名称”下拉列表框中选择了某一已存在的块，则可以对其重新定义。当定义块更新后，图形中所有对该块的参照会立刻更新以反映新的定义。

(2)虽然用户可以任意选择一点作为插入点，但在实际操作时，建议选择对象的特征点作为插入点。

(3)用 BLOCK 创建的图块只能在同一图形文件中应用。

4)举例

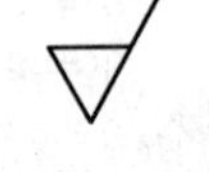

图 10-2 表面粗糙度标记

通过“块定义”对话框将图 10-2 的图形创建成块，名称为 CCD。

命令：BLOCK↙

弹出“块定义”对话框，在“名称”下拉列表框中输入 CCD，单击“拾取点”按钮，切换到绘图屏幕。

指定插入基点：(对象捕捉最下方的端点)

回到“块定义”对话框，单击“选择对象”按钮，切换到绘图屏幕。

选择对象：(指定一角点)指定对角点：(指定一对角点，选中粗糙度图形)找到 3 个

选择对象：↙

回到“块定义”对话框，结果如图 10-3 所示，单击“确定”按钮即完成。

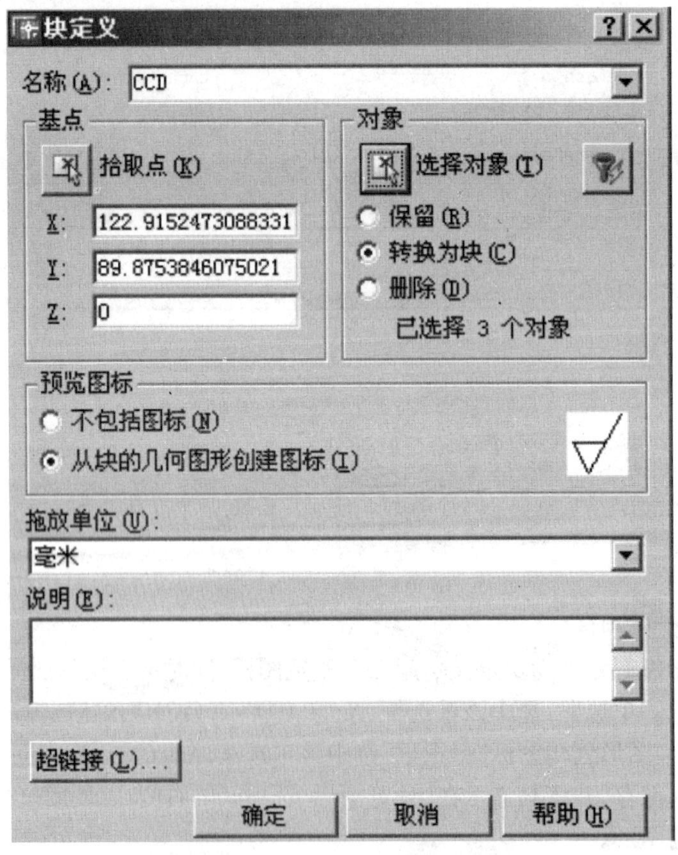

图 10-3 用“块定义”对话框创建块

2. 利用命令行方式创建图块

1)输入命令的方法

在命令行键入 – BLOCK(– B)并按回车键。

2)命令提示及选项说明

执行“ – BLOCK”命令后出现如下提示:

(1)输入块名或[?]:

①输入块名:直接输入块的名称。

②[?]:通过文本窗口查询某已有块或与图形相关的块信息。

输入块的名称后出现如下提示:

(2)指定插入基点:在图面上指定插入基点。

在图面上指定插入基点后出现如下提示:

(3)选择对象:选择组成块的对象,按回车键即结束命令。

3)说明

使用命令行方式定义块后,AutoCAD 会将用于块定义的对象从图形中删除。用户可使用 OOPS 命令将删除的对象恢复,该操作不会破坏刚刚定义的块。

4)举例

通过命令行重新将图 10-2 所示的图形创建成块,名称为 CCD。

命令: – BLOCK ↙

输入块名或[?]: CCD ↙

指定插入基点:(对象捕捉最下方的端点)

选择对象:(指定一角点)指定对角点:(指定一对角点,选中粗糙度图形)找到 3 个

选择对象:↙

10.3 写图块文件

用 BLOCK 创建的图块只能存在于定义该块的图形中,如果要使所创建的图块在其他图形文件中也能被使用,则可采用 WBLOCK 命令建立外部块。用 WBLOCK 命令建立外部块类似图形文件赋名存盘,不同的是其可以选择保存的对象。用该命令所建的块作为一个图形文件独立存在于磁盘等媒介上,可以被其他图形引用,也可以单独打开。

1. 使用对话框方式写图块文件

1)输入命令的方法

在命令行键入 WBLOCK(W)并按回车键。

2)“写块”对话框

执行 WBLOCK 命令后,弹出如图 10-4 所示的“写块”对话框,该对话框中主要选项的含义如下:

(1)“源”选项区

该选项区用于指定块和对象,将其保存为文件并指定插入点。

①“块”单选框:选中该单选框,用户可以从右侧的下拉列表框中选择已经定义的块作为写块时的源。若该图形文件不包含块,则此项灰显。

②“整个图形”单选框:选中该单选框,镇以整个图形作为写块的源。

若选中以上两项中的一项单选框都将使“基点”选项区和“对象”选项区不可用。

③“对象”单选框：选中该单选框，用户可以在随后的操作中指定基点并且选择对象。

④“基点”选项区：该选项区用于定义块的基点，该基点也就是块在插入时的基准点。缺省的块基点为图形文件当前用户坐标系的原点。

⑤“对象”选项区：该选项区用于定义块中包含的对象。

以上两选项区选项的含义和前面所介绍的“块定义”对话框中的相同，此处不再赘述。

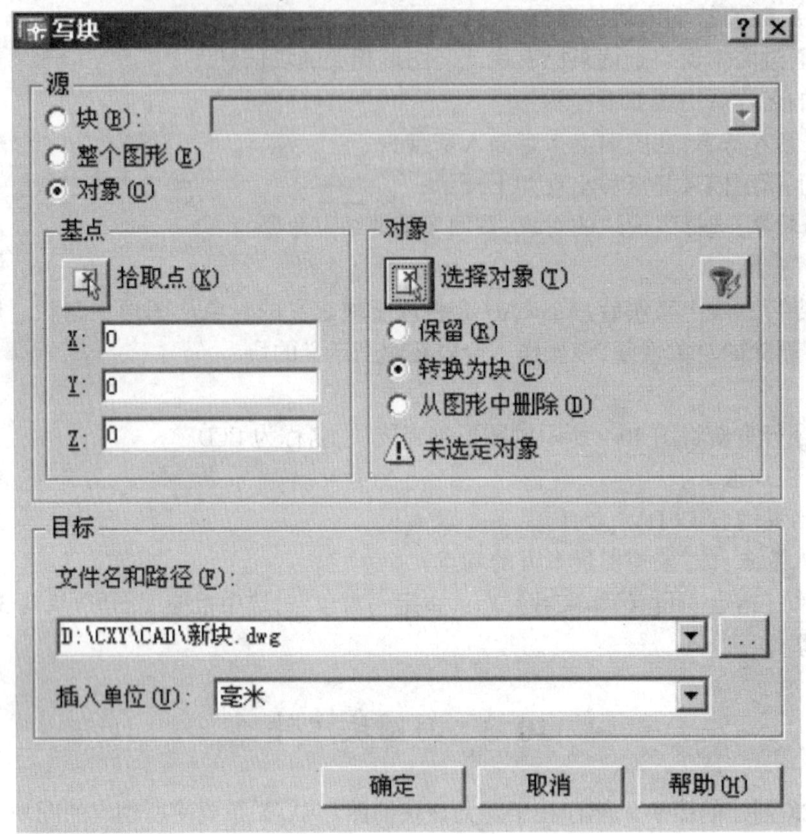

图 10-4 “写块”对话框

(2)“目标”选项区

此选项区用于设置块文件的名称、保存的位置及插入时所用的单位。

①“文件名和路径”下拉列表框：此下拉列表框用于设置该文件的名称及保存的位置。可以直接通过键盘输入；也可在下拉列表中选择，或者点击列表框右侧的 ... 按钮，此时弹出如图 10-5 所示的“浏览图形文件”对话框，在该对话框中设置该文件的名称及保存的位置。

②“插入单位”列表框：该列表框用于指定块插入时使用的单位。缺省的是“毫米”。

3)举例

通过“写块”对话框将图 10-6 所示的图形写图块文件，名称为 A4tk。

命令：WBLOCK↙

弹出“写块”对话框，选取“对象”单选框，单击“拾取点”按钮，切换到绘图屏幕。

指定插入基点：(对象捕捉图框左下方的角点)

回到“写块”对话框，单击“选择对象”按钮，切换到绘图屏幕。

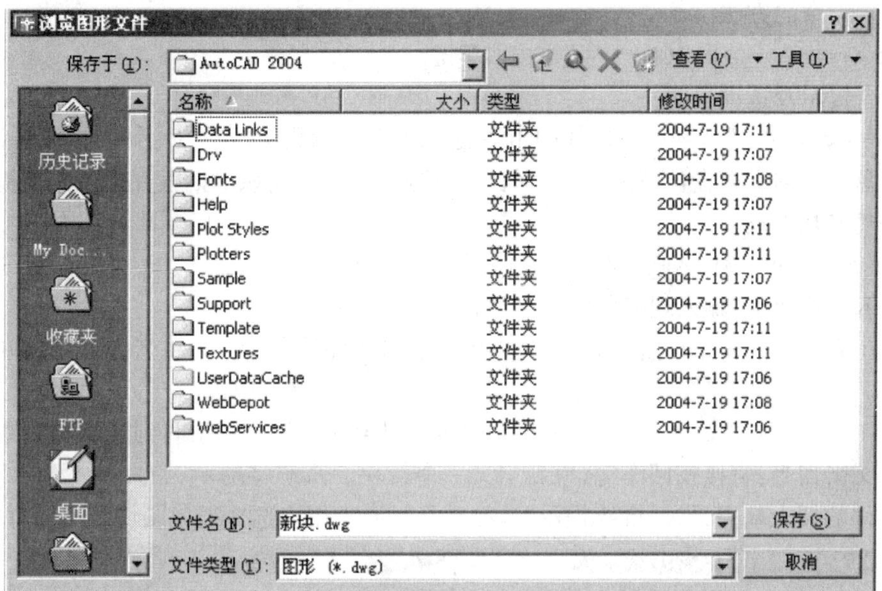

图 10-5 “浏览图形文件”对话框

选择对象:(指定一角点)指定对角点:(指定一对角点，选中图框中全部对象)找到 34 个

选择对象:↙

回到“写块”对话框，在“文件名和路径”列表框中设置 D:\CXY\CAD\A4tk，结果如图 10-7 所示，单击“确定”按钮即完成。

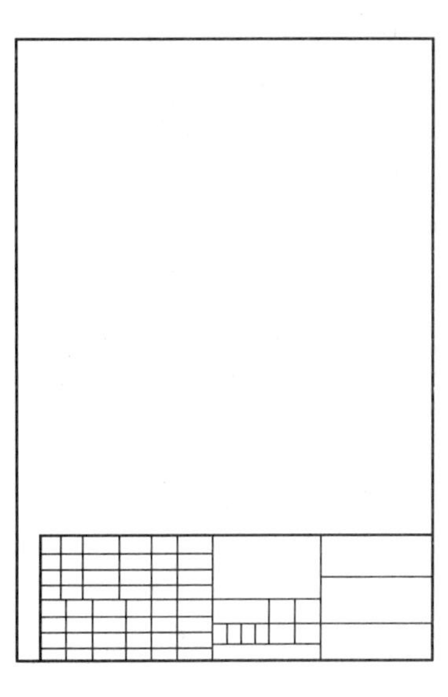

图 10-6 图框

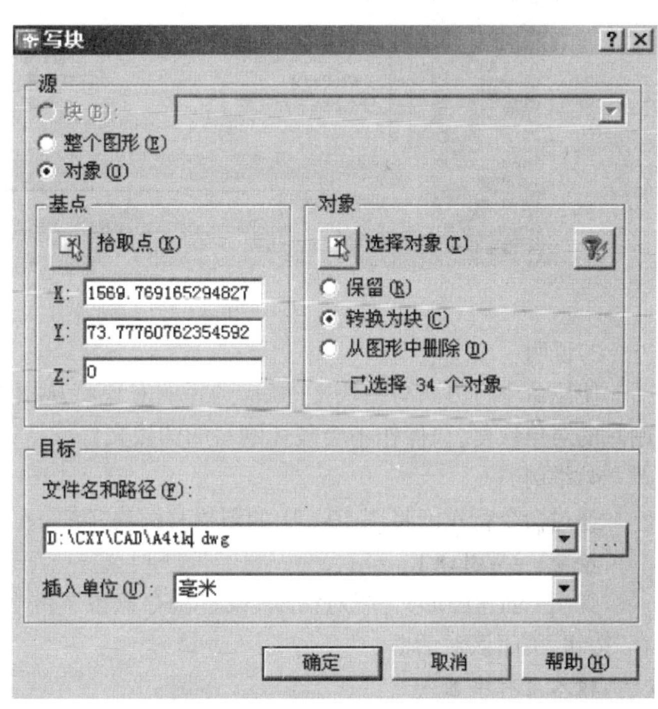

图 10-7 用“写块”对话框写图块文件

2. 利用命令行方式写图块文件

1)输入命令的方法

在命令行键入 - WBLOCK(- W)并按回车键。

2)命令提示及选项说明

执行“ - WBLOCK”命令后弹出如图 10-8 所示的“创建图形文件”对话框,在该对话框中设置块的存盘文件名和存盘位置后单击“保存”按钮后,系统关闭该对话框并出现如下提示:

输入现有块名或

[= (块 = 输出文件)/ * (整个图形)]〈定义新图形〉:

①输入现有块名:输入现有的图块名称,将该块写块存盘。

② = (块 = 输出文件):输入 = ,系统将指定输出文件的名称作为块名,输出文件的内容为块的内容。

③ * (整个图形):输入 * ,将整个文件中所有对象作为一个图块写到新的块文件中。

④定义新图形:直接按回车键,重新定义一个新块。系统将提示“指定插入基点”,要求用户指定文件的插入基点,然后继续提示“选择对象”,要求用户选择组成图块的图形对象。

图 10-8 “创建图形文件”对话框

3)说明

使用命令行方式写图块文件后,选择的对象将从图形中删除。用户可使用 OOPS 命令将删除的对象恢复,该操作不会破坏刚写的图块文件。

4)举例

通过命令行重新将图 10-6 中的图框写图块文件,名称为 A4tk。

命令: - WBLOCK↙

弹出 “创建图形文件”对话框,设置块存盘位置并在“文件名”列表框输入 A4tk,单击“保存”按钮,关闭该对话框。

输入现有块名或

[= (块 = 输出文件)/ * (整个图形)]〈定义新图形〉:↙

指定插入基点:(对象捕捉图框左下角的点)

选择对象:(指定一角点)指定对角点:(指定一对角点,选中图框中全部对象)找到 34 个

选择对象:↙

10.4 图块的插入

使用图块的插入命令,可以在图形中插入一个命名块或是命名文件。其方式有对话框方式和命令行方式。下面分别介绍这两种方式。

1. 使用对话框方式插入图块

1)输入命令的方法

单击“绘图”工具栏上按钮,或单击“插入→块”菜单项,或在命令行键入 INSERT(I)并按回车键。

2)“插入”对话框

执行插入图块命令,弹出如图 10-9 所示的“插入”对话框,该对话框中主要选项的含义如下:

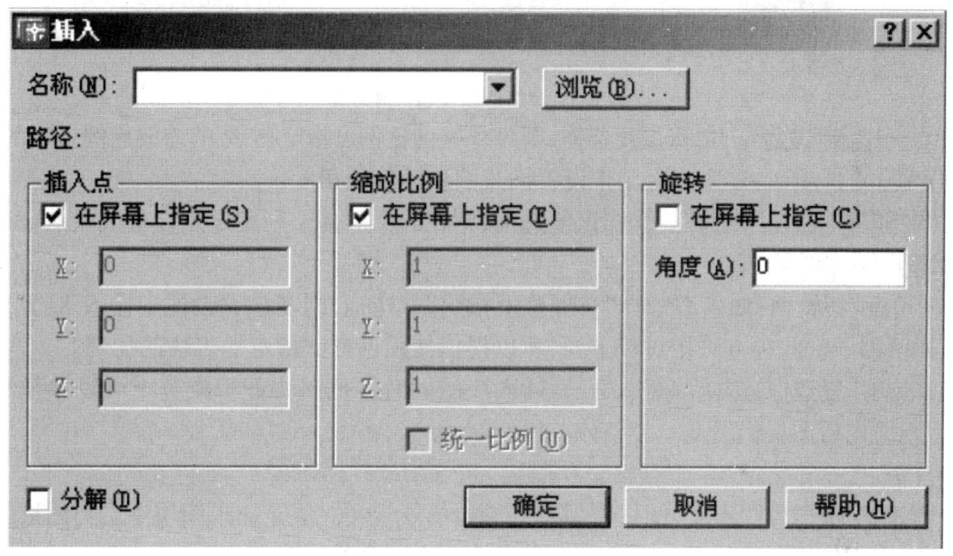

图 10-9 “插入”对话框

(1)“名称”下拉列表框:可在该下拉列表框中直接键入要插入的图块的名称。若键入的图块名不存在,则弹出如图 10-10 所示的对话框;或者点取下拉按钮,选择当前图形文件中的某一已有块。

(2)“浏览”按钮:单击该按钮,则打开如图 10-11 所示的“选择图形文件”对话框,从中选择要插入的图形文件或外部块文件。

(3)“插入点”选项区:该选项区用于设置块插入的基准点。

①“在屏幕上指定”复选框:选择该复选框,将在绘图屏幕上用光标点取图块插入点。

AutoCAD

块尚未定义。

确定

图 10-10

②“X”、“Y”、“Z”编辑框:如果不选择“在屏幕上指定”复选框,则在该编辑框中输入插入点的 X、Y、Z 坐标值。但是此种方法相对较不方便,所以提倡用在屏幕上指定的方法确定插入点。

(4)“缩放比例”选项区:该选项区用于指定插入块的比例。

①“在屏幕上指定”复选框:选择该复选框,则在绘图屏幕上利用定点设备或在命令行中设置比例因子。

②“X”、“Y”、“Z”编辑框:如果不选择“在屏幕上指定”复选框,则在该编辑框中输入 X、Y、Z 方向的插入比例因子。此种方法相对较方便,所以提倡使用该方法指定插入块的比例。

图 10-11 “选择图形文件”对话框

③“统一比例”复选框:选择该复选框,则只有 X 的比例可指定,Y、Z 的缩放比例与 X 的一致。

(5)“旋转”选项区:该选项区用于设置插入图块的旋转角度。

①“在屏幕上指定”复选框:选择该复选框,则在绘图屏幕上利用定点设备或在命令行中设置比例因子。

② “角度”编辑框:如果不选择“在屏幕上指定”复选框,则在该编辑框中输入 X、Y、Z 方向的插入比例因子。此种方法相对较方便,所以提倡使用该方法指定插入块的比例。

(6)“分解”复选框:选择该复选框,则插入块的同时将把图块分解成若干可以单独编辑的实体,否则插入后图块仍然是一个整体。

3)说明

(1)当图块被插入图形中,图块将保持它原始的层定义。但是如果图块中层与图形图层同名时,则图块中该图层的线型和颜色按照图形图层上同名的层确定。

(2)图块中原 0 层上的对象在插入图块时,将被系统分配到图形中图块所插的图层上。

4)举例

通过“插入”对话框将“CCD”图块插入如图 10-12 所示的图形中。

首先在图 10-12 的图形文件中创建一个“CCD”图块,然后执行插入命令。

命令:INSERT↙

弹出“插入”对话框,在“名称”下拉列表框中选择 CCD,设置“插入”对话框如图 10-13 所示,单击“确定”按钮,切换到绘图屏幕。

指定插入点或[比例(S)/X/Y/Z/旋转(R)/预览比例

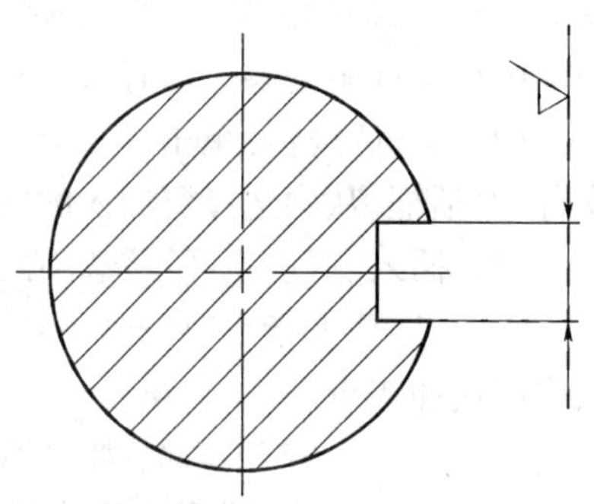

图 10-12 在图形中插入图块

(PS)/PX/PY/PZ/预览旋转(PR)]:(对象捕捉尺寸线上某一最近点)

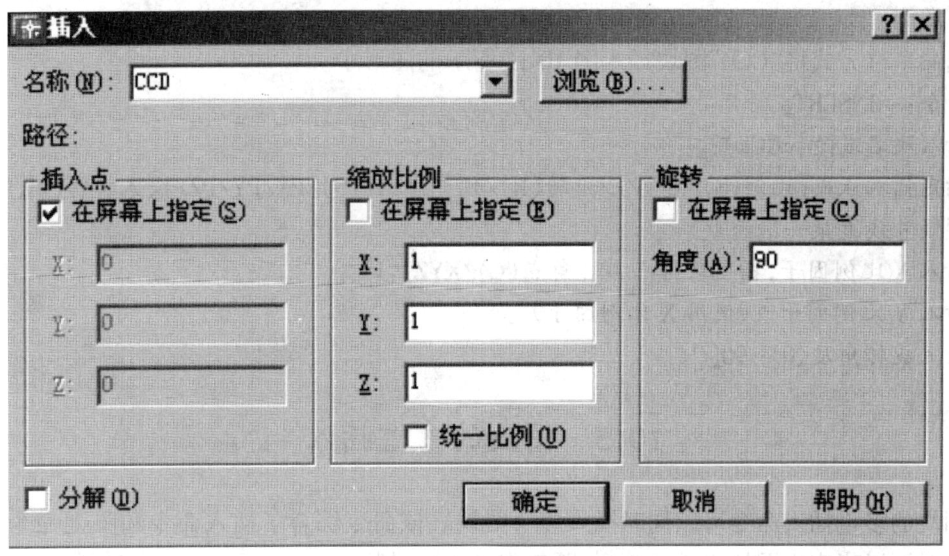

图 10-13　用"插入"对话框插入图块

2. 利用命令行方式插入图块

1)输入命令的方法

在命令行键入 - INSERT(- I)并按回车键。

2)命令提示及选项说明

输入 - INSERT 并按回车键后出现如下提示:

(1)输入块名或[?]:

①输入块名:输入要插入的图块名称。

②[?]:键入?,系统将列出已经定义的块信息。

输入要插入的图块名称后,出现如下提示:

(2)指定插入点或[比例(S)/X/Y/Z/旋转(R)/预览比例(PS)/PX/PY/PZ/预览旋转(PR)]:

①指定插入点:指定插入点以确定所插图块在当前图形中的具体位置。指定了插入点后,系统继续提示:

输入 X 比例因子,指定对角点,或[角点(C)/XYZ]〈1〉:

该提示要求输入 X 轴方向的比例因子或选择某一项。该提示中的三个选项含义如下:

- 输入 X 比例因子:设置 X 比例因子和 Y 比例因子。
- 指定对角点:指定对角点设置边框,系统根据边框的长和宽来确定相应的 X、Y 比例因子。
- 角点(C):与"指定对角点"的含义相同。
- XYZ:分别设置 X 、Y、Z 轴的插入比例因子。

②比例(S):设置图块插入的总体(X、Y、Z 三个方向)比例因子。

③X/Y/Z:分别设置 X、Y、Z 方向的比例因子。

④旋转(R):设置块插入时的旋转角度。

⑤预览比例(PS):设置图块插入的总体(X、Y、Z 三个方向)预览比例因子。

⑥PX/PY/PZ:分别设置 X、Y、Z 方向的预览比例因子。

⑦预览旋转(PR):设置预览图块的旋转角度,以显示插入时的图块旋转角度。

3)举例

用命令行方式将“CCD”图块插入图10-12所示的图形中。

命令:-INSERT↙

输入块名或[?]〈CCD〉:↙

指定插入点或[比例(S)/X/Y/Z/旋转(R)/预览比例(PS)/PX/PY/PZ/预览旋转(PR)]:(对象捕捉尺寸线上某一最近点)

输入X比例因子,指定对角点,或[角点(C)/XYZ]〈1〉:↙

输入Y比例因子或〈使用X比例因子〉:↙

指定旋转角度〈0〉:90↙

10.5 图块的多重插入

图块的多重插入命令可以同时插入多个图块。该命令综合了插入命令和阵列命令,在插入图块时可以指定由图块组成的阵列,既节省了绘图时间,也减小了图形的文件量。

1.输入命令的方法

在命令行键入MINSERT并按回车键。

2.命令提示及选项说明

输入多重插入后出现如下提示:

(1)输入块名或[?]:输入块的名称。输入块的名称后,出现如下提示:

(2)指定插入点或[比例(S)/X/Y/Z/旋转(R)/预览比例(PS)/PX/PY/PZ/预览旋转(PR)]:指定插入点或键入其他选项。各项具体的含义和插入命令-INSERT的提示相同,此处不再赘述。

指定插入点后,出现如下提示:

(3)输入X比例因子,指定对角点,或[角点(C)/XYZ]〈1〉:各项具体的含义和插入命令-INSERT的提示相同。输入X比例因子后,出现如下提示:

(4)输入Y比例因子或〈使用X比例因子〉:设定Y轴比例因子。输入Y比例因子后,出现如下提示:

(5)指定旋转角度〈0〉:设定旋转角度。指定旋转角度后,出现如下提示:

(6)输入行数(---)〈1〉:设定行数。输入行数后,出现如下提示:

(7)输入列数(|||)〈1〉:设定列数。输入列数后,出现如下提示:

(8)输入行间距或指定单位单元(---):设定行间距或者单位间隔长度。输入行间距后,出现如下提示:

(9)指定列间距(|||):设定列间距。输入列间距后,系统根据设置插入图块阵列。

3.说明

(1)图块的多重插入命令表面上是插入命令和阵列命令的组合,其实它们之间有本质的区别。阵列命令产生的每一个对象都是独立的,而多重插入命令产生的块阵列是一个整体,用分解命令也不能将该整体块分解成单独的实体。

(2)如果原始块插入时设置了旋转,则整个阵列将围绕原始块的插入点旋转。

4.举例

图 10-14 原始图块“沙发”

对图 10-14 中所示的图块“沙发”执行图块的多重插入命令，指定旋转角度为 15°，结果如图 10-15 所示。

命令：MINSERT↙

输入块名或[?]〈沙发〉:↙

指定插入点或[比例(S)/X/Y/Z/旋转(R)/预览比例(PS)/PX/PY/PZ/预览旋转(PR)]:(选择插入点)

输入 X 比例因子，指定对角点，或[角点(C)/XYZ]〈1〉: ↙

输入 Y 比例因子或〈使用 X 比例因子〉:↙

指定旋转角度〈0〉: 15 ↙

输入行数（－－－）〈1〉: 4 ↙

输入列数（|||）〈1〉:6↙

输入行间距或指定单位单元（－－－）:80↙

指定列间距(|||):100↙

图 10-15 多重插入图块

10.6 图块的属性

图块的属性是图块的一个组成部分，它是图块的非图形信息，是特定的可包含在块定义中的文字对象。图块加上属性，可进一步增加图块的功能。在每次插入图块时，用户都可通过属性方便地为图块输入不同的文本。例如，用户可以把标题栏制成图块，把标题栏中制图者的姓名、日期、图号等信息定义为图块的属性，然后，每次插入标题栏时，都会提示用户输入新的制图者的姓名、日期、图号等信息。

1. 定义属性

1)输入命令的方法

单击“绘图→块→定义属性”菜单项，或在命令行键入 ATTDEF 并按回车键。

2)“属性定义”对话框

执行定义属性命令，弹出如图 10-16 所示的“属性定义”对话框，该对话框中主要选项的含义如下：

(1)“模式”选项区：该选项区用于设置属性为不可见、固定、验证或预置。

①“不可见”复选框：用于控制属性值是否可见。若选择了该复选框，则系统向当前图形中插入图块时将不显示属性值。

②“固定”复选框：用于控制属性值是否固定。若选择了该复选框，则系统向当前图形中插入图块时将赋予属性一个固定值。在以后插入图块时将不提示输入属性值，以后也无法进行属性编辑。

③“验证”复选框：用于控制属性的验证操作。若选择了该复选框，则系统向当前图形中插入图块时将提示输入两次属性值，以便在插入图块之前可以改变属性值，减少输入属性值的错误。

④“预置”复选框：用于控制属性值是否采用预先设置的值。若选择了该复选框，则系统向当前图形中插入图块时将赋予属性缺省值。预置属性和固定属性类似，在以后插入图块时将

不提示输入属性值，但是不同于固定属性，预置属性可以被属性编辑。

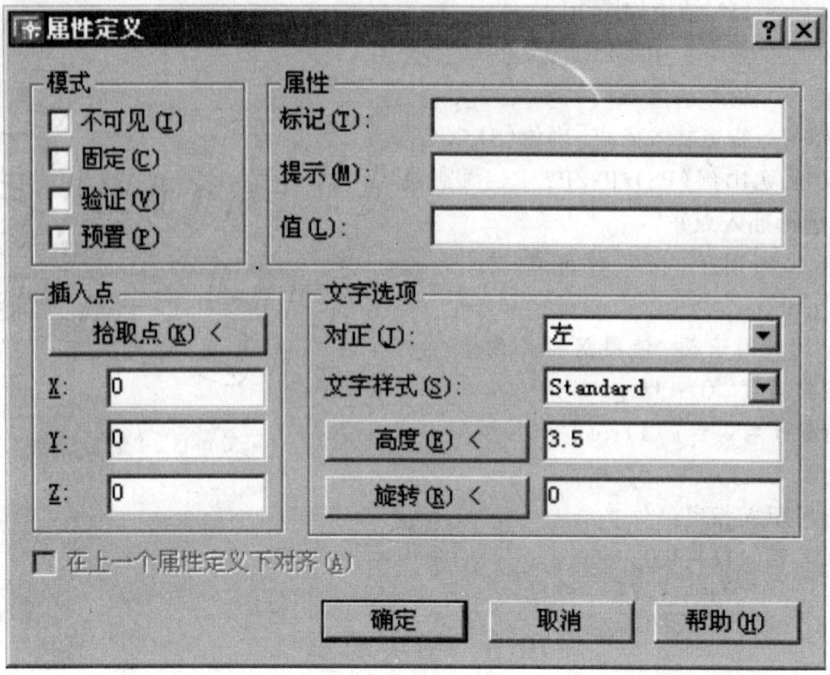

图 10-16 “属性定义”对话框

(2)“属性”选项区：该选项区用于设置属性标记、提示和缺省值。

①“标记”编辑框：必须在该编辑框内输入属性的标记，用于标识属性在图形中的每一次出现。

②“提示”编辑框：该编辑框用于输入属性的提示，即当插入含有该属性的图块时，系统在命令行中显示的提示。若该编辑框内不输入属性的提示，则当插入含有该属性的图块时，系统在命令行中以属性标记作为提示。

③“值”编辑框：该编辑框用于输入属性的缺省值。

(3)“插入点”选项区：该选项区用于定义属性的插入位置。

①“拾取点”按钮：单击该按钮，AutoCAD 将切换到绘图屏幕，要求点取某点作为属性的插入点。

②“X”、“Y”、“Z” 编辑框：该编辑框用于直接输入属性插入点的 X、Y、Z 坐标值。

(4)“文字选项”选项区：该选项区用于控制属性文字的对齐方式、文字样式、文字高度、旋转角度。

①“对正”下拉列表框：该下拉列表框用于选择文字的对齐方式。

②“文字样式”下拉列表框：该下拉列表框用于选择属性文字的文字样式。为了图面上的一致性，此处应该选择与尺寸标注一样的文字样式。

③“高度”按钮和编辑框：单击“高度”按钮在屏幕上指定属性文字的高度。也可在该编辑框内设定文字的高度。

④“旋转”按钮和编辑框：单击“旋转”按钮在屏幕上指定属性文字的旋转角度。也可在该编辑框内设定文字的旋转角度。

(5)“在上一个属性定义下对齐”复选框：选择了该复选框，则新定义的属性放在上一次定义的属性正下方,而不需要重新指定属性文字的插入点和文字选项。此选项只有在已经定义过属性后才能使用。

3)举例

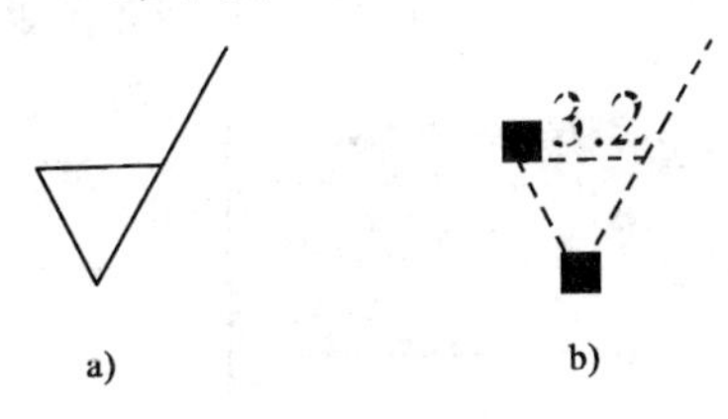

图 10-17 创建带属性的"粗糙度"图块

(1)通过属性定义给图 10-17a)中的图形上加上粗糙度值,创建成如图 10-17b)中带属性的"粗糙度"图块。

命令:ATTDEF↙

弹出"属性定义"对话框,在"标记"编辑框中输入 1.6,在"值"编辑框中输入 3.2,单击"拾取点"按钮,切换到绘图屏幕。

起点:(点取图中水平线左上方的一点)

回到"属性定义"对话框,在"文字样式"下拉列表框中选择"尺寸标注",在"对正"下拉列表框中选择"左",在"高度"编辑框中输入 3.5,单击"确定"按钮,完成属性定义。

命令: BLOCK↙

弹出"块定义"对话框,在"名称"下拉列表框中输入"粗糙度",单击"拾取点"按钮,切换到绘图屏幕。

指定插入基点:(对象捕捉最下方的端点)

回到"块定义"对话框,单击"选择对象"按钮,切换到绘图屏幕。

选择对象:(指定一角点)指定对角点:(指定一对角点,选择图中的对象)找到 4 个

选择对象:↙

回到"块定义"对话框,单击"确定"按钮即完成"粗糙度"图块的创建。

(2)在图 10-18 中插入"粗糙度"图块。

命令: - INSERT↙

输入块名或[?]:粗糙度↙

指定插入点或 [比例(S)/X/Y/Z/旋转(R)/预览比例(PS)/PX/PY/PZ/预览旋转(PR)]:(对象捕捉上轮廓线的某一最近点)

输入 X 比例因子,指定对角点,或[角点(C)/XYZ]〈1〉:↙

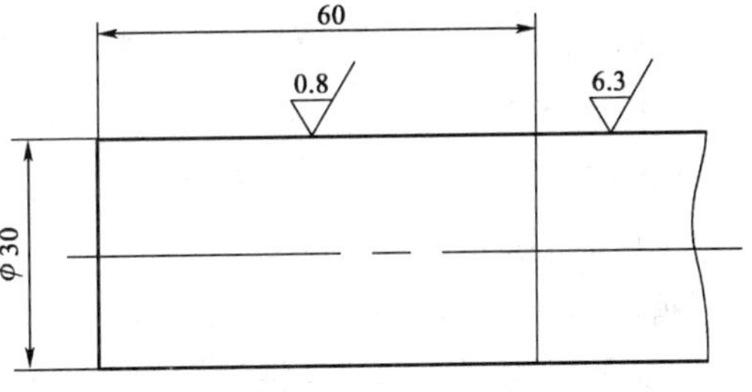

图 10-18 插入带属性的图块

输入 Y 比例因子或〈使用 X 比例因子〉↙

指定旋转角度〈0〉:↙

输入属性值

1.6 <3.2> :0.8↙

用同样的方法插入属性值为 6.3 的"粗糙度"图块。

2. 属性编辑

属性编辑可以通过"编辑属性"对话框、"增强属性编辑器"对话框和命令行方式来完成。

1)"编辑属性"对话框方式

(1)输入命令的方法

在命令行键入 ATTEDIT(ATE)并按回车键。

(2)命令提示及选项说明

输入 ATTEDIT 并按回车键后出现如下提示：

选择块参照：选择要修改属性的图块。

选择了要修改属性的图块后弹出如图 10-19 所示的“编辑属性”对话框。修改编辑框中的属性值，单击“确定”按钮

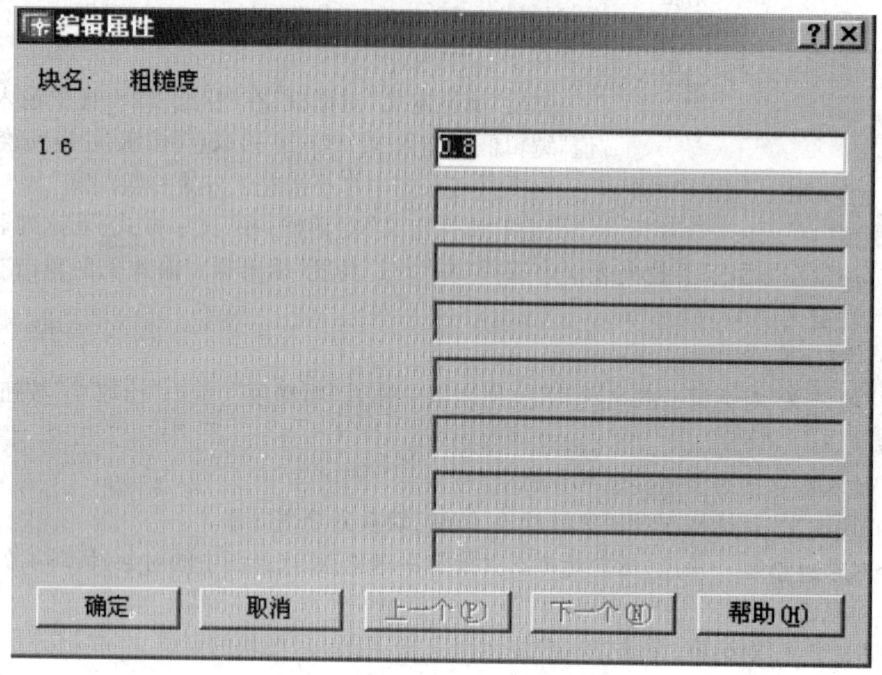

图 10-19 “编辑属性”对话框

2)“增强属性编辑器”对话框方式

(1)输入命令的方法

单击“修改 II”工具栏上 按钮，或单击“修改→对象→属性→单个”菜单项。

(2)命令提示及选项说明

单击属性编辑按钮后出现如下提示：

选择块：选择要修改属性的图块。

选择了要修改属性的图块后弹出如图 10-20 所示的“增强属性编辑器”对话框。对话框中主要选项的含义如下：

①“选择块”按钮：用于选择要编辑属性的图块。

②“属性”选项卡：该选项卡用于修改属性值。

③“文字选项”选项卡：该选项卡用于修改属性的文字特征，如文字样式、对齐、高度、旋转、反向、颠倒、宽度比例、倾斜角度等。

④“特性”选项卡：该选项卡用于修改属性的特征，如图层、线型、颜色、线宽等。

(3)举例

编辑图 10-21a)中的图块，将其属性值改为 6.4，文字样式由“宋体”改为尺寸标注，结果如图 10-21b)所示。

单击属性编辑按钮，出现如下提示：

选择块：(选择图中要修改属性的图块)

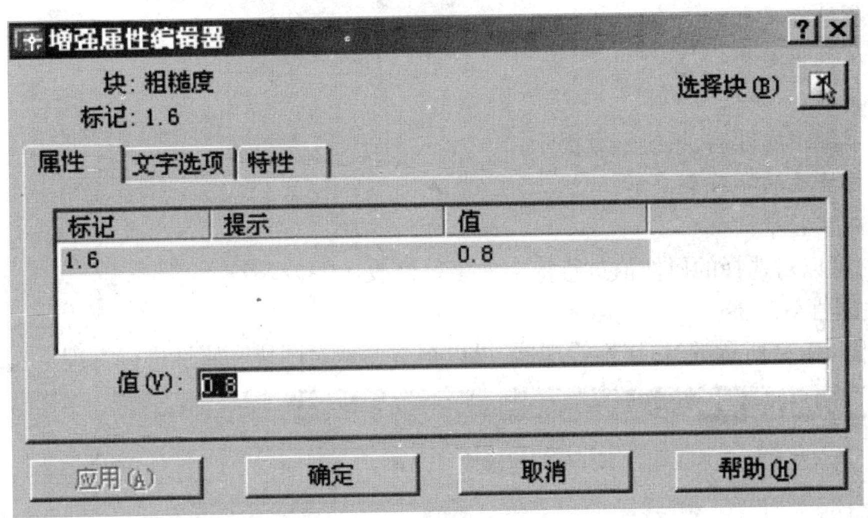

图 10-20 “增强属性编辑器”对话框

弹出“增强属性编辑器”对话框,选择“属性”选项卡,在“值”编辑框中输入 6.4,切换到“文字选项”选项卡,在“文字样式”下拉列表框中选择“尺寸标注”,单击“确定”按钮,完成属性编辑。

图 10-21 编辑属性

3)命令行方式

(1)输入命令的方法

单击“修改→对象→属性→全局”菜单项,或在命令行键入 – ATTEDIT(– ATE)并按回车键。

(2)命令提示及选项说明

输入 – ATTEDIT 并按回车键后出现如下提示:

是否一次编辑一个属性? [是(Y)/否(N)]〈Y〉:要求确定属性的编辑方式。

①是(Y):表示逐个编辑选择的属性。选择了该项后系统提示:

输入块名定义〈 * 〉:

输入属性标记定义〈 * 〉:

输入属性值定义〈 * 〉:

这些提示用于设置可编辑的属性范围。若选择“ * ”选项,则不限制属性所在的图块、属性标记、属性预设值。设置了可编辑的属性范围后系统提示:

选择属性:选择需要编辑的属性。选择完后系统提示:

输入选项[值(V)/位置(P)/高度(H)/角度(A)/样式(S)/图层(L)/颜色(C)/下一个(N)]〈下一个〉:确定需要修改的属性特性或切换到选择的下一个属性进行编辑。

②否(N):表示一次可编辑所有的属性的属性值。选择了该项后系统提示:

正在执行属性值的全局编辑。

是否仅编辑屏幕可见的属性? [是(Y)/否(N)]〈Y〉:

若选择“是”,则只编辑选择的可见的属性值;若选择“否”,则编辑所有的属性值。选择“是”后系统提示如下:

输入块名定义〈 * 〉:

输入属性标记定义〈＊〉：

输入属性值定义〈＊〉：

选择属性：

选择了编辑属性后，系统继续提示：

输入要修改的字符串：

输入新字符串：

这时，可以对选择的属性值进行统一的字符修改。

3．块属性管理器

通过图 10-22 所示的“块属性管理器”可以很方便地对图块和属性进行管理。

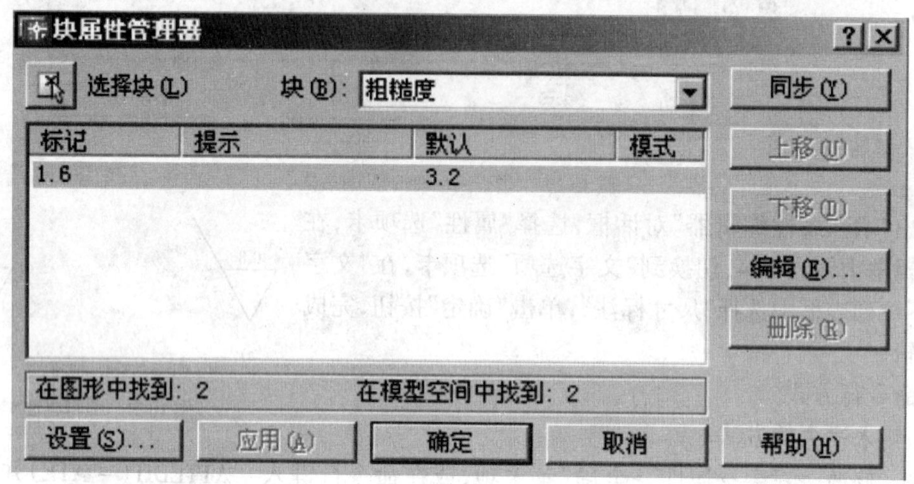

图 10-22 “块属性管理器”对话框

1)调出“块属性管理器”的方式

单击“修改 II”工具栏上 按钮，或单击“修改→对象→属性→块属性管理器”菜单项，或在命令行键入 BATTMAN 并按回车键。

2)“块属性管理器”对话框

该对话框中主要选项的含义如下：

(1)“选择块”按钮：单击该按钮，则系统切换至绘图屏幕并提示选择要编辑的图块。

(2)“块”下拉列表框：该下拉列表框中显示了当前图形中带有属性的所有图块的名称。可从其中选择一个要编辑的图块。

(3)“属性特性”列表框：列表显示所选图块的所有属性的特性。

(4)“同步”按钮：单击该按钮，图块和属性的变化将同步。

(5)“上移”、“下移”按钮：若所编辑的图块具有两个或两个以上的属性，可通过这两个按钮安排各个属性的插入提示优先次序。

(6)“编辑”按钮：单击该按钮将弹出如图 10-23 所示的“编辑属性”对话框。通过该对话框不但可以修改默认属性值，还可以修改除“固定”外的属性模式、标记和提示的数据等。

(7)“删除”按钮：单击该按钮将删除所选的属性。如果所编辑的图块只有一个属性，则该按钮灰显，即属性不能删除。只有所编辑的图块具有两个或两个以上属性时，该按钮才有效。

(8)“设置”按钮：单击该按钮将弹出如图 10-24 所示的“设置”对话框。该对话框中的设置确定“属性特性”列表框中显示的内容。

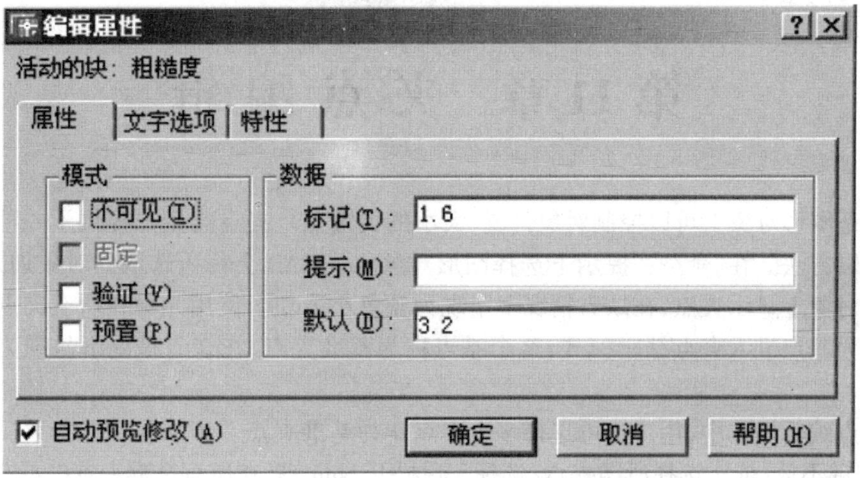

图 10-23 “编辑属性“对话框

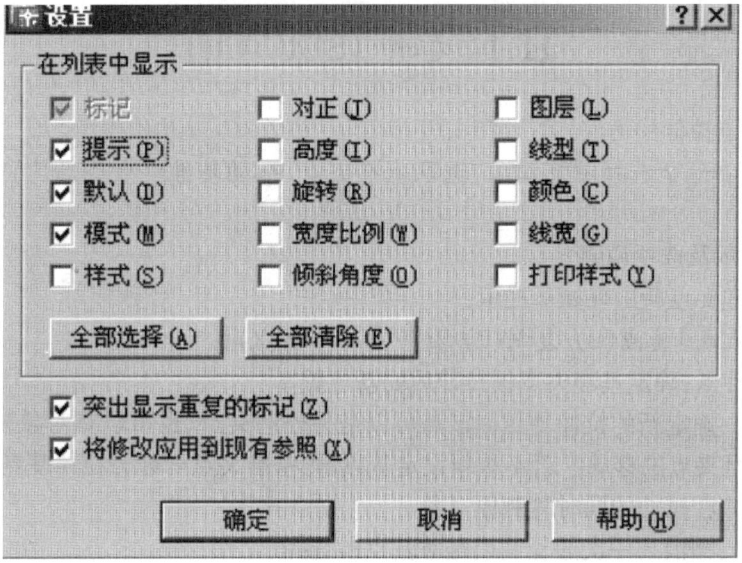

图 10-24 “设置”对话框

第11章　夹点编辑

夹点是图形对象上可以控制对象位置、大小的关键点。夹点为用户提供了一种灵活方便的图形编辑方法。在“命令:”提示下选择图形对象,AutoCAD会将所选取的对象加入选择集,并在图形对象上显示夹点,在缺省情况下呈现为蓝色小方块。使用光标在所有夹点中选择一个夹点作为基点进入夹点编辑模式,这个基点称为基准夹点,在缺省情况下呈现为红色小方块。

在夹点编辑操作中,用户也可选择多个夹点作为基准夹点。方法是在选择第一个夹点前按下Shift键不放,依次选择所需夹点,选择完后松开Shift键,在所有基准夹点中再选择一个即可进入夹点编辑模式。

11.1　拉伸(STRETCH)

1. 使用夹点拉伸的方法

在“命令:”提示下选择图形对象,选取基准夹点,拖动基准夹点到新位置并拾取该点即可。

2. 命令提示及选项说明

选择了基准夹点后出现如下提示:

指定拉伸点或[基点(B)/复制(C)/放弃(U)/退出(X)]:

①指定拉伸点:确定基准夹点被拉伸后的新位置。

②基点(B):确定新的拉伸基点。该点可以是另外的夹点,也可以是对象外的一点。基点的移动控制基准夹点的移动。若不重新设定基点,则基准夹点处即为拉伸基点。

③复制(C):在拉伸的同时复制原对象。

④放弃(U):撤消上一次的复制或是对基点的选择。

⑤退出(X):退出夹点编辑命令。

3. 说明

(1)有时,使用夹点拉伸对象会使对象移动而不是拉伸,这与所选的基准夹点有关。如果选中的夹点是直线的中点、圆的圆心、文字的插入点,都会导致对象的移动。

(2)用拉伸命令拉伸对象时,不能复制对象,而使用夹点拉伸对象则可以。

4. 举例

用夹点编辑将图11-1a)中矩形的角点A拉伸到B点,结果如图11-1b)所示。

命令:(选择矩形,再选取A点,A点变为红色小方块)

指定拉伸点或[基点(B)/复制(C)/放弃(U)/退出(X)]:(光标移动至B点并拾取B点)

命令:(按Esc键)

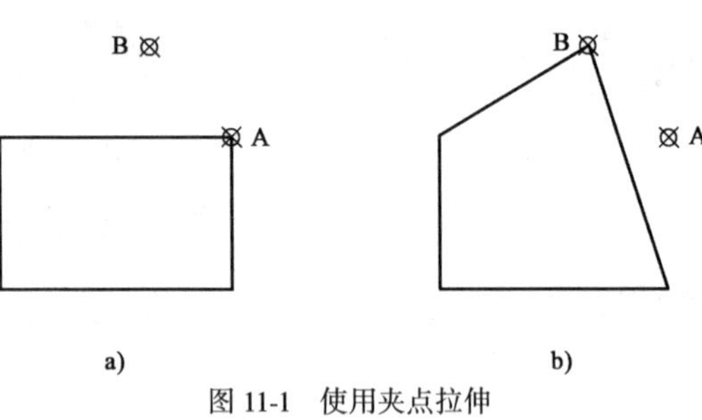

图11-1　使用夹点拉伸

11.2 缩放(SCALE)

1. 使用夹点缩放的方法

在“命令:”提示下选择图形对象,选取基准夹点,然后在命令行键入 SCALE(SC),或多次按回车键直到提示“指定比例因子”,或单击鼠标右键,选择夹点编辑快捷菜单中的“缩放”命令。

2. 命令提示及选项说明

夹点编辑模式下键入 SC 后出现如下提示:

指定比例因子或[基点(B)/复制(C)/放弃(U)/参照(R)/退出(X)]:

①指定比例因子:输入缩放比例因子。

②基点(B):确定新的比例缩放基点。该点可以是另外的夹点,也可以是对象外的一点。缩放后基点的位置不变。

③复制(C):在缩放的同时复制原对象。

④放弃(U):撤消上一次的复制或是对基点的选择。

⑤参照(R):使用输入的参照单位计算缩放比例。选择此项后,出现如下提示:

指定参照长度〈1.0000〉:输入参照长度。然后系统继续提示:

* * 比例缩放 * *

指定新长度或[基点(B)/复制(C)/放弃(U)/参照(R)/退出(X)]:

⑥退出(X):退出夹点编辑命令。

3. 说明

用缩放命令改变对象大小时,不能复制对象,而使用夹点缩放对象则可以。

4. 举例

用夹点编辑将图 11-2a)中的正八边形的边长放大 2 倍,结果如图 11-2b)所示。

命令:(选择八边形,再选取图中所示基点)

指定拉伸点或[基点(B)/复制(C)/放弃(U)/退出(X)]:SC↙

* * 比例缩放 * *

指定比例因子或[基点(B)/复制(C)/放弃(U)/参照(R)/退出(X)]: 2↙

命令:(按 Esc 键)

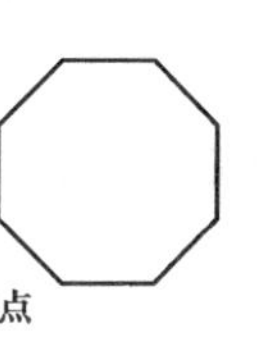

a)

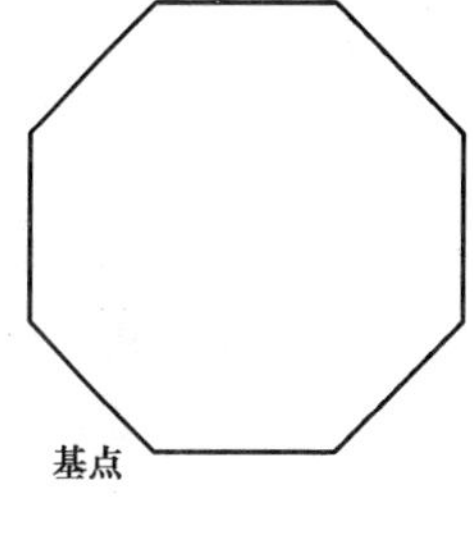

b)

图 11-2 使用夹点缩放

11.3 旋转(ROTATE)

1. 使用夹点旋转的方法

在“命令:”提示下选择图形对象,选取基准夹点,然后再在命令行键入 ROTATE(RO),或多次按回车键直到提示“指定旋转角度”,或单击鼠标右键,选择夹点编辑快捷菜单中的“旋转”命令。

2. 命令提示及选项说明

夹点编辑模式下键入 RO 后出现如下提示：

指定旋转角度或 [基点(B)/复制(C)/放弃(U)/参照(R)/退出(X)]：

①指定旋转角度:输入旋转角度。

②基点(B):确定新的旋转基点。该点可以是另外的夹点,也可以是对象外的一点。对象旋转时以基点为旋转中心。若不重新设定基点,则基准夹点处即为旋转中心。

③复制(C):在旋转的同时复制原对象。

④放弃(U):撤消上一次的复制或是对基点的选择。

⑤参照(R):指定参照角旋转对象。选择此项后,出现如下提示：

指定参照角 〈0〉：输入参照对象当前的绝对角度,然后系统继续提示：

＊＊ 旋转 ＊＊

指定新角度或[基点(B)/复制(C)/放弃(U)/参照(R)/退出(X)]：输入参照对象旋转后的绝对角度。

⑥退出(X):退出夹点编辑命令。

3. 说明

用旋转命令旋转对象时,不能复制对象,而使用夹点旋转对象则可以。

4. 举例

用夹点编辑将图 11-3 所示的直线 AB 以 A 点为基点旋转 60°,并保留直线 AB。

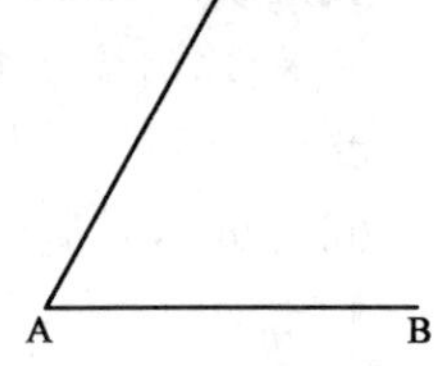

图 11-3　使用夹点旋转

命令:(选择直线,再选取夹点 A)

指定拉伸点或[基点(B)/复制(C)/放弃(U)/退出(X)]:RO↙

＊＊旋转＊＊

指定旋转角度或 [基点(B)/复制(C)/放弃(U)/参照(R)/退出(X)]：C↙

＊＊ 旋转(多重)＊＊

指定旋转角度或 [基点(B)/复制(C)/放弃(U)/参照(R)/退出(X)]：60↙

＊＊ 旋转(多重)＊＊

指定旋转角度或 [基点(B)/复制(C)/放弃(U)/参照(R)/退出(X)]：↙

命令:(按 Esc 键)

11.4　镜像复制（MIRROR）

1. 使用夹点镜像复制的方法

在“命令:”提示下选择图形对象,选取基准夹点,然后在命令行键入 MIRROR(MI),或多次按回车键直到提示“指定第二点”,或单击鼠标右键,选择夹点编辑快捷菜单中的“镜像”命令。

2. 命令提示及选项说明

夹点编辑模式下键入 MI 后出现如下提示：

指定第二点或 [基点(B)/复制(C)/放弃(U)/退出(X)]：

①指定第二点:在图中拾取对称轴的第二点。此时默认的对称轴的第一点为基准夹点处。

②基点(B):重新指定两点来确定对称轴。

③复制(C):在镜像复制的同时保留原对象。

④放弃(U):撤消上一次的复制或是对基点的选择。

⑤退出(X):退出夹点编辑命令。

3. 举例

用夹点编辑将图 11-4a)中的三角形以直线 AB 为对称轴镜像复制,并保留原三角形,结果如图 11-4b)所示。

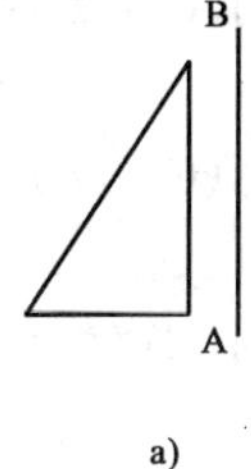

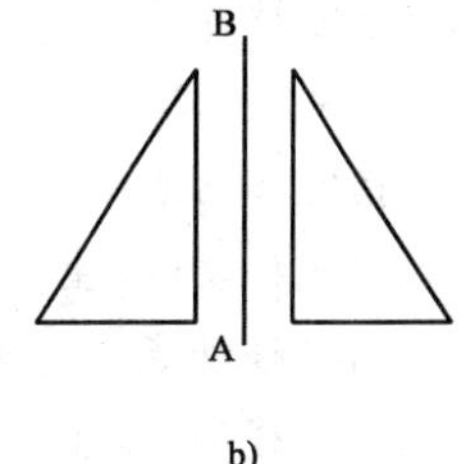

图 11-4 使用夹点镜像复制

命令:(选择三角形,再任取一夹点)

指定拉伸点或 [基点(B)/复制(C)/放弃(U)/退出(X)]:MI↙

＊＊ 镜像 ＊＊

指定第二点或[基点(B)/复制(C)/放弃(U)/退出(X)]: C↙

＊＊ 镜像 (多重) ＊＊

指定第二点或 [基点(B)/复制(C)/放弃(U)/退出(X)]: B↙

指定基点:(捕捉 A 点)

＊＊ 镜像 (多重) ＊＊

指定帝二点或 [基点(B)/复制(C)/放弃(U)/退出(X)]: (捕捉 B 点)

＊＊ 镜像 (多重) ＊＊

指定第二点或 [基点(B)/复制(C)/放弃(U)/退出(X)]: ↙

命令:(按 Esc 键)

11.5 移动 (MOVE)

1. 使用夹点移动的方法

在"命令:"提示下选择图形对象,选取基准夹点,然后在命令行键入 MOVE(MO),或多次按回车键直到提示"指定移动点",或单击鼠标右键,选择夹点编辑快捷菜单中的"移动"命令。

2. 命令提示及选项说明

夹点编辑模式下键入 MO 后出现如下提示:

指定移动点或 [基点(B)/复制(C)/放弃(U)/退出(X)]

①指定移动点:指定基准夹点的新位置。

②基点(B):确定新的移动基点。该点可以是另外的夹点,也可以是对象外的一点。若不重新设定基点,则基准夹点处即为移动基点。

③复制(C):在移动的同时复制原对象。

④放弃(U):撤消上一次的复制或是对基点的选择。

⑤退出(X):退出夹点编辑命令。

3. 说明

(1)对于有些对象,只需要选中其移动夹点,如直线的中间夹点、圆和椭圆的圆心夹点、块的插入点等,则所选对象会和光标一起移动到目标点,按下鼠标左键即可实现移动。

(2)用移动命令移动对象时,不能复制对象,而使用夹点移动对象则可以。

4. 举例

如图 11-5 所示,用夹点编辑,以 A 点为基点,移动正六边形到 B 点,并保留原正六边形。

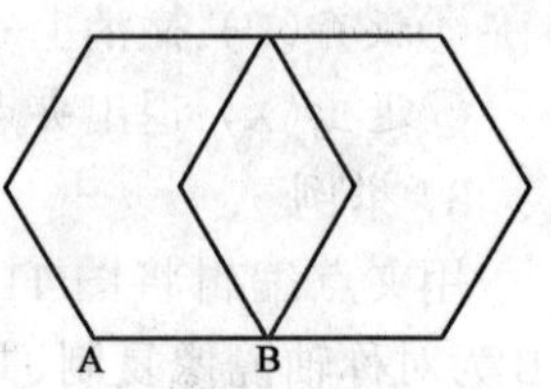

图 11-5　使用夹点移动

命令:(选择六边形,再选取 A 点)

指定拉伸点或[基点(B)/复制(C)/放弃(U)/退出(X)]:MO↙

＊＊移动＊＊

指定移动点或[基点(B)/复制(C)/放弃(U)/退出(X)]: C↙

＊＊移动(多重)＊＊

指定移动点或[基点(B)/复制(C)/放弃(U)/退出(X)]:(捕捉 B 点)

＊＊移动(多重)＊＊

指定移动点或[基点(B)/复制(C)/放弃(U)/退出(X)]: ↙

命令:(按 Esc 键)

第 12 章　设计中心的使用

AutoCAD 设计中心为用户提供了一个直观、高效的工具。利用设计中心，用户不仅可以浏览、查找、管理和利用自己的设计，还可以借鉴别人的设计思想和设计图形。

12.1　设计中心窗口

单击“标准”工具栏上 按钮，或单击“工具→设计中心”菜单项，或按下“Ctrl + 2”组合键，弹出设计中心窗口，如图 12-1 所示。

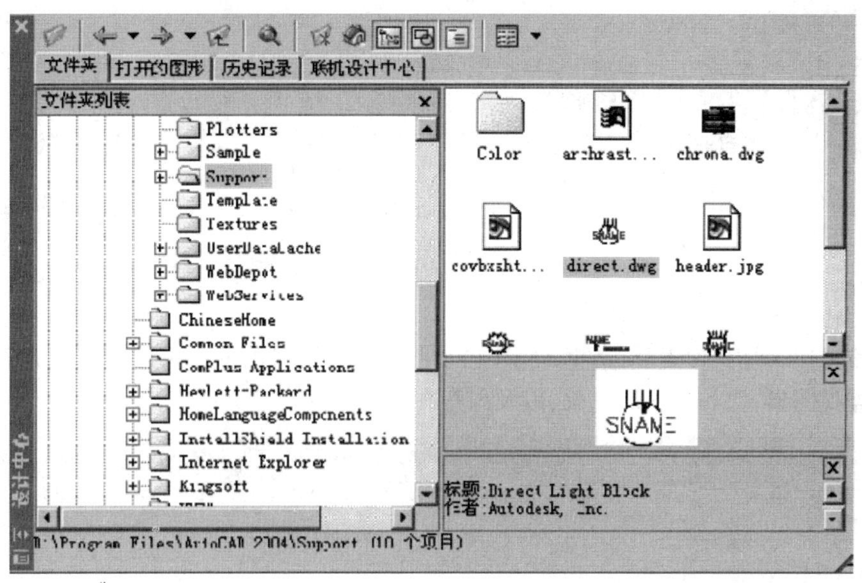

图 12-1　设计中心窗口

设计中心窗口的左边为树状视图，右边为内容区域。用户可以在树状图中游览内容的源，而在内容区域显示内容。

在设计中心窗口中包含了一组工具按钮和四个选项卡，下面分别对它们进行说明。

1. “加载”按钮

单击该按钮，弹出”加载”对话框，如图 12-2 所示。使用”加载”对话框浏览本地和网络驱动器或 Web 上的文件，然后选择内容加载到内容区域。

2. “上一页”按钮

单击该按钮，返回到历史记录列表中上一次的位置。

3. “下一页”按钮

单击该按钮，返回到历史记录列表中下一次的位置。

4. “上一级”按钮

单击该按钮，显示当前容器的上一级容器的内容。

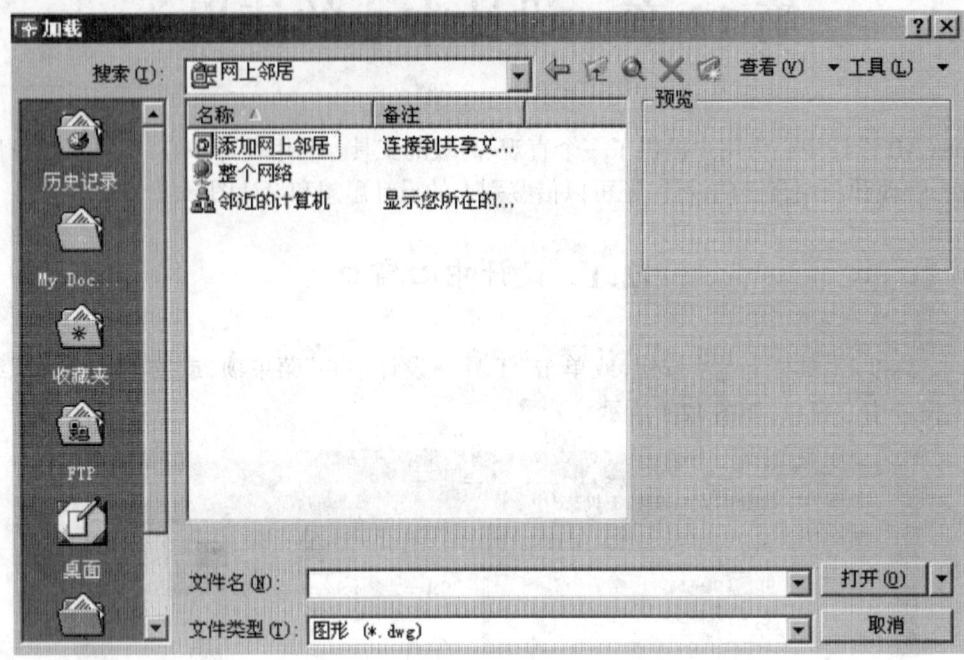

图 12-2 "加载"对话框

5."搜索"按钮

单击该按钮，弹出"搜索"对话框，如图 12-3 所示。在该对话框中可以指定搜索条件，以便在图形中查找图形、块和非图形对象，以及保存在桌面上的自定义内容。

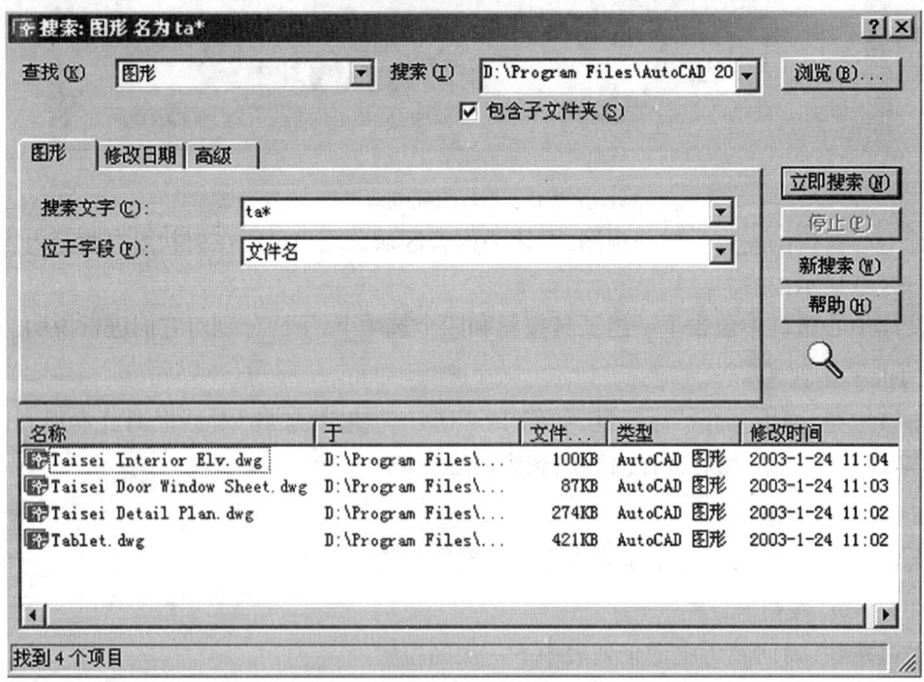

图 12-3 "搜索"对话框

6.“收藏夹”按钮

单击该按钮,在内容区域中显示“收藏夹”文件夹的内容。“收藏夹”文件夹包含经常访问项目的快捷键。要为“收藏夹”添加项目,可以在内容区域或树状图中的项目上单击右键,然后单击“添加到收藏夹”。要删除“收藏夹”中的项目,可以使用快捷菜单中的”组织收藏夹”选项,删除”收藏夹”中的项目后,再使用快捷菜单中的“刷新”选项。

7.“主页”按钮

单击该按钮,将设计中心窗口返回到默认文件夹,即内容区域显示该默认文件夹所包括的内容,这时设计中心窗口显示的内容就为主页。可以使用树状图中的快捷菜单更改默认文件夹。安装时,默认文件夹被设置为 ...\Sample\DesignCenter。

8.“树状图切换”按钮

单击该按钮,显示或隐藏树状图。如果绘图区域需要更多的空间,请隐藏树状图。树状图隐藏后,可以使用内容区域浏览容器并加载内容。

9.“预览”按钮

单击该按钮,可以打开或关闭内容区域中的预览窗格。打开预览窗格后,单击选项板(即显示图形文件的内容窗口)中的图形文件,如果该图形文件包含预览图像,则在预览窗格中显示该图像。如果选中的图形不包含预览图像,则预览窗格为空白。可以通过拖动鼠标的方式改变预览窗格的大小。

10.“说明”按钮

单击该按钮,可以打开或关闭内容区域中的说明窗格。打开说明窗格后,单击选项板中的图形文件,如果该图形文件包含文字描述信息,则在说明窗格中显示该文字描述信息。如果选中的图形没有文字描述信息,则说明窗格为空白。可以通过拖动鼠标的方式改变说明窗格的大小。

11.“视图”按钮

单击该按钮,弹出快捷菜单,用于设置选项板所显示内容的显示格式,可以使窗口中的内容分别以大图标、小图标、列表、详细信息等格式显示。

12.“文件夹”选项卡

该选项卡显示设计中心的资源,用户可以将设计中心的内容设置为本计算机的桌面或是本地计算机的资源信息,也可以是网上邻居的信息,如图 12-1 所示。

13.“打开的图形”选项卡

该选项卡显示在当前 AutoCAD 环境中打开的所有图形,包括其中最小化了的图形。此时单击某个文件图标,就可以显示该图形的有关设置,如标注样式、布局、块、图层、外部参照、文字样式、线型等,如图 12-4 所示。

14.“历史记录”选项卡

该选项卡显示用户最近访问过的文件,包括这些文件的完整路径,如图 12-5 所示。

15.“联机设计中心”选项卡

图 12-6 所示为设计中心“联机设计中心”选项卡,通过该选项卡访问联机设计中心网页,访问预先绘制的内容,可以在一般的设计应用程序中使用这些内容,以帮助用户创建图形。默认情况下,联机设计中心处于关闭状态。如用户希望访问联机设计中心,要与网络管理员或

CAD 管理员联系。CAD 管理员控制实用程序，可以打开或关闭设计中心中的“联机设计中心”选项卡。

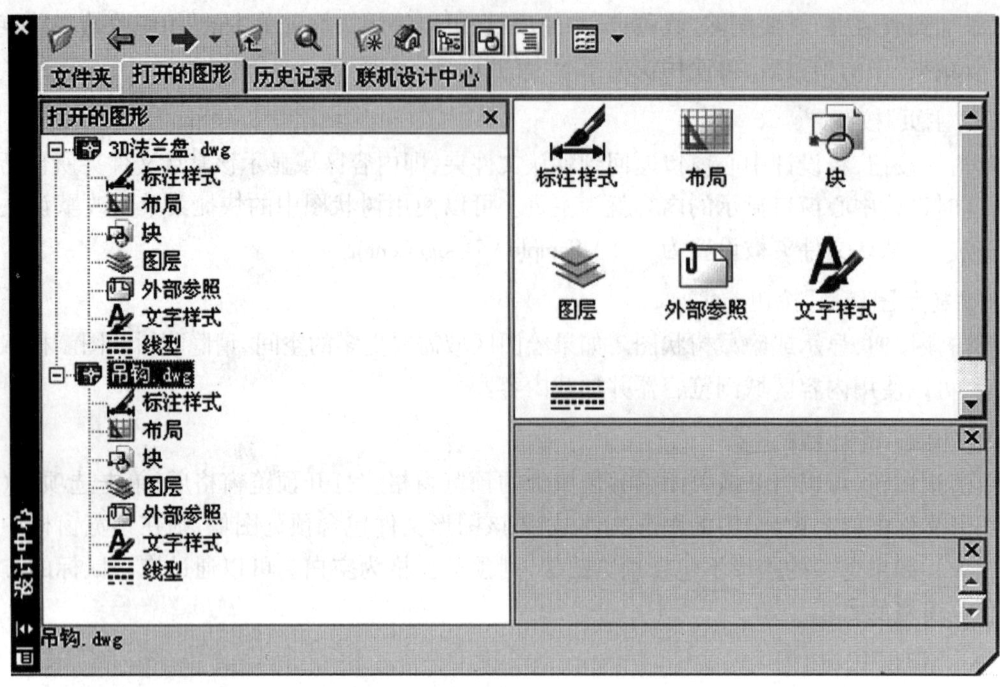

图 12-4　设计中心“打开的图形”选项卡

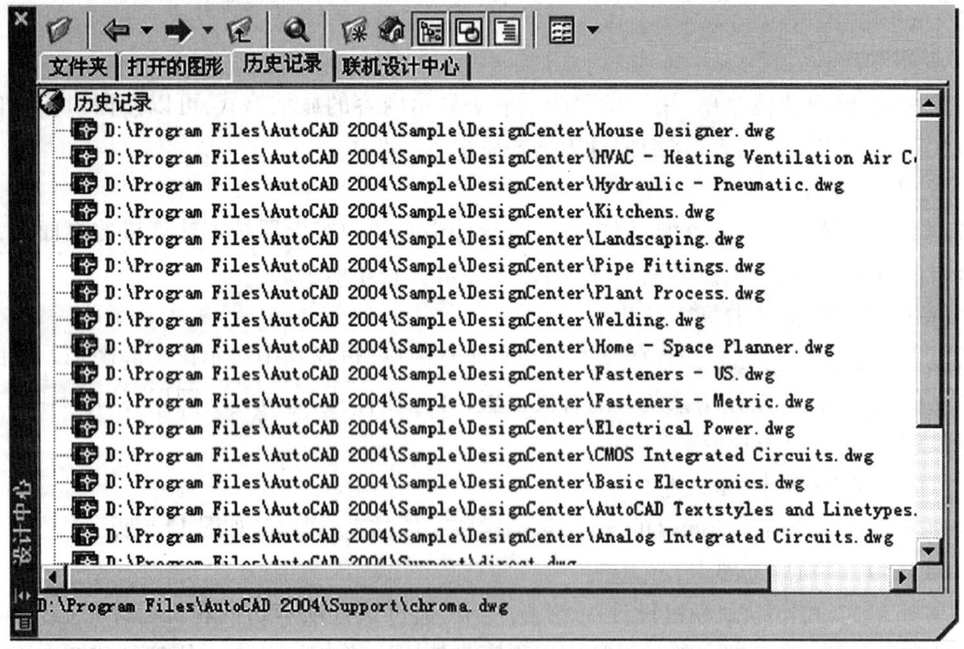

图 12-5　设计中心“历史记录”选项卡

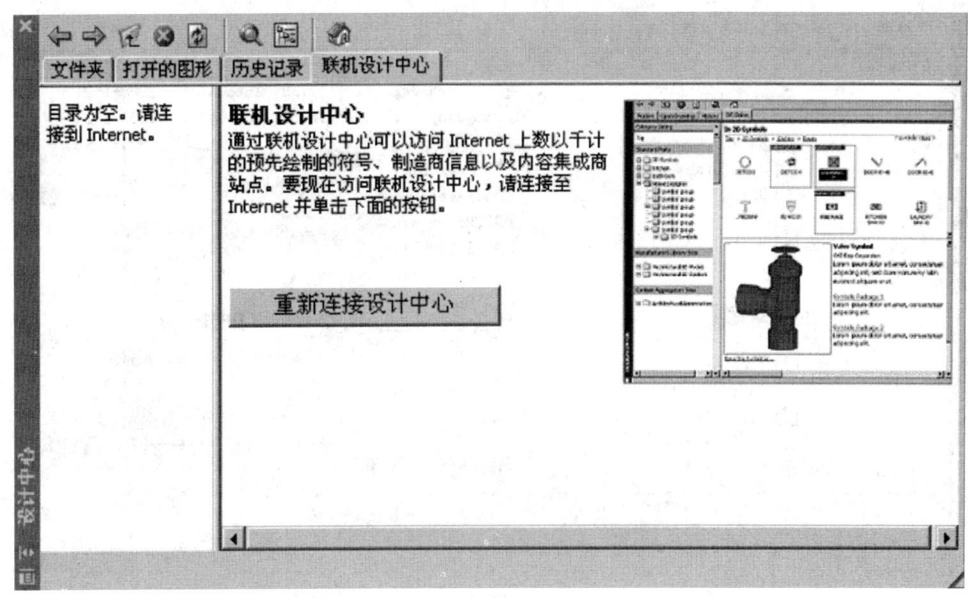

图 12-6　设计中心的"联机设计中心"选项卡

12.2　设计中心功能简介

使用设计中心可以打开图形文件;可以将源图形中的任何内容拖动到当前图形中;还可以将图形、块和填充拖动到工具选项板上。源图形可以位于用户的计算机上、网络位置或网站上。如果打开了多个图形,则可以在图形之间复制和粘贴如图层定义、布局和文字样式等内容,这样大大简化了绘图过程。

1. 使用设计中心打开图形文件

用户可以通过设计中心打开一个图形文件,具体有两种方法。

(1)在设计中心的选项板中,将光标移到需打开的文件图标上,单击鼠标右键弹出快捷菜单,如图 12-7 所示,在快捷菜单中选择"在应用程序窗口中打开"选项,即打开该图形文件。

(2)在设计中心的选项板中,拖动某图形文件的图标放置到 AutoCAD 绘图窗口,松开鼠标后,按系统提示操作即可将该图形文件插入至绘图窗口。

2. 插入图块

AutoCAD 设计中心提供了两种插入块到图形中的方法。

(1)在设计中心的选项板中,拖动某块文件的图标放置到 AutoCAD 绘图窗口,松开鼠标后,按系统提示操作即可将该块插入至绘图窗口。

(2)在设计中心的选项板中,将光标移到需插入的块文件图标上,单击鼠标右键弹出快捷菜单,如图 12-7 所示,在快捷菜单中选择"插入为块"选项,打开"插入"对话框,如图 12-8 所示。将对话框各选项进行设置,单击"确定"按钮,则被选择的块将插入到 AutoCAD 绘图窗口。

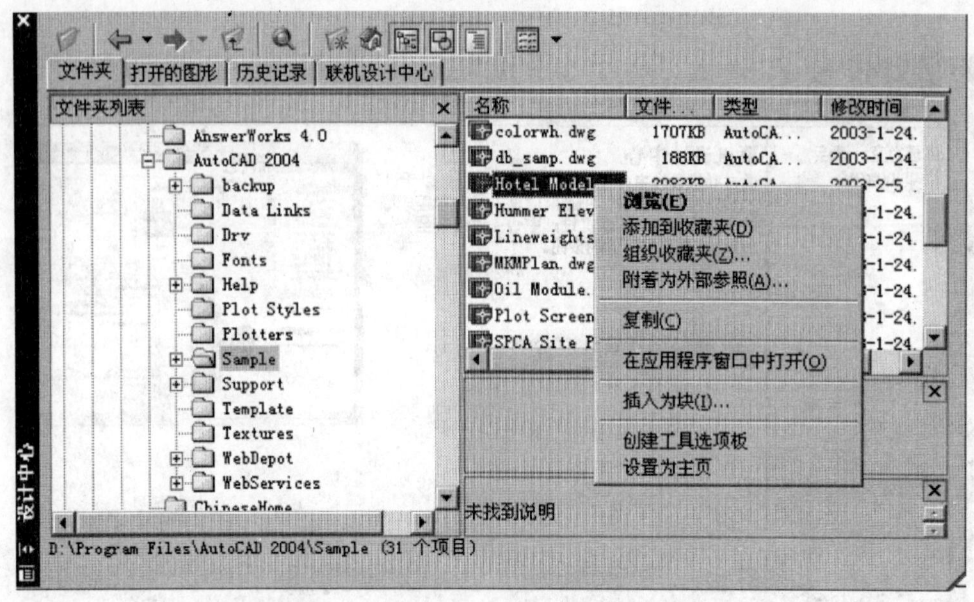

图 12-7　选项板上单击图形文件弹出的快捷菜单

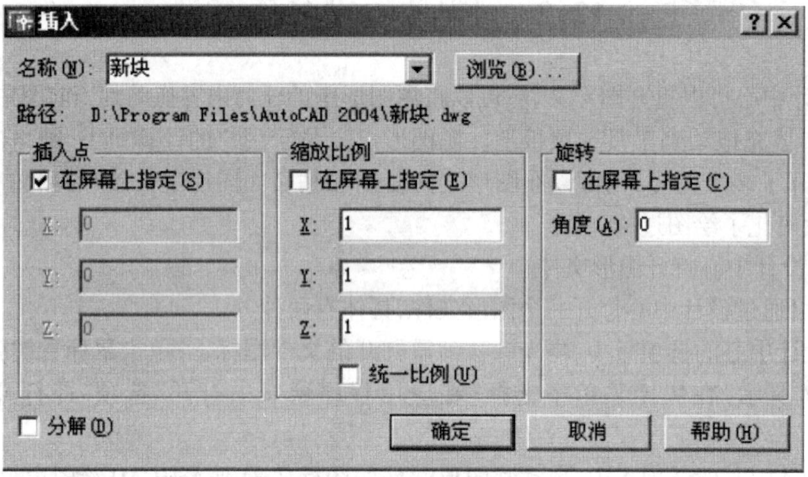

图 12-8　“插入”对话框

3. 附着光栅图像

利用设计中心,用户可将光栅图像附加到 AutoCAD 绘图窗口。附着光栅图像也有两种方法,与插入图块的方法相似。在设计中心的选项板中,将光标移到需插入的光栅图像文件图标上,单击鼠标右键,弹出的快捷菜单如图 12-9 所示,从中选择“附着图像”选项后,打开的“图像”对话框如图 12-10 所示。

4. 在图形之间复制块

利用设计中心可以在图形之间复制块。在设计中心的选项板中,将光标移到需要复制的块文件图标上,单击鼠标右键弹出快捷菜单,如图 12-7 所示,从中选择“复制”选项,然后激活

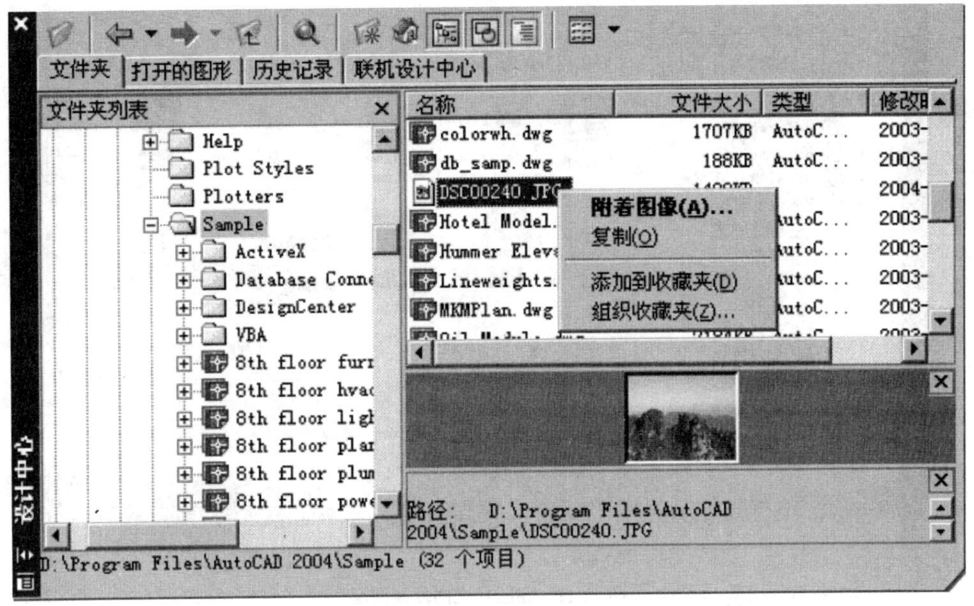

图 12-9 选项板上单击光栅图像文件弹出的快捷菜单

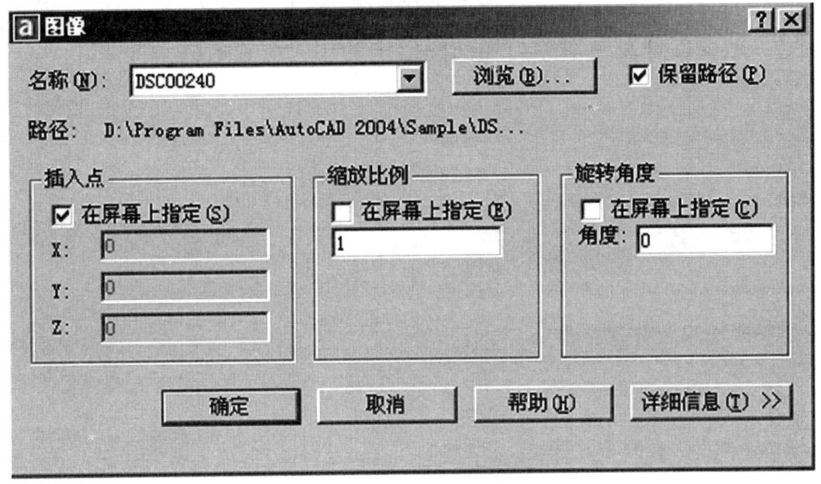

图 12-10 “图像”对话框

绘图窗口，单击“编辑→粘贴”菜单项，或按“Ctrl + V”组合键，即完成复制块。

5．在图形之间复制图层

利用设计中心可以从任何图形中将图层复制到另一个图形当中。有两种方法可以在图形之间复制图层。

(1)展开要复制图层的图形文件，并在树状视图中选中“图层”，如图 12-11 所示。在选项板上选择一个或多个用户想要复制的图层(按住 Ctrl 键可选择多个图层)，将要复制的图层拖动到打开的图形当中，即完成图层的复制。

(2)展开要复制图层的图形文件，并在树状视图中选中“图层”，在选项板上选择一个或多个用户想要复制的图层，用鼠标右键单击要复制的图层，从弹出的快捷菜单中选择“复制”，选项如图 12-11 所示。确认要粘贴到的图形处于当前激活状态，在绘图窗口单击鼠标右键，从弹出的快捷菜单中选择“粘贴”选项，或按“Ctrl + V”组合键，就将要复制的图层粘贴到当前

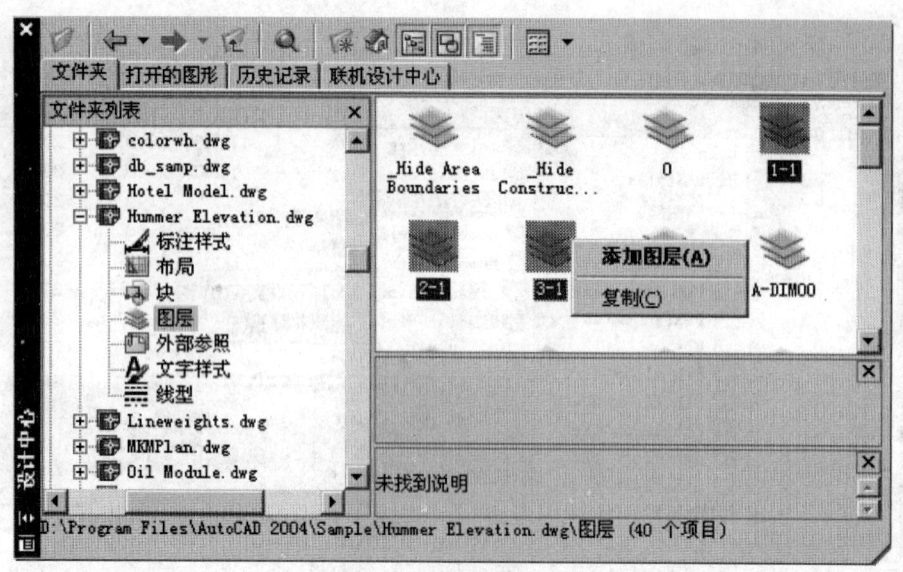

图 12-11 在图形之间复制图层

图形中。

与复制图层的操作类似,可以将其他图形中的线型、标注样式、文字样式、布局等内容添加到当前图形中,一般要保证复制对象与当前图形中的相应对象名称不冲突。

第 13 章　绘图布局与打印输出

在完成图形的绘制后，最后的步骤是将图形打印出来。用户可以针对不同的绘图机或打印机、不同的纸张大小或比例以及其他要求，分别设置不同的打印布局。打印时可根据需要选择相应的布局。

13.1　基本概念

首先介绍“模型”选项卡和“布局”选项卡、模型空间和图纸空间的概念，掌握这些基本概念，对创建布局是十分重要的。

1. “模型”选项卡和“布局”选项卡

在绘图窗口的底部有一排选项卡，单击它们可在“模型”选项卡和各个“布局”选项卡之间切换。

在“模型”选项卡中用户只能在模型空间工作。用户可在模型空间中创建物体的几何模型，并根据需要完成二维或三维物体的造型，完成大部分的绘图工作。虽然在模型空间中可以创建多个不重叠的（平铺）视口以展示图形的不同视图，但用户只能选择打印其中一个视口中的图形。

在“布局”选项卡中用户可以在图纸空间或模型空间工作。“布局”选项卡模拟一张图纸并提供预置的打印设置。在“布局”选项卡中，用户可以创建和定位视口对象并增添标题块或者其他几何对象来设置打印版面，“布局”选项卡中图纸范围内的所有内容就是打印结果的内容。用户可以针对不同的绘图机或打印机、不同的纸张大小或比例，分别设置不同的“布局”选项卡，并自己定义“布局”选项卡的名称。

2. 模型空间和图纸空间

AutoCAD 用户界面状态栏中的“模型/图纸”按钮用于切换模型空间和图纸空间。在“布局”选项卡中用户可以在图纸空间或模型空间工作。在“模型”选项卡中用户只能在模型空间工作。

模型空间是一个三维环境，为用户提供一个广阔无限的绘图空间。模型空间是用户完成绘图和设计的工作空间，以创建物体的几何模型，并根据需要完成二维或三维物体的造型，同时配有必要的尺寸标注和注释等。在模型空间中能对创建物体的几何模型进行编辑。在模型空间中可以创建多个不重叠的（平铺）视口，在某视口的操作会对几何模型产生影响。

图纸空间是一个二维环境，用于设置图纸的布局，以及在打印版面中添加边框、注释、标题等内容。在图纸空间中，用户考虑的是图形在整张图纸中如何布局，并要进行页面设置。在图纸空间中，不能对创建物体的几何模型进行编辑，每一个视口都是一个对象，它相当于一个插入的块，对视口的操作不会对几何模型产生影响。在图纸空间中绘制或插入对象不会进入模型空间，除非与模型空间中的对象相关联。

13.2　创建布局

在 AutoCAD 2004 中，用户可以用多种方法创建布局。

1. 新建布局

单击“插入→布局→新建布局”菜单项，输入新布局名后回车；或用右键单击某“布局”选项卡，弹出快捷菜单，选中“新建布局”选项；或从键盘输入 LAYOUT 命令，在命令提示项中选择“新建(N)”选项，再输入新布局名后回车，就完成了新建布局。

用以上三种方法新建布局，仅新建了“布局”选项卡，还需单击新建的“布局”选项卡，弹出“页面设置”对话框，再进行设置，才能真正完成布局。如单击新建的“布局”选项卡，未能弹出“页面设置”对话框，可单击“文件→页面设置”菜单项。关于页面设置将在后面讲到。

2. 用 LAYOUT 命令以模板方式创建新布局

LAYOUT 命令用于创建新布局和管理布局。

1)输入命令的方法

在命令行键入 LAYOUT 并按回车键。

2)命令提示及选项说明

输入 LAYOUT 命令后出现如下提示：

输入布局选项[复制(C)/删除(D)/新建(N)/样板(T)/重命名(R)/另存为(SA)/设置(S)/?]〈设置〉：

提示行中各个选项的含义如下：

(1)复制(C)：该选项用于从已有的一个布局中复制出新的布局。需要用户依次输入要复制的布局名和复制后的布局名。

(2)删除(D)：该选项用于删除一个已有的布局。

(3)新建(N)：用于新建布局。

(4)样板(T)：该选项的功能与“布局”子菜单中“来自样板的布局”选项和“布局”工具条中“来自样板的布局”按钮的功能相同，都是根据样板文件(.dwt)或者图形文件(.dwg)中已有的布局来创建新的布局，指定的样板文件或者图形文件中的布局(包括其图纸空间中的图形)将插入到当前图形中。

(5)重命名(R)：该选项用于重命名一个布局。用户要依次输入欲重命名的布局名和新布局名。布局的名称最多可以有 255 个字符，不区分大小写，但是只有前 32 个字符显示在绘图区下方的选项卡名称中。

(6)另存为(SA)：该选项用于保存布局到样板。选择该选项后，用户依次输入要保存到样板的布局名和保存的文件名。

(7)设置(S)：该选项用于设置当前布局。选择该选项后，用户输入要成为当前布局的布局名称即可。

(8)?：该选项用于显示当前图形中所有的布局。

3. 用 LAYOUTWIZARD 命令以向导方式创建新布局

LAYOUTWIZARD 命令通过布局向导创建新的布局。由布局向导创建的新的布局将作为前面所讲的新建布局的基础。

1)输入命令的方法

单击“插入→布局→布局向导”菜单项，或在命令行键入 LAYOUTWIZARD 并按回车键。

2)以向导方式创建新布局的步骤

(1)输入命令后，弹出“创建布局-开始”对话框，如图 13-1 所示。输入新创建布局的名称后，单击“下一步”按钮，弹出“创建布局-打印机”对话框，如图 13-2 所示。

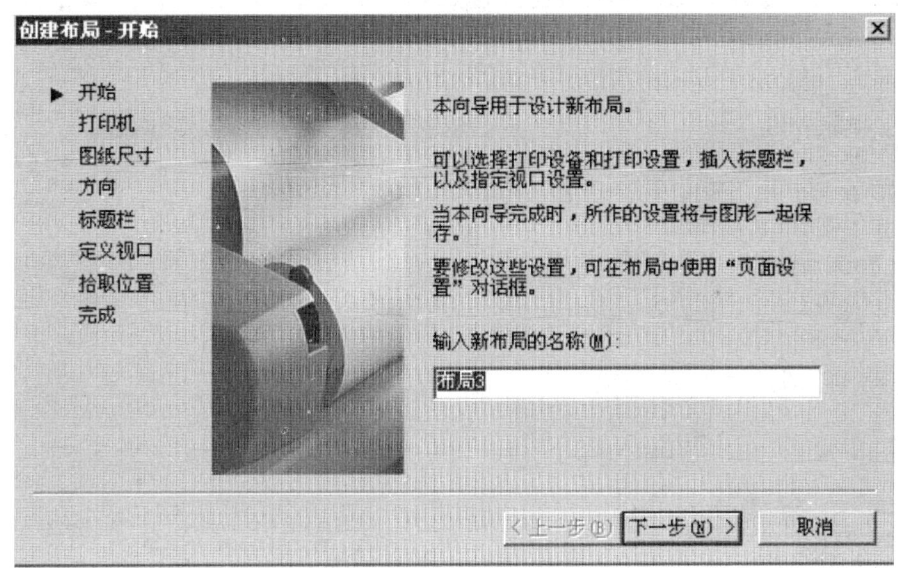

图 13-1 “创建布局-开始”对话框

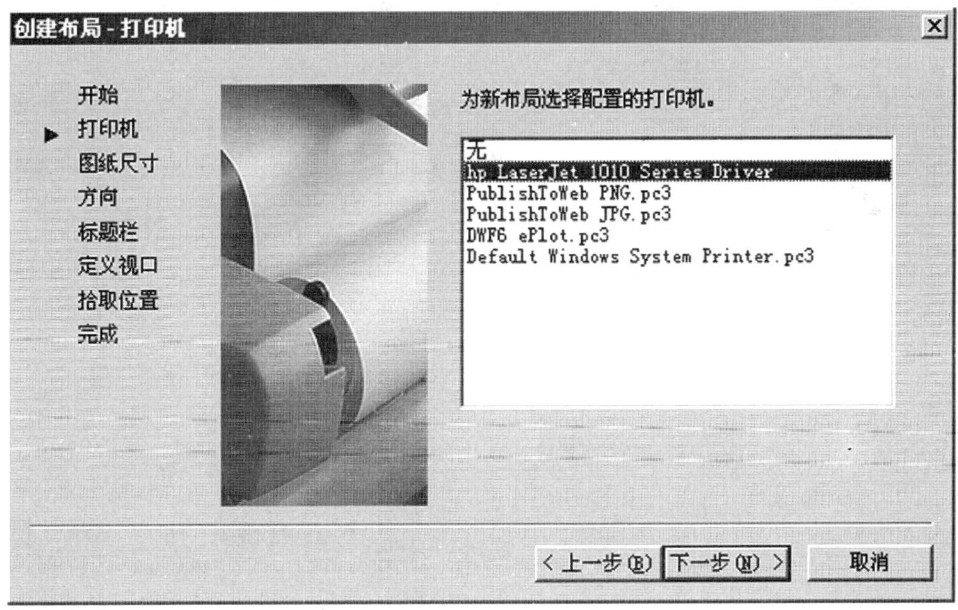

图 13-2 “创建布局-打印机”对话框

(2)选择打印机后，单击“下一步”按钮，弹出“创建布局-图纸尺寸”对话框，如图 13-3 所示。从下拉列表中选择图纸的大小，将“图形单位”设置为毫米，单击“下一步”按钮，弹出“创建布局-方向”对话框，如图 13-4 所示。

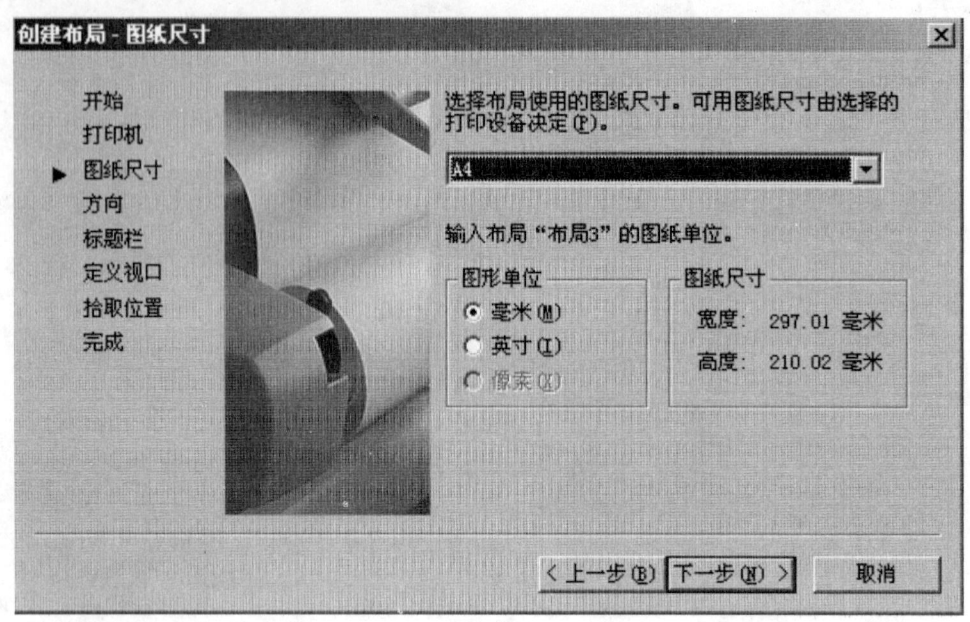

图 13-3 “创建布局-图纸尺寸”对话框

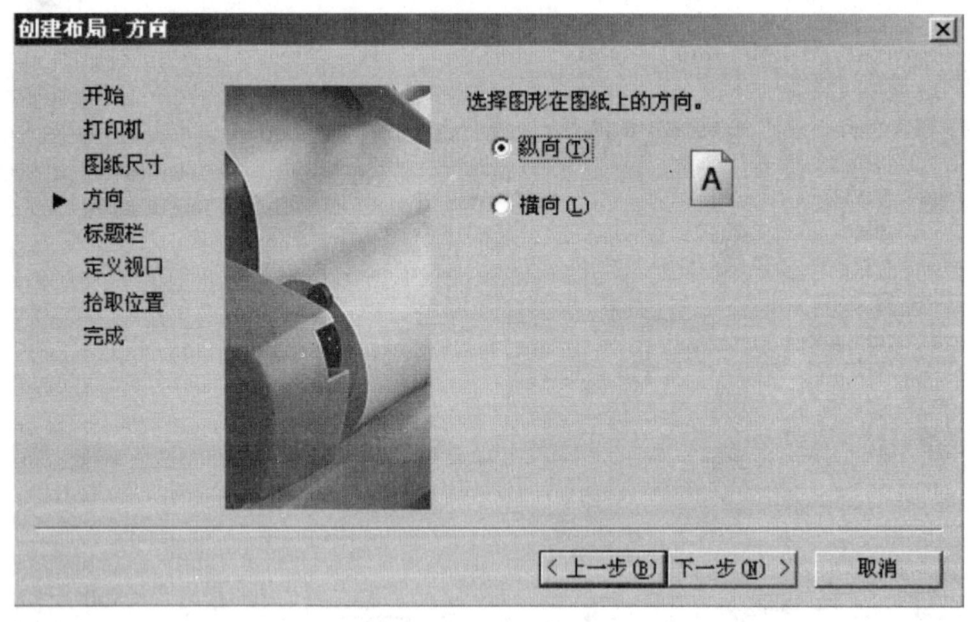

图 13-4 “创建布局-方向”对话框

(3)选择对应单选框将其设置为横向或纵向。单击“下一步”按钮,弹出“创建布局-标题栏”对话框,如图 13-5 所示。从列表中选择图纸边框和标题栏的样式,在“类型”选项区中设置所选择的标题栏文件是作为块还是作为外部参照插入到当前图形中,单击“下一步”按钮,弹出“创建布局-定义视口”对话框,如图 13-6 所示。

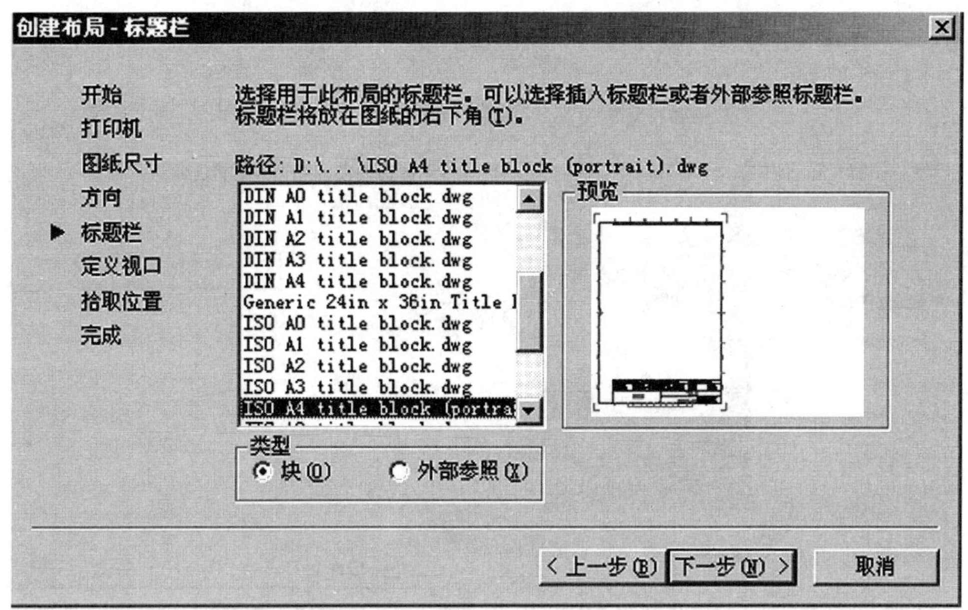

图 13-5 “创建布局-标题栏”对话框

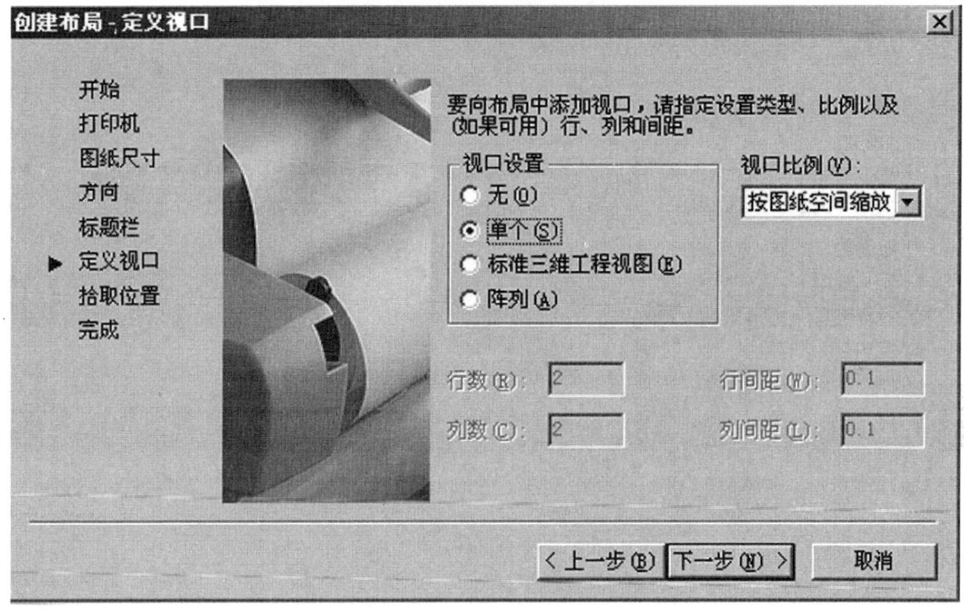

图 13-6 “创建布局-定义视口”对话框

(4)设置新创建的布局默认视口,包括视口设置、视口比例等。如果选择了“标准三维工程视图”视口,则还需要设置行间距和列间距;如果选择了“阵列”视口,则还需要设置视口的行数和列数。“视口比例”可以从下拉列表中选择。完成设置后单击“下一步”按钮,弹出“创建布局-拾取位置”对话框,如图 13-7 所示。

(5)单击“选择位置”按钮,AutoCAD 切换到绘图窗口,需要用户在图形窗口中指定视口的大小和位置。定义好视口后,返回到“创建布局-完成”对话框,如图 13-8 所示,单击“完成”按钮,完成布局的创建。

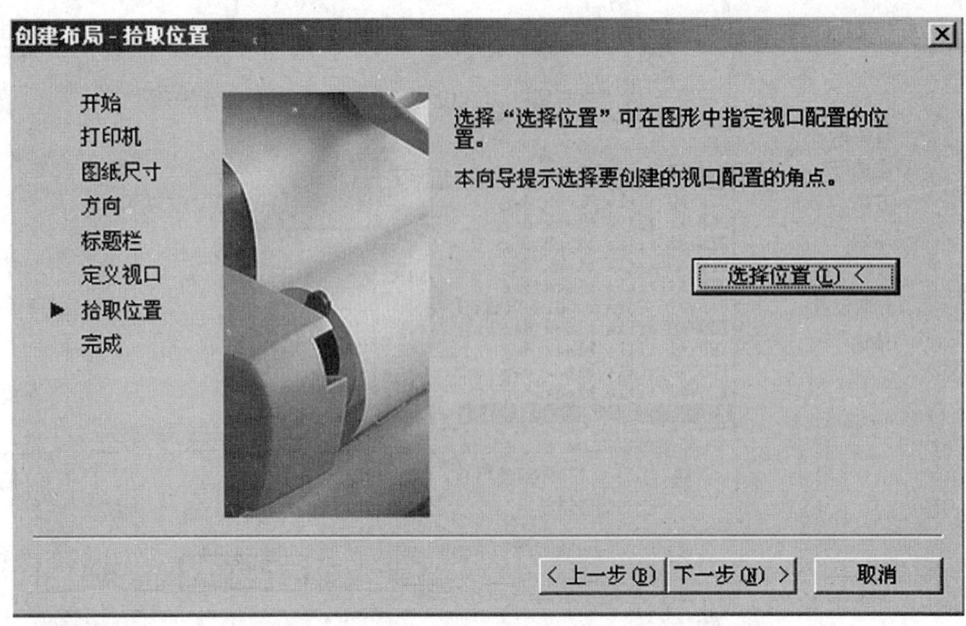

图 13-7 “创建布局-拾取位置”对话框

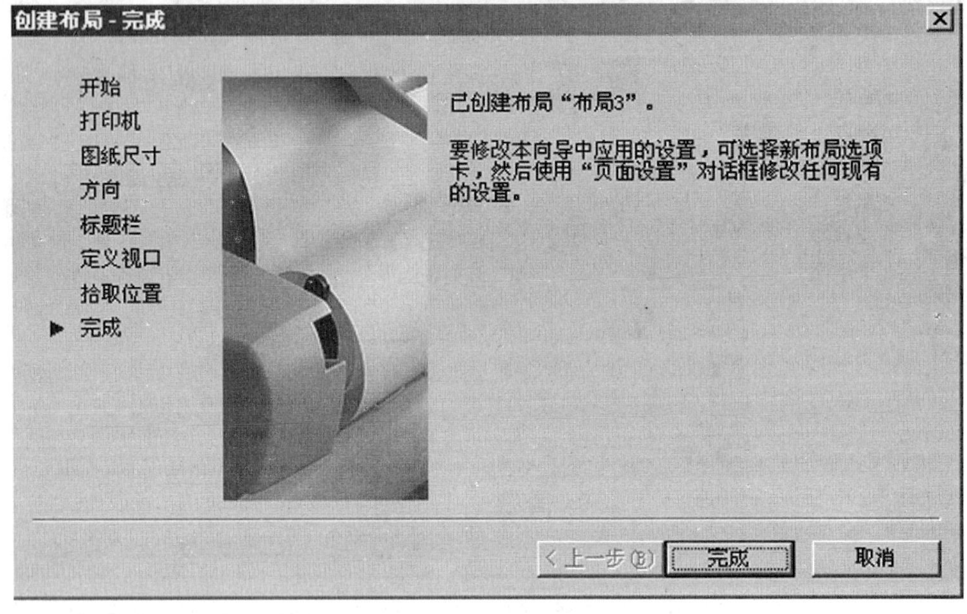

图 13-8 “创建布局-完成”对话框

13.3 布局的页面设置

当绘图窗口处于“布局”选项卡时，单击“文件→页面设置”菜单项，或在命令行键入 PAGE-SETUP 并按回车键，将弹出“页面设置-布局”对话框，其中“打印设备”选项卡如图 13-9 所示，“布局设置”选项卡如图 13-10 所示。在缺省条件下，单击未进行布局设置的布局选项卡时，也将弹出“页面设置-布局”对话框，可设置有关选项。

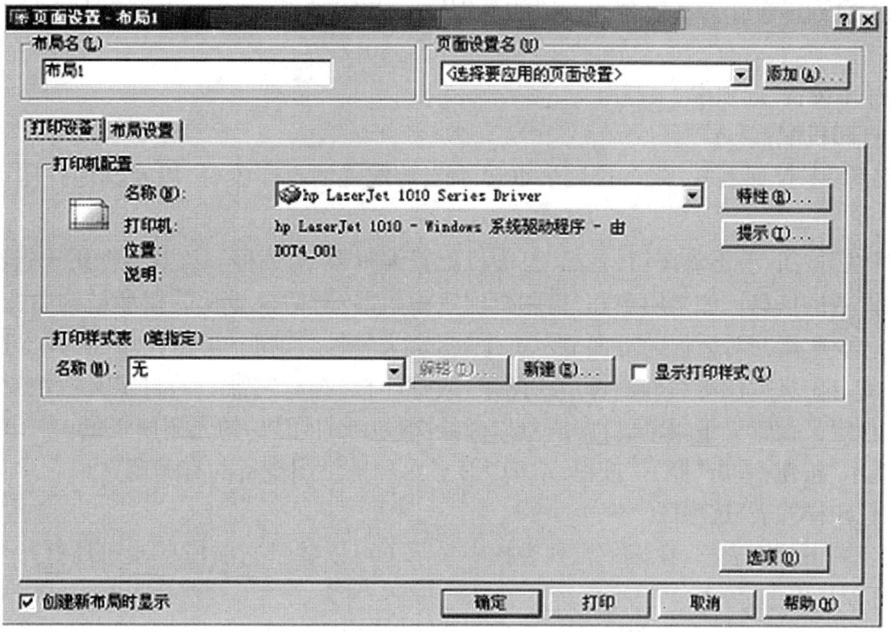

图 13-9 “页面设置-布局”对话框之“打印设备”选项卡

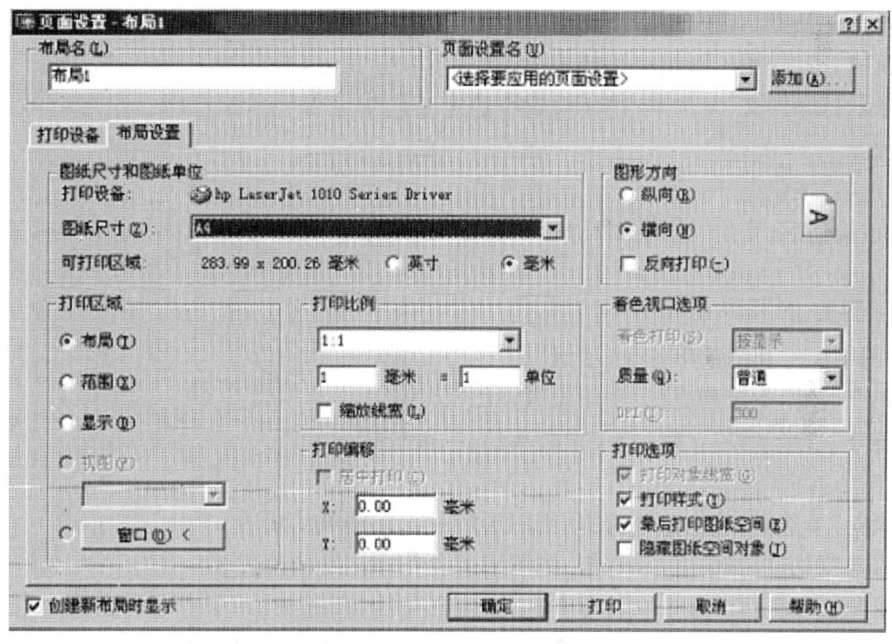

图 13-10 “页面设置-布局”对话框之“布局设置”选项卡

该对话框中各选项的含义如下：

1.“布局名”编辑框

该编辑框显示当前布局的名称，用户可以在此编辑框中输入新的名称进行布局名的重命名。如果在“模型”选项卡中调用 PAGESETUP 命令，布局名为“模型”，这时不能改变布局名。

2.“页面设置名”下拉列表框

该下拉列表框显示了当前图形已命名和已保存的页面设置名称，用户可以从下拉列表框中选择一个页面设置作为当前页面设置的基础。右边的“添加”按钮可用于增加一个新的页面设置。

3.“打印设备”选项卡

(1)“打印机配置”选项区

①“名称”下拉列表框:该下拉列表框显示当前配置的打印设备,以及其他打印设备供选择。

②“特性”按钮:单击该按钮,弹出“打印机配置编辑器”对话框。该对话框用于查看和修改当前绘图设备的信息。如果用户在“打印机配置编辑器”对话框显示的树型结构中选择了“自定义特性”选项,则在对话框的下面显示一个“自定义特性”按钮。单击该按钮,弹出选择绘图设备对应的自定义特性对话框。每个绘图仪(或打印机)都有它惟一的自定义特性对话框,通过它可以自定义设置矢量颜色、打印质量以及绘图仪(或打印机)的光栅修正量。

③“提示”按钮:单击“提示”按钮,AutoCAD 显示当前绘图设备的有关信息。

(2)“打印样式表”选项区

①“名称”下拉列表框:在该下拉列表框中显示了可以赋予当前模型或布局打印样式的名称,用户可以从中选择。

②“编辑”按钮:用于编辑包含在打印样式表中的打印样式定义。先在“名称”下拉列表框中选择要编辑的打印样式名,单击“编辑”按钮,弹出“打印样式表编辑器”对话框,对打印样式进行编辑。

③“新建”按钮:用于新建打印样式表。

④“显示打印样式”复选框:用于设置在选定布局中是否显示和打印已指定给对象的打印样式的特性。

(3)“选项”按钮

单击该按钮后,弹出“选项”对话框的“打印”选项卡。用户可以查看和修改当前的打印设置。

4.“布局设置”选项卡

(1)“图纸尺寸和图纸单位”选项区

①“图纸尺寸”下拉列表框:用于设置图纸尺寸。

②“英寸”、“毫米”单选框:用于设置单位,一般选择毫米。

(2)“图形方向”选项区

①“纵向”单选框:选中该单选框,则图形的顶部在图纸的短边。

②“横向”单选框:选中该单选框,则图形的顶部在图纸的长边。

③“反向打印”复选框:选中该复选框,则图形颠倒打印。

通过以上 3 个选项的组合,可以实现 0°、90°、180°和 270°方向的打印。

(3)“打印区域”选项区

①“布局/界限”单选框:如果是对布局进行页面设置时,该选项为“布局”,若选中了此单选框,将打印指定的图纸尺寸界线内的所有图形;如果是在“模型”选项卡中进行页面设置时,该选项为“界限”,若选中了此单选框,将打印图形界限内的所有图形。

②“范围”单选框:当图形界限以外有对象时,该单选框亮显。如选中了该单选框,则打印包含所有图形对象的部分。在打印前,AutoCAD 将重新计算打印的范围生成图形。

③“显示”单选框:如选中了该单选框,则打印“模型”选项卡当前视口中的视图或“布局”选

项卡上当前图纸空间视图中的视图。

④"视图"单选框：如选中了该单选框，则打印以前用 VIEW 命令保存的视图。可以从下拉列表框中选择提供的命名视图。如果图形中没有已保存的视图，则该选项不亮显，即不可用。

⑤"窗口"单选框：如选中了该单选框，单击"窗口"按钮，则用户可以通过指定一个矩形区域的两个对角点或输入坐标值来确定一个打印区域。

(4)"打印比例"选项区

①"打印比例"下拉列表框：该下拉列表框用于设置图形单位对于打印单位的相对尺寸。打印布局时，默认缩放比例设置为 1:1；打印"模型"选项卡时的默认设置为"按图纸空间缩放"。如果选择标准比例，比例值将显示在"自定义"编辑中。值得注意的是，如果在"打印区域"指定"布局"选项，则 AutoCAD 将按布局的实际尺寸打印而忽略在"比例"中指定的设置。

②"自定义"编辑框：该编辑框用于设置用户自定义的比例。用户可以指定打印时 1 毫米（1 英寸）等于多少图形单位。

③"缩放线宽"复选框：如选中了该复选框，则与打印比例成正比缩放线宽。通常，线宽用于指定打印对象的线的宽度，并按线宽尺寸打印，而不必选中该复选框。

(5)"打印偏移"选项区

该选项区用于指定打印区域相对于图纸左下角的偏移量。在布局中，指定的打印区域的左下角在图纸边界的左下角点。

①"居中打印"复选框：如选中了该复选框，则 AutoCAD 将自动计算 X、Y 偏移值，以使图形打印在图纸的中央。

②"X"编辑框：用于编辑 X 偏移值，即打印原点在 X 方向的偏移量。

③"Y"编辑框：用于编辑 Y 偏移值，即打印原点在 Y 方向的偏移量。

(6)"着色视口选项"选项区

该选项区用于指定着色和渲染视口的打印方式，并确定它们的分辨率大小和每英寸的点数（dpi）。这里不再细述。

(7)"打印选项"选项区

①"打印对象线宽"复选框：该复选框用于设置是否打印指定给对象和图层的线宽。

②"打印样式"复选框：该复选框用于设置是否应用打印样式打印。当用户选择该选项时，将自动选择"打印对象线宽"。

③"最后打印图纸空间"复选框：如选中该复选框，则先打印模型空间几何图形，最后打印图纸空间几何图形。通常先打印图纸空间几何图形，然后再打印模型空间几何图形。

④"隐藏图纸空间对象"复选框：该复选框用于设置是否在图纸空间视口中的对象上应用"隐藏"操作。此选项仅在布局选项卡上可用。此设置的效果反映在打印预览中，而不反映在布局中。

5．"创建新布局时显示"复选框

该复选框用于设置在每次创建一个新的布局时是否显示"页面设置"对话框。

当绘图窗口处于"布局"选项卡时，页面设置可以通过单击"文件→页面设置"菜单项后，在"页面设置-布局"对话框中进行设置，也可以通过单击"文件→打印"菜单项后，在"打印"对话框中进行设置。它们的区别在于：在"页面设置-布局"对话框中进行设置保存，则反映在布局中；而在"打印"对话框中进行设置，仅对该次打印有效，除非选择了"将修改保存到布局"。

13.4 打印样式

从 AutoCAD 2000 开始,设置了打印样式,它能够按层或按照对象分配打印信息给所有的图形对象,从而可以修改所打印图形的外观。

1. 打印样式表的类型

打印样式表有两种类型:颜色相关类型打印样式表和命名类型打印样式表。它们有各自的文件格式,颜色相关的打印样式表文件以 CTB 作为文件类型,而命名的打印样式表文件以 STB 作为文件类型,它们都保存在 AutoCAD 2004 安装目录下的 Plot Style 文件夹中。

单击"文件→打印样式管理器"菜单项,即可弹出"Plot Style"文件夹窗口,如图 13-11 所示。

图 13-11 "Plot Style"文件夹窗口

每次启动 AutoCAD,只能使用一种类型的打印样式表。如果要改用另一种类型的打印样式表,必须在"选项"对话框"打印"选项卡中的"新图形的缺省打印样式"选项区中,选中"使用命名打印样式"单选框或者"使用颜色相关打印样式"单选框,如图 13-12 所示。

1)颜色相关类型打印样式表

在该表中存储了 255 种颜色的列表,这基于 ACI(Auto CAD Color Index)。每种颜色都分配了打印特性,以确定彩色图形如何打印,如图 13-13 所示。同时,在该图中,"增加样式"按钮和"删除样式"按钮是灰显的,不可选择,这表明在一个颜色相关打印样式表中,打印样式是不能添加、删除或重命名的。

2)命名类型打印样式表

在命名类型打印样式表中,包含一个名为"普通"的打印样式表,用户可以在打印样式编辑器中添加新样式,如图 13-14 所示。在命名类型打印样式表中每种样式都有名称,每种样式都具有打印属性,它们可以分配给图层和图形对象。

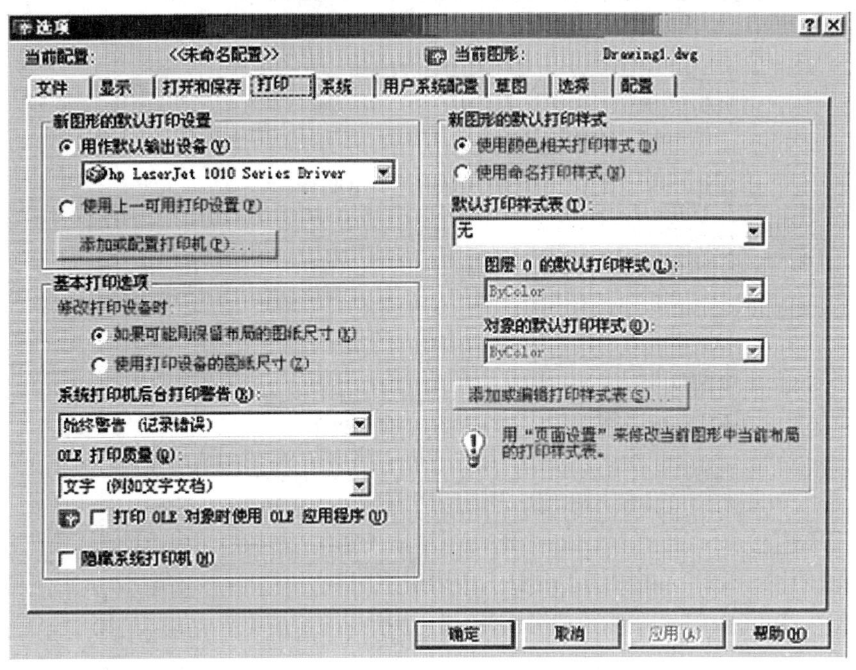

图 13-12 “选项”对话框之“打印”选项卡

图 13-13 颜色相关类型“打印样式表编辑器”

2. 打印样式表的添加和删除

用户根据需要添加(创建)新的打印样式表,添加新打印样式表的步骤如下:

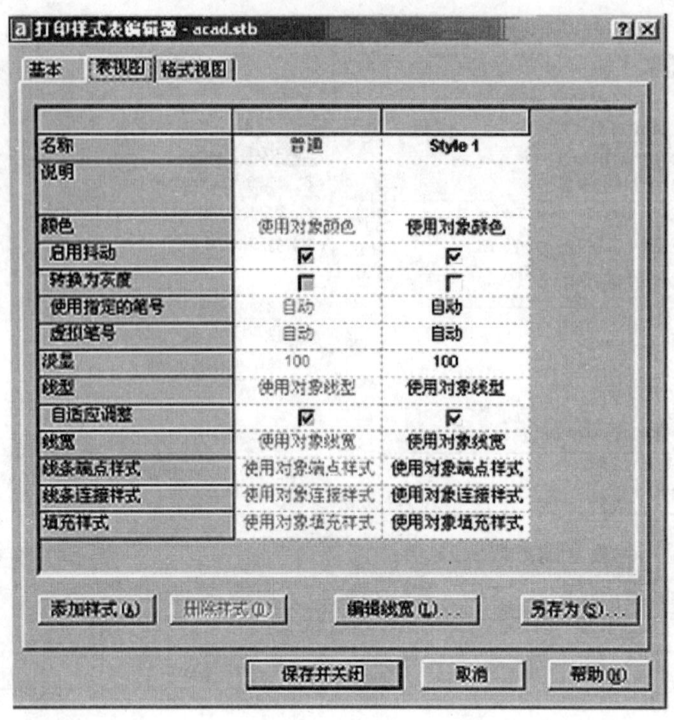

图 13-14　命名类型“打印样式表编辑器”

(1)单击“文件→打印样式管理器”菜单项,弹出“Plot Styles”文件夹窗口,如图 13-11 所示。

(2)双击“Plot Styles”文件夹窗口中的“添加打印样式表向导”图标,或单击“工具→向导→添加打印样式表”菜单项,弹出“添加打印样式表”对话框,单击“下一步”按钮,弹出“添加打印样式表-开始” 对话框,如图 13-15 所示。

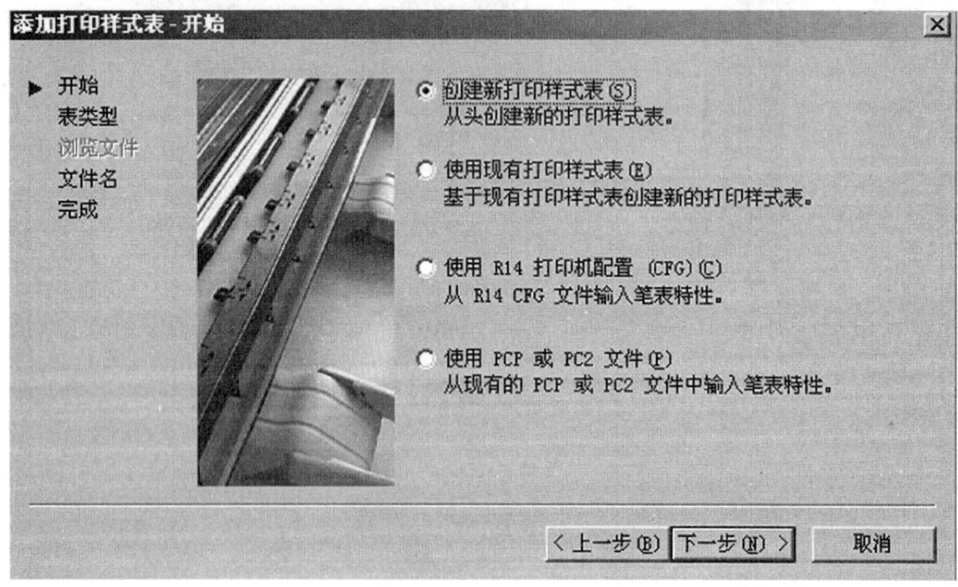

图 13-15　“添加打印样式表-开始” 对话框

在对话框的右侧列出了 4 个创建打印样式表的方法,可从单选框选择。

①"创建新打印样式表"单选框:选中该单选框后,AutoCAD将从头创建新的打印样式表。

②"使用现有打印样式表" 单选框:选中该单选框后,AutoCAD要求用户选择现有的打印样式表文件,将以现有的打印样式表为起点,创建新的打印样式表。新的打印样式表中包括原有打印样式表中的样式。

③"使用R14打印机配置" 单选框:选中该单选框后,AutoCAD将使用ACADR14.CFG文件中的画笔指定信息创建新的打印样式表。如果要输入设置,而又没有PCP或PC2文件,则应选择此选项。

④"使用PCP或PC2文件" 单选框:选中该单选框后,AutoCAD将使用PCP或PC2文件中存储的画笔指定信息创建新的打印样式表。

(3)根据需要选择以上4个单选框中的一个。这里以选择"创建新打印样式表" 单选框为例,单击"下一步"按钮,弹出"添加打印样式表-选择打印样式表" 对话框,如图13-16所示。在该对话框中,既可以选择"颜色相关打印样式表"单选框,也可选择"命名打印样式表"单选框。

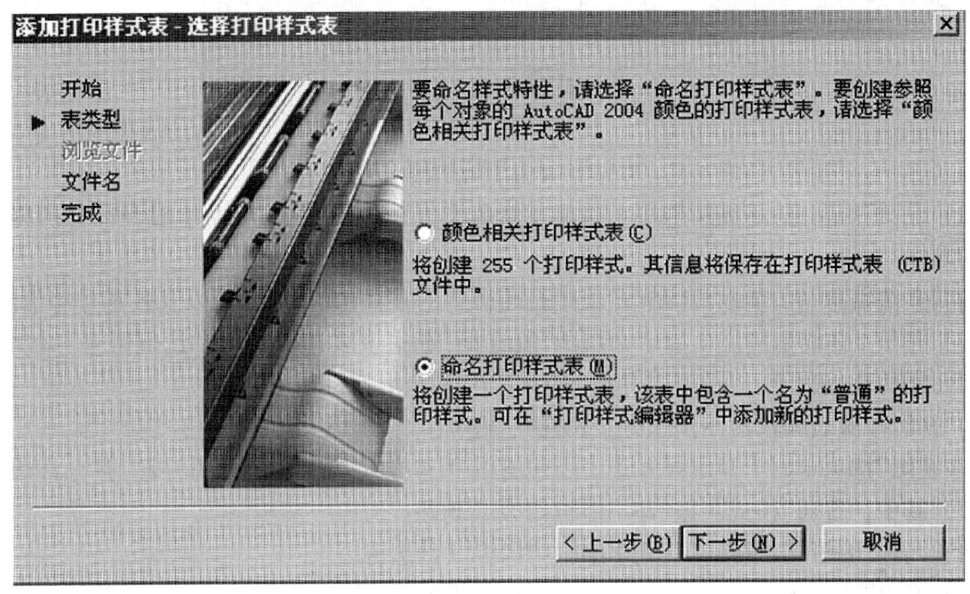

图13-16 "添加打印样式表-选择打印样式表"对话框

(4)这里以选择"命名打印样式表"单选框为例,然后单击"下一步"按钮,弹出"添加打印样式表-文件名"对话框,在"文件名"编辑框中输入打印样式表的名称,单击"下一步"按钮,弹出"添加打印样式表-完成"对话框,在该对话框中还可向新打印样式表中添加打印样式,单击"完成"按钮,即创建了一个打印样式表,这样在"Plot Styles"文件夹窗口中添加了一个打印样式表文件。

在"Plot Styles"文件夹窗口中删除了某CTB文件或STB文件,即删除了相应的打印样式表。

3. 打印样式表的编辑

在"Plot Styles"文件夹窗口中,双击任一个CTB文件或STB文件,即可打开"打印样式表编辑器"对话框,可对打印样式表进行编辑。这里以命名类型的打印样式表ACAD.STB文件为例,对打印样式表编辑器的使用加以说明。

1)"打印样式表编辑器"对话框之"基本"选项卡(图13-17)

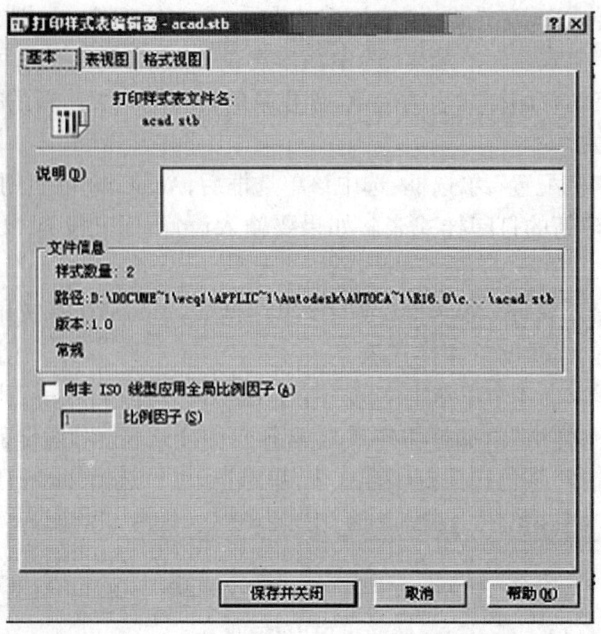

图 13-17 “打印样式表编辑器”对话框之“基本”选项卡

(1)“说明”编辑框:该编辑框用于添加或修改文件特性的描述,有助于对当前打印样式表特性的理解。

(2)“文件信息”区:显示打印样式表中打印样式的数目、文件的路径以及版本号等信息。

(3)“向非 ISO 线型应用全局比例因子”复选框:选中该复选框后,在“比例因子”编辑框中输入要使用的比例因子,即可完成对非 ISO 线型应用全局比例因子。

2)“打印样式表编辑器”对话框之“表视图”选项卡(图 13-14)

“表视图”选项卡用于显示样式表中所包含的所有样式和这些样式的特性,并允许修改这些特性。其中,“普通”样式灰显,即不能被修改或删除。

(1)“名称”编辑框:该编辑框用于编辑打印样式的名称。

(2)“说明”编辑框:该编辑框用于编辑文件特性的描述。

(3)“颜色”下拉列表框:单击打印样式中的“使用对象颜色”栏,出现一个下拉列表框,在此选择需要的颜色。如果指定了打印样式的颜色,则在打印时该颜色将替代对象原有的颜色。打印样式表的颜色的缺省设置是“使用对象颜色”。

(4)“启用抖动”复选框:该复选框用于设置是否启用抖动效果。打印机采用抖动来靠近点图案的颜色,使打印颜色看起来似乎比 AutoCAD 颜色索引(ACI)中的颜色要多。为避免由细矢量抖动所带来的线条打印错误,抖动通常是关闭的。关闭抖动还可以使较暗的颜色看起来更清晰。关闭抖动时,AutoCAD 将颜色映射到最接近的颜色,从而导致打印时颜色范围较小。

(5)“转换到灰度”复选框:如果打印机支持灰度,选中该复选框,则将对象颜色转换为灰度,否则使用 RGB 值定义对象的颜色。

(6)“使用指定的笔”编辑框:该编辑框用于指定打印对象使用该打印样式时要使用的笔。可用笔的范围为 1~32。其缺省值为”自动”。

(7)“虚拟笔”编辑框:该编辑框用于指定从 0~255 的数字作为笔号,其缺省值也为“自动”。

(8)“淡显”编辑框:该编辑框用于设置颜色强度,以确定 AutoCAD 打印时的用墨量。有效的淡显值为 0~100 的数字。选择 0 将颜色设为白色;选择 100 则按最大强度显示颜色。

(9)“线型”下拉列表框:该下拉列表框用于选择线型。在缺省的打印样式中,线型设置为“使用对象线型”。如果指定打印样式线型,指定的线型在打印时将替代对象原有的线型设置。

(10)“自适应调整”复选框:该复选框用于调整线型比例以完成线型图案。如果线型比例很重要,请关闭”自适应调整”。如果完成线型图案比正确的线型比例更重要,则请打开”自适应调整”。

(11)“线宽”下拉列表框:该下拉列表框用于设置线宽。在缺省的打印样式中,线宽设置为“使用对象线宽”。如果指定打印样式线宽,则指定的线宽在打印时将替代对象原有的线宽设置。

(12)“线条端点样式”下拉列表框:该下拉列表框用于设置线条端点样式。在缺省的打印样式中,线条端点样式设置为“使用对象端点样式”。AutoCAD 提供“柄形”、“方形”、“圆形”、“菱形”等端点样式。如果指定了线条端点样式,指定的线条端点样式在打印时将替代对象原有的线条端点样式设置。

(13)“线条连接样式”下拉列表框:该下拉列表框用于设置线条连接样式。在缺省的打印样式中,线条连接样式设置为“使用对象连接样式”。如果指定了线条连接样式,指定的线条连接样式在打印时将替代对象原有的线条连接样式设置。

(14)“填充样式”下拉列表框:该下拉列表框用于设置填充样式。在缺省的打印样式中,填充样式设置为“使用对象填充样式”。如果指定了填充样式,指定的填充样式在打印时将替代对象原有的填充样式设置。

3)“打印样式表编辑器”对话框之“格式视图”选项卡(图 13-18)

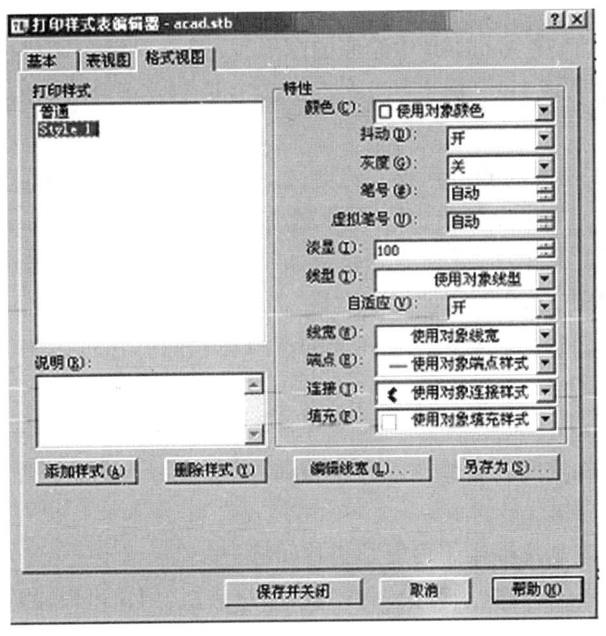

图 13-18 “打印样式表编辑器”对话框之“格式视图”选项卡

“格式视图”选项卡以不同方式显示了当前打印样式表中所有样式的特性,可在“说明”编辑框中添加或修改文件特性的描述,在“特性”选项区中对打印样式的特性进行编辑。对该选项卡中的几个按钮说明如下：

(1)“添加样式”按钮：单击此按钮，则在“打印样式”列表中新增一种打印样式，新增的打印样式是基于“普通”样式的。

(2)“删除样式”按钮：选中某一样式，然后单击“删除样式”按钮，即删除选中的打印样式。

(3)“编辑线宽”按钮：单击此按钮，弹出如图 13-19 所示的“编辑线宽”对话框，可以设置线宽。

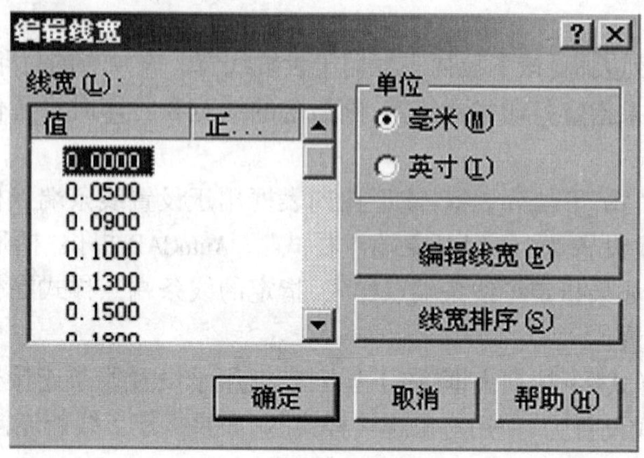

图 13-19 “编辑线宽”对话框

(4)“另存为”按钮：单击此按钮，弹出”另存为”对话框，以新名称保存打印样式表。

13.5 打印输出和管理

对大多数用户而言，在 AutoCAD 中绘制的图形，一般要通过打印机或绘图机输出，但也可以通过 EPLOT 命令输入成 DWF 格式的文件，在 WEB 页上发布或输送到其他站点等。

1. 打印输出

AutoCAD 2004 中，输出功能得到较大的增强。输出图形可以在模型空间中进行，也可以在图纸空间布局中进行。如果要输出多个视图，添加标题栏等，则在布局(图纸空间)中进行。

单击“文件→打印”菜单项，或在命令行键入 PLOT 并按回车键，弹出“打印”对话框，其中“打印设备”选项卡如图 13-20 所示，“打印设置”选项卡如图 13-21 所示。

该对话框中与“页面设置”对话框中相同的选项在前面已作过说明，这里对其他选项说明如下：

1)“布局名”选项区

该区显示了所在的空间，“将修改保存到布局”复选框用于设置是否将修改保存到布局中。

2)“打印戳记”选项区

(1)“开”复选框：该复选框用于设置是否打印戳记。

(2)“设置”按钮：单击该按钮，弹出“打印戳记”对话框，用户可以设置打印戳记的内容。

3)“打印范围”选项区

(1)“当前选项卡”单选框：选中该单选框，则打印当前“模型”选项卡或“布局”选项卡中的图形。

(2)“选定的选项卡” 单选框：选中该单选框，则打印选定的多个选项卡中的图形。选择多个选项卡的方法是按下 Ctrl 键，单击各选项卡。

(3)“所有布局选项卡” 单选框：选中该单选框，则打印所有布局选项卡的图形。

(4)“打印份数”编辑框：用于设置打印的份数。

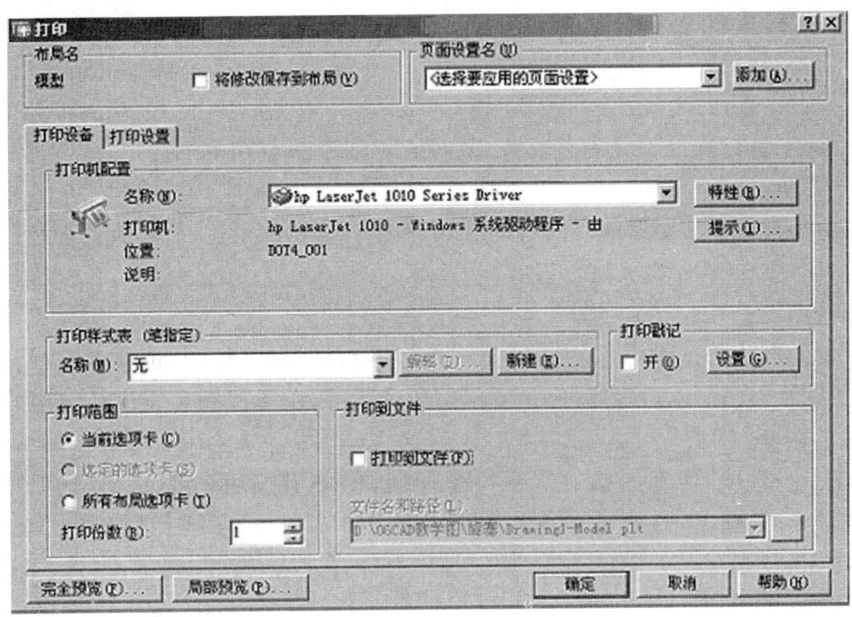

图 13-20 “打印”对话框之“打印设备”选项卡

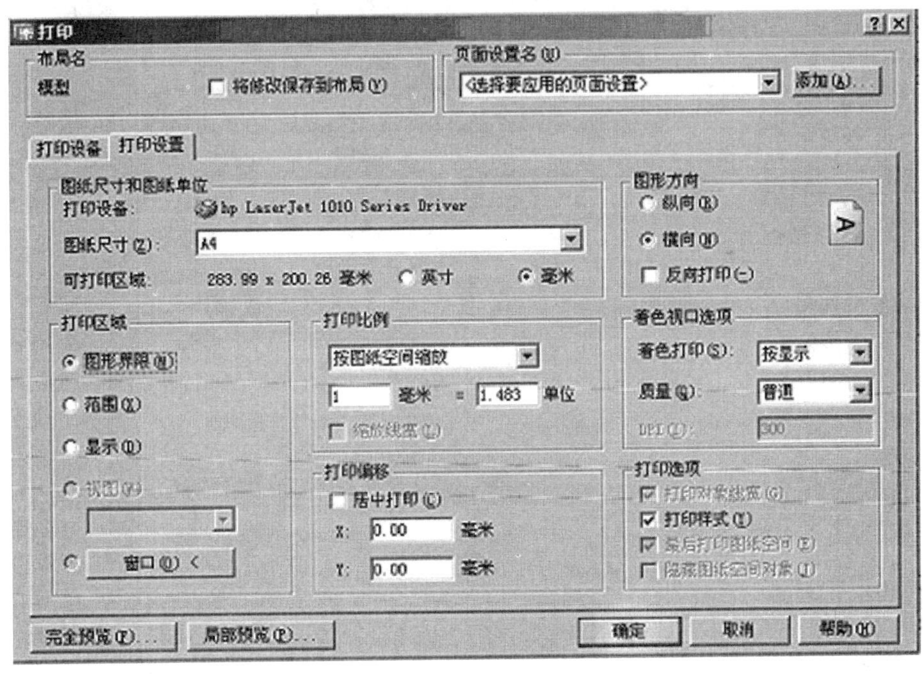

图 13-21 “打印”对话框之“打印设置”选项卡

4)“打印到文件”选项区

(1)“打印到文件”复选框：该复选框用于设置是否将图形打印到文件。如打印到文件，则输出数据存储在文件中，该数据格式打印机可以直接接受。

(2)“文件名和路径”下拉列表框：用于设置文件名和保存路径。

(3)“浏览打印文件”按钮：单击该按钮，弹出“浏览打印文件”对话框，设置文件名和保存路径。

5)“完全预览”按钮

单击该按钮，预览整个图形的输出结果。

6)“局部预览”按钮

单击该按钮，部分预览图形输出结果，提示输出范围、可打印范围等信息。

2. 打印管理

AutoACD 2004 提供了图形输出的打印管理，包括打印选项设置、打印机管理和打印样式管理。

1)打印选项设置

如果要修改默认的打印环境设置，可通过“选项”对话框的“打印”选项卡进行。“打印”选项卡包括默认打印设置、默认打印样式、基本打印选项等，用于控制在不进行设定的情况下默认的打印输出环境。

单击“工具→选项”菜单项，或在命令行键入 OPTIONS 并按回车键，弹出“选项”对话框，选择“打印”选项卡，如图 13-12 所示。如果单击“添加或配置打印机”按钮，将弹出“Plotters”文件夹窗口，如图 13-22 所示。如果单击“添加或编辑打印样式表”按钮，将弹出“Plot Style”文件夹窗口，如图 13-11 所示。

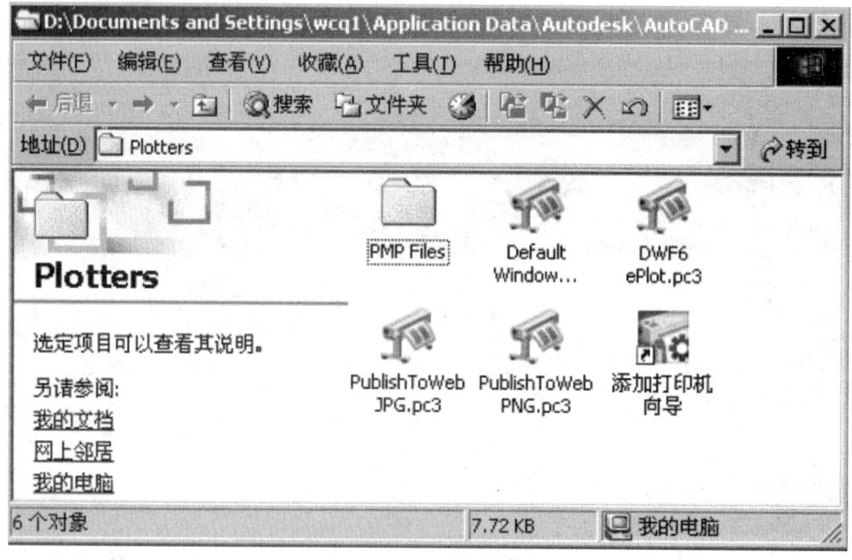

图 13-22 “Plotters”文件夹窗口

2)打印机管理器

对打印机的管理可以在 AutoCAD 内部进行，也可以在控制面板中进行。采用 Windows 系统默认的打印机，其提示图形为一打印机形状。另外，也可以在 AutoCAD 中直接指定输出设备。

单击“文件→打印机管理器”菜单项，或在命令行键入 PLOTTERMANAGER 并按回车键，弹出“Plotters”文件夹窗口，如图 13-22 所示。用户可以通过“添加打印机向导”来轻松添加打印机。

3)打印样式管理器

打印样式控制了输出结果的样式。AutoCAD 2004 提供了部分预先设定好的打印样式,可以直接在输出时选用,用户也可以设定自己的打印样式。

单击“文件→打印样式管理器”菜单项,或在命令行键入 STYLESMANAGER 并按回车键,弹出“Plot Styles”文件夹窗口,如图 13-11 所示。该窗口中显示了 AutoCAD 2004 提供的输出样式,用户可以通过“添加打印样式表向导”来轻松添加打印样式。

第14章 实 例

实例 1

绘制“法兰盘”零件图(见第 15 章图 15-14)。

1. 设置图幅大小和单位

观察图形,选择 A3 图纸绘图。

用 LIMITS 命令设置图形界限。图幅的“宽度”为 420 ,“长度”为 297。

用 DDUNITS 命令设置图形单位。长度类型为“小数”,精度为“0”;角度类型为“十进制度数”,精度为“0”。

完成图幅大小设置后,用 ZOOM 命令中的 ALL 选项使图面显示为所设置的图幅大小。

2. 设置“捕捉和栅格”选项卡

单击“工具→草图设置”菜单项,弹出“草图设置” 对话框,设置“捕捉和栅格”选项卡,如图 14-1 所示。

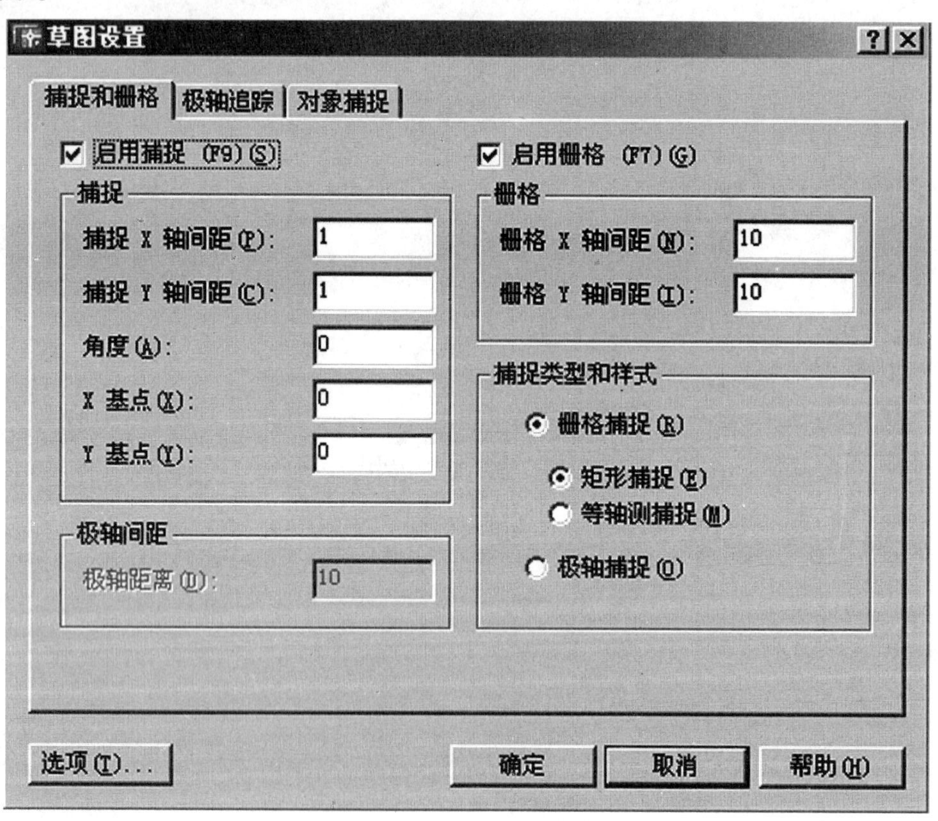

图 14-1 设置“捕捉和栅格”选项卡

3. 设置图层、颜色和线型

按下表要求创建图层,设置图层颜色、线型和线宽。

图层名称	颜　色	线　型	线　宽
中心线	红色	center	0.25
细实线	黄色	continuous	0.25
标注	绿色	continuous	0.25
剖面线	青色	continuous	0.25
参照线	蓝色	continuous	0.25
图块	品红色	continuous	0.25
粗实线	白色	continuous	0.50
虚线	32	dashed	0.25

4．设置文字样式

单击“格式→文字样式”菜单项，弹出“文字样式”对话框，设置两种文字样式。

(1)样式名：STANDARD；字体名：isocp.shx；高度：0；宽度比例：1。

(2)样式名：HZ；字体名：T 仿宋 GB2312；高度：0；宽度比例：0.7。

5．设置标注样式

单击“格式→标注样式”菜单项，弹出“标注样式管理器”对话框，设置标注样式。

将以上设置另存为样板文件，比如：机械 A3.dwt，以便于今后绘制类似新图时，调用该样板文件，可简化以上设置。

6．绘制中心线

选择图层为“中心线”，绘制中心线如图 14-2 所示。

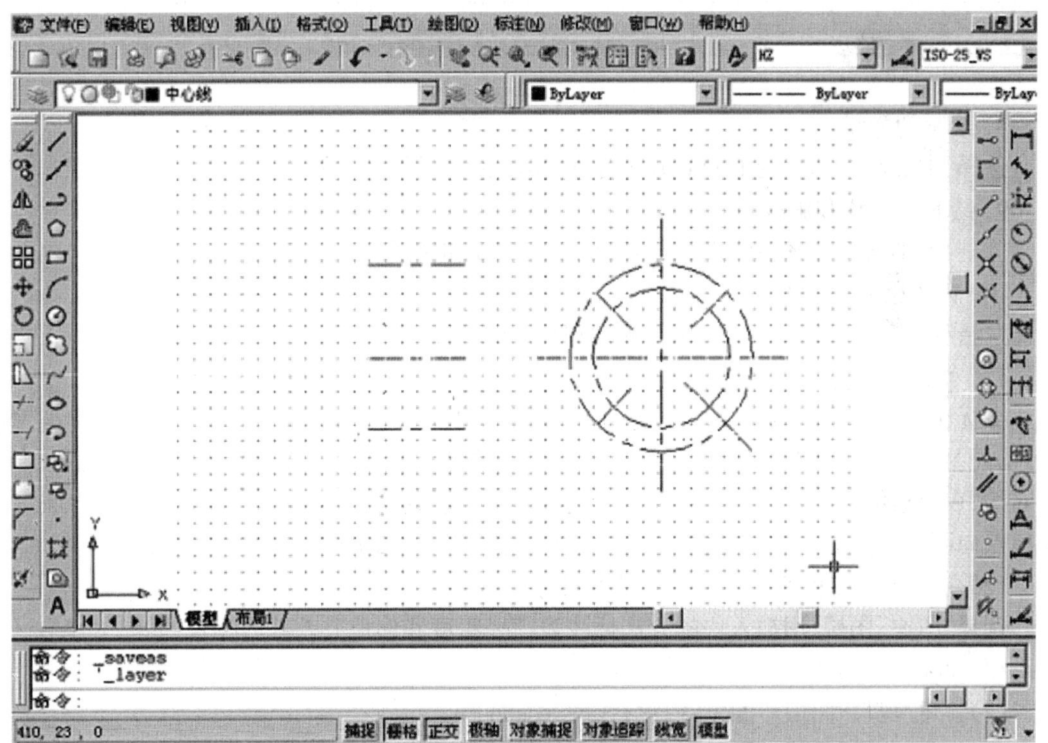

图 14-2　绘制中心线

可用 LTSCALE 命令调整中心线的线型比例因子。

7．绘制粗实线

选择图层为“粗实线”，绘制粗实线如图 14-3 所示。

为了图面显示清晰，对于 1×45°倒角，绘图时可按倒角距离 2 来绘制倒角。

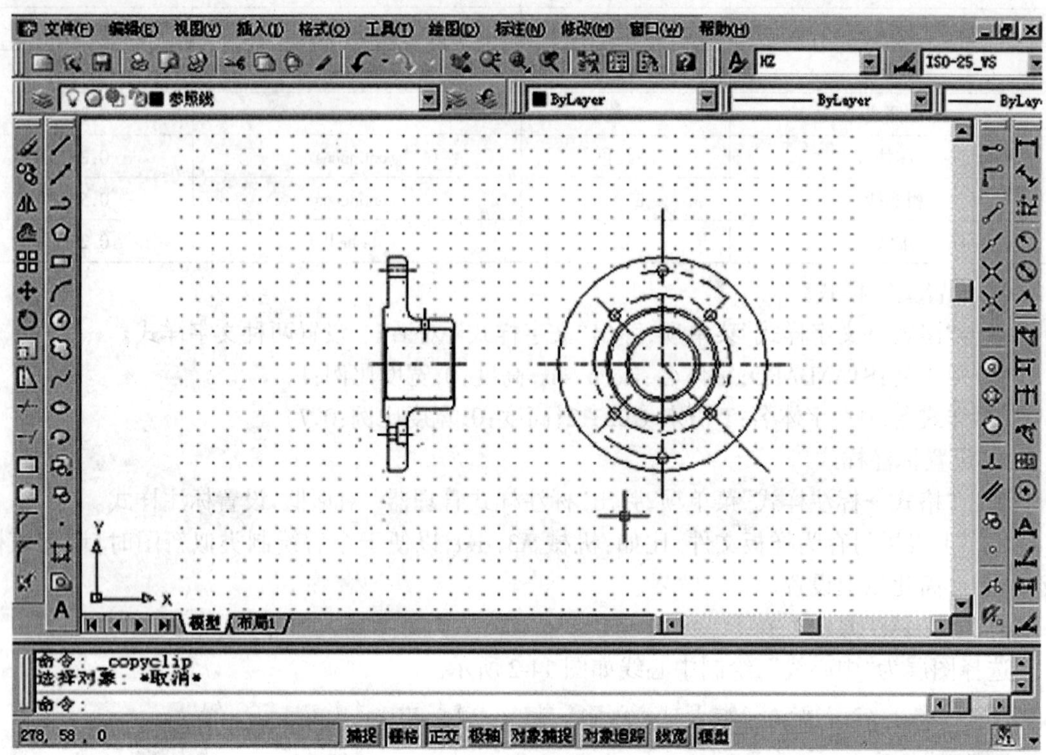

图 14-3 绘制粗实线

8．绘制剖面线

选择“剖面线”图层，用 BHATCH 命令绘制剖面线如图 14-4 所示。

9．绘制细实线和虚线

分别在“细实线”图层和“虚线”图层绘制细实线和虚线。

10．标注尺寸和文本

选择“标注”图层，标注尺寸和文本，如图 14-5 所示。

11．创建图块

在标注表面糙粗度、形位公差基准符号和插入图框标题栏前，应先创建“表面粗糙度”块、“形位公差基准”块和“图框标题栏”块。这些块中的参数值可制作成带属性的块。按需要制作不同的“表面粗糙度”块，一般要制作 3 个“表面粗糙度”块：①毛坯面的“表面粗糙度”块；②三角顶点向下的加工面“表面粗糙度”块；③三角顶点向上的加工面“表面粗糙度”块。

12．标注表面糙粗度和形位公差基准符号

选择“图块”图层，用插入块的方法标注表面糙粗度和形位公差基准符号，如图 14-6 所示。

13．布局

(1)新建“视口”图层。颜色：白色；线型：continuous。

(2)新建“布局”选项卡。鼠标右键单击“模型”选项卡，弹出快捷菜单，点击“新建布局”选项，生成“布局 3”选项卡。

(3)页面设置。单击“布局 3”选项卡，弹出“页面设置-布局 3”对话框，设置“打印设置”选

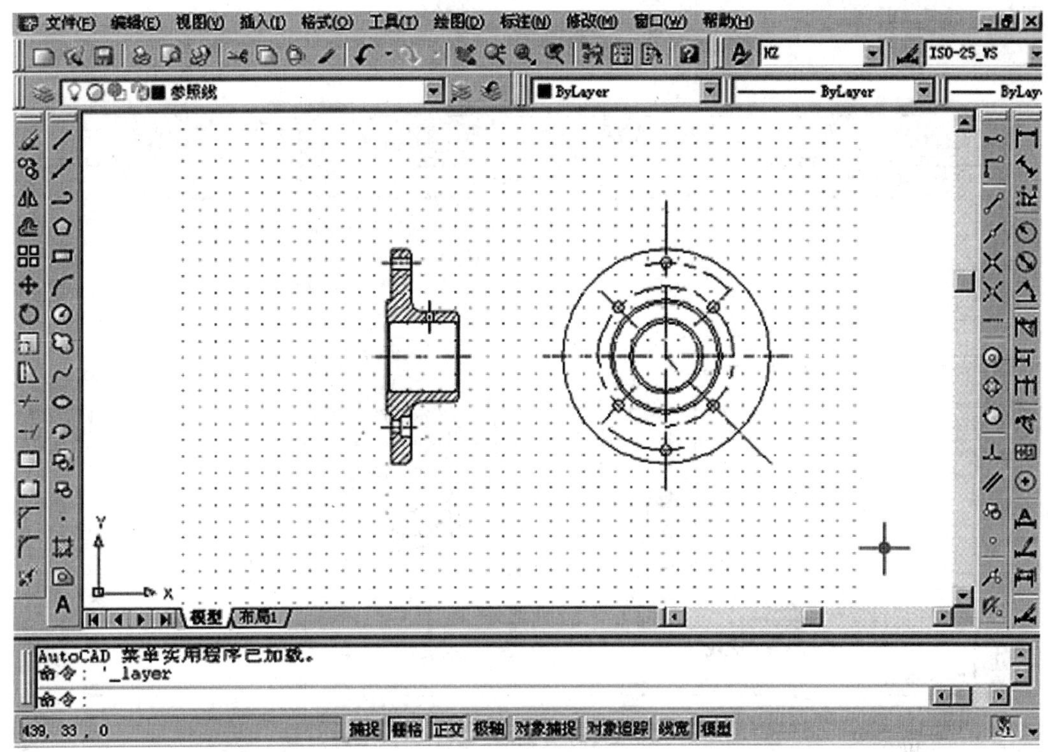

图 14-4 绘制剖面线

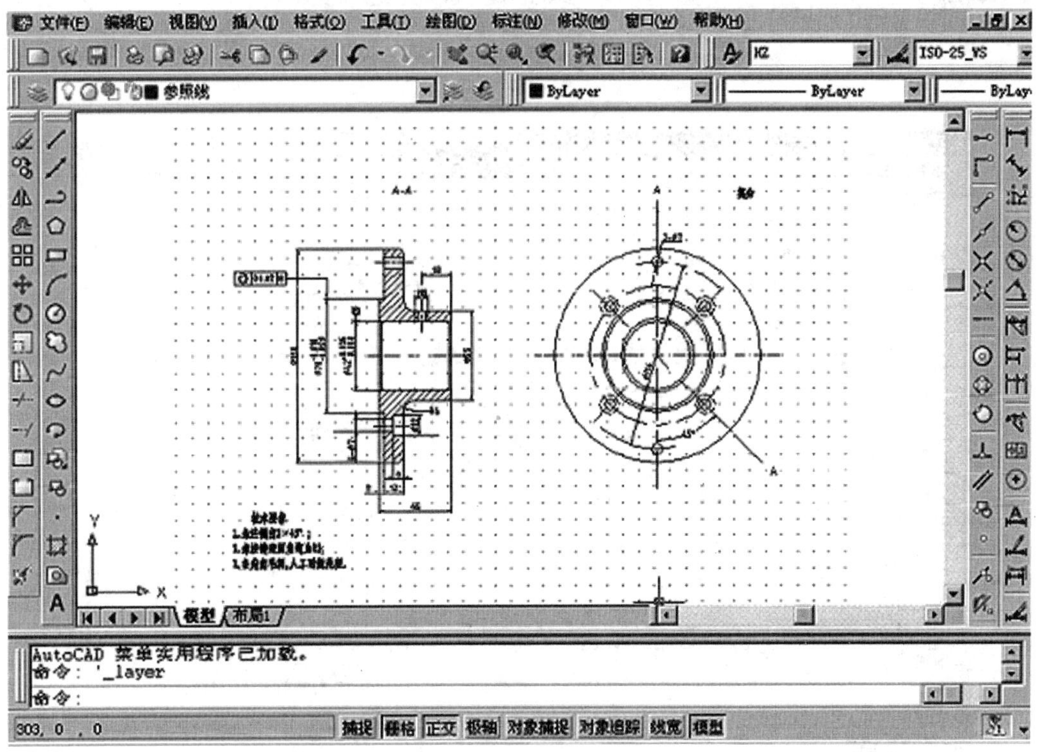

图 14-5 标注尺寸和文本

项卡中的“打印机配置”和“打印样式表”，设置“布局设置”选项卡，如图 14-7 所示，按“确定”按钮回到图纸空间。

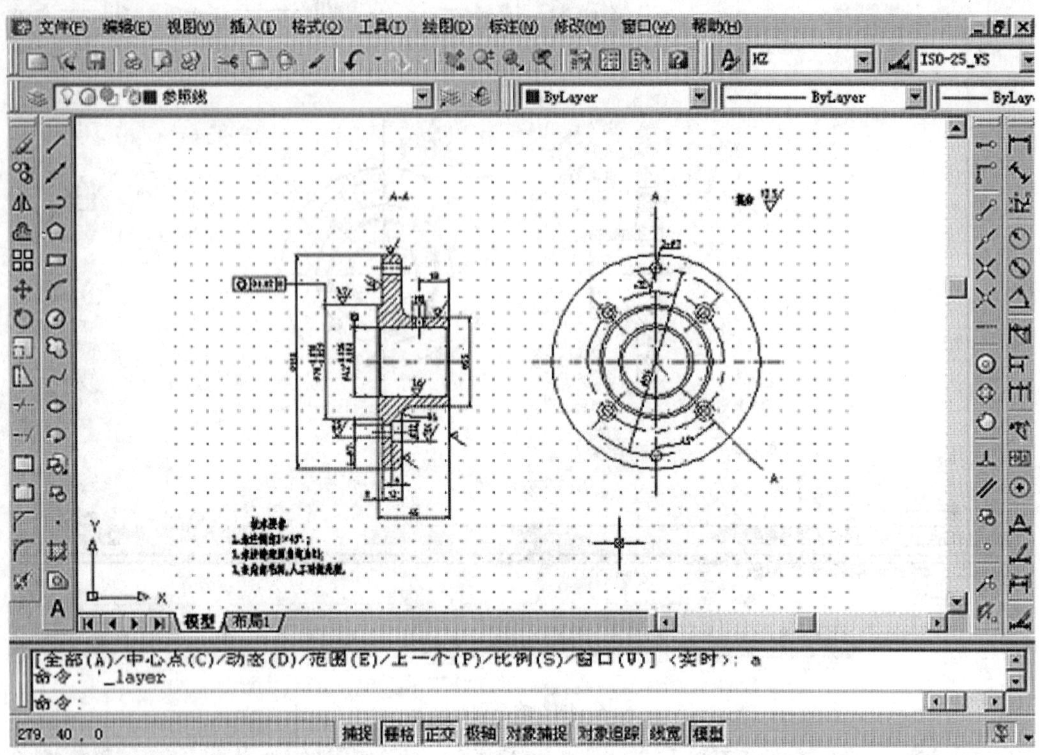

图 14-6 标注表面粗糙度和形位公差基准符号

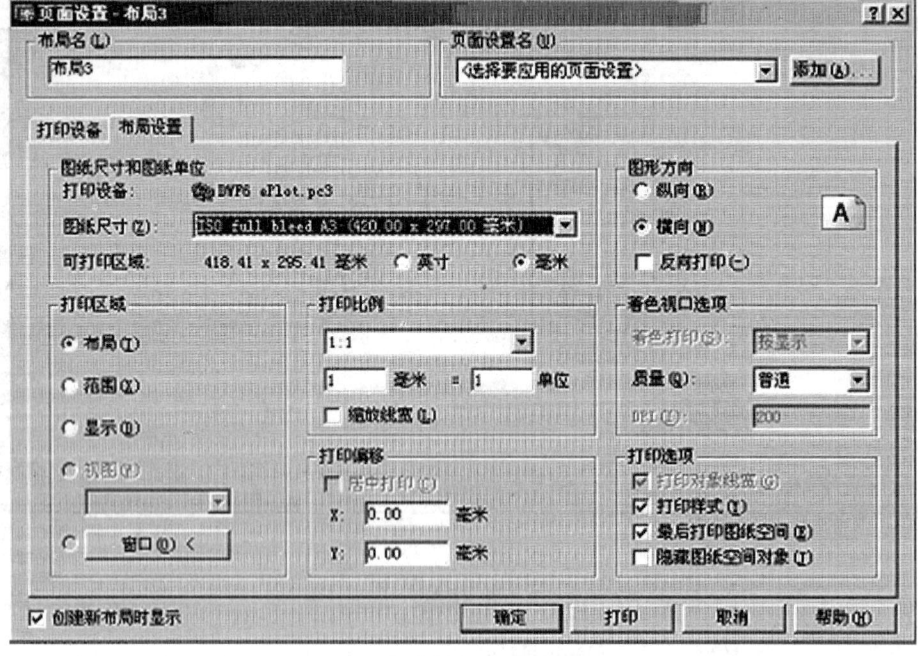

图 14-7 设置“布局设置”选项卡

(4)选中视口并删除。

(5)插入图框标题栏。

(6)创建新视口。打开“视口创建”工具栏，单击“多边形视口”按钮，沿图框标题栏内侧创建新的视口。

(7)设置图形比例。单击状态栏的“图纸”按钮，切换为“模型”，在“视口创建”工具栏“比例”下拉列表框中设置图形比例。对视图进行适当整理后再单击状态栏的“模型”按钮，切换为“图纸”。

(8)关闭“视口”图层，完成布局设置，如图 14-8 所示。

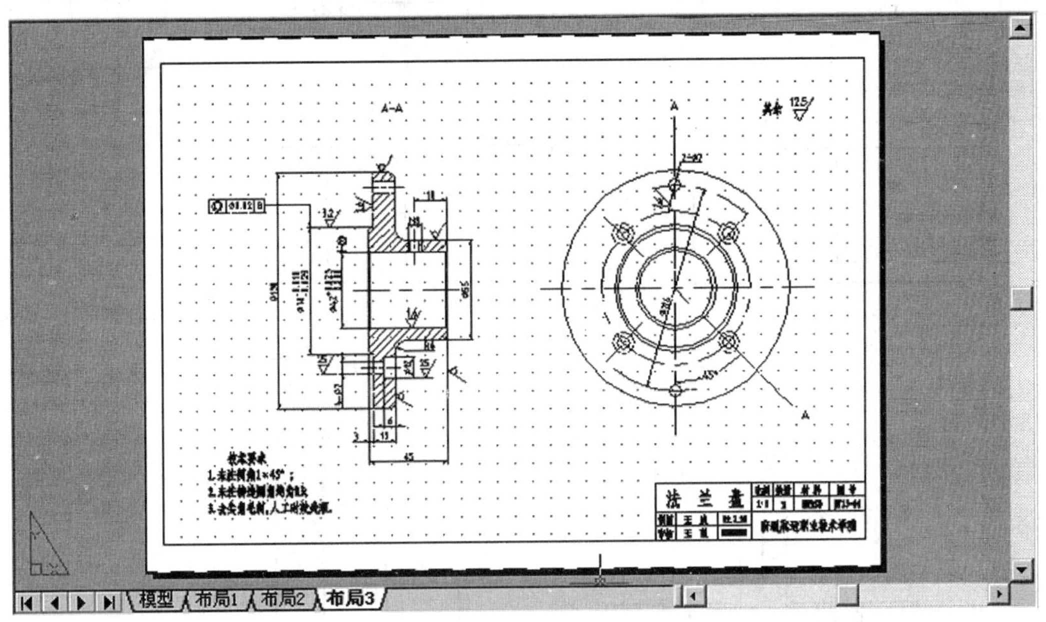

图 14-8　完成布局设置

14. 打印出图

实例 2

绘制“旋塞”装配图(见第 15 章图 15-21)。

1. 修改图形文件“阀体”

打开图形文件“阀体”(见第 15 章图 15-20)，先冻结需保留的图形的图层，调用 ERASE 命令，删除其他图形，再将冻结的图层解冻，如图 14-9 所示。

2. 插入“锥形塞”

用 INSERT 命令把图形文件“锥形塞”(见第 15 章图 15-16)插入到当前图形右侧空位置上(X = Y = 1, angle = －90°)，用 EXPLODE 命令将其分解，调用编辑命令修改“锥形塞”，如图 14-10 所示，调用 MOVE 命令将其移到阀体中规定位置，用 TRIM 命令修剪被遮挡的线条，结果如图 14-11 所示。

3. 插入“垫圈”

用 INSERT 命令把图形文件“垫圈”(见第 15 章图 15-19)插入到当前图形右侧空位置上(X = Y = 1, angle = 0°)，用 EXPLODE 命令将其分解，调用编辑命令修改“垫圈”，调用 MOVE 命令将其移到阀体中规定位置，用 TRIM 命令修剪被遮挡的线条，结果如图 14-12 所示。

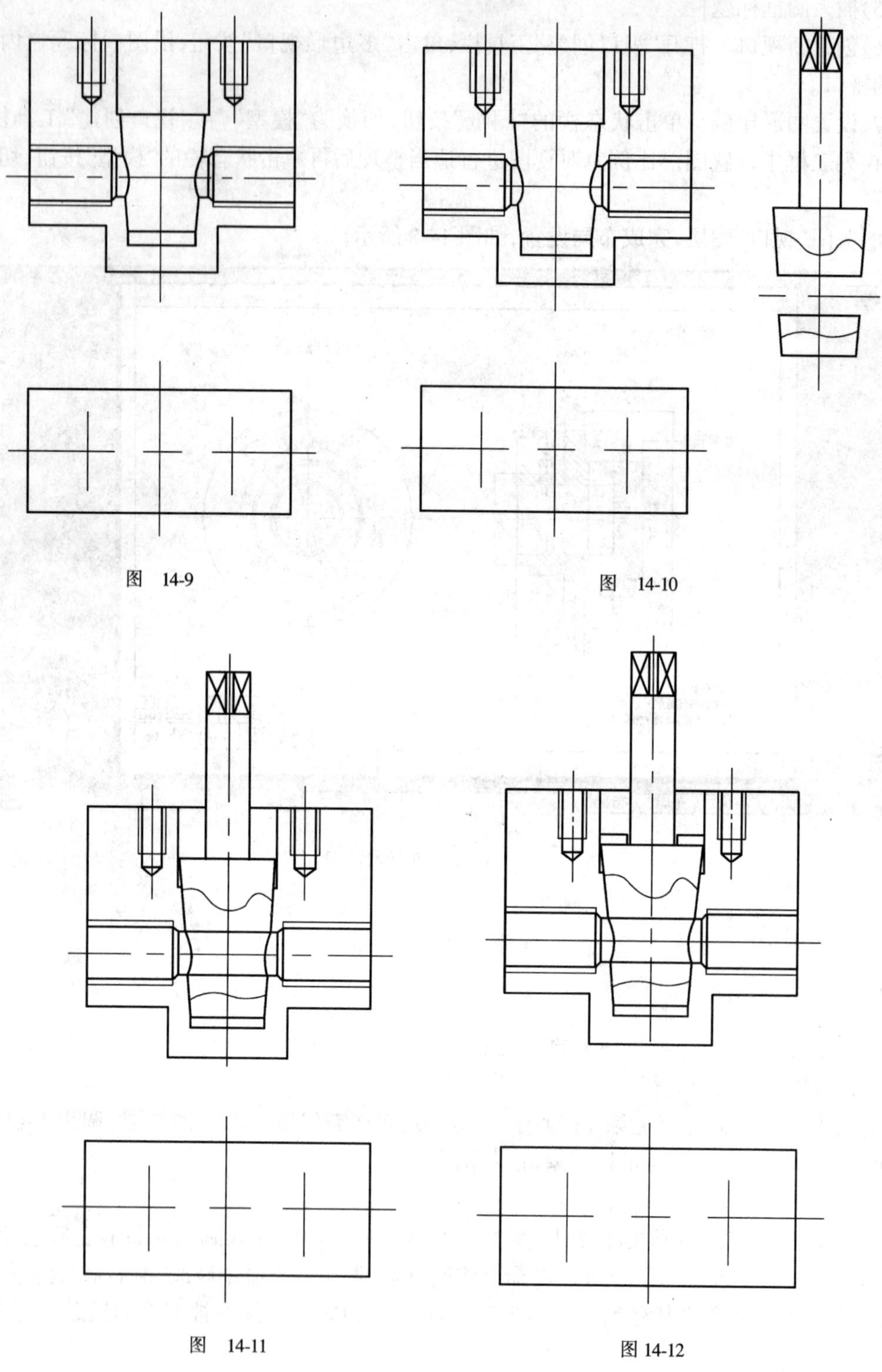

图 14-9

图 14-10

图 14-11

图 14-12

4．插入“压盖”

用 INSERT 命令把图形文件“压盖”（见第 15 章图 15-17）插入到当前图形右侧空位置上（X

= Y = 1, angle = 0°), 用 EXPLODE 命令将其分解, 调用编辑命令修改“压盖”, 如图 14-13 所示, 调用 MOVE 命令将其移到阀体中规定位置, 用 TRIM 命令修剪被遮挡的线条, 结果如图 14-14 所示。

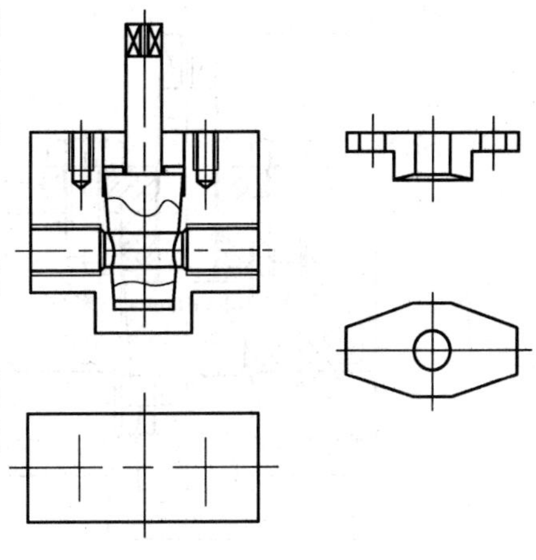

图 14-13

5. 插入“螺钉”

用 INSERT 命令把图形文件“螺钉”(见第 15 章图 15-18)插入到当前图形右侧空位置上(X = Y = 1, angle = -90°), 用 EXPLODE 命令将其分解, 调用编辑命令修改“螺钉”, 调用 MOVE 命令将其移到阀体中规定位置, 用 TRIM 命令修剪被遮挡的线条, 结果如图 14-15 所示。

6. 整理图形

补全线条, 整理图形。因插入图形时, 中心线重叠, 故需将图中的中心线用 ERASE 命令删除后重画。

7. 绘制剖面线

选择“剖面线”图层, 调用 BHATCH 命令绘制剖面线, 注意相邻零件剖面线的方向要尽可能成 90°。

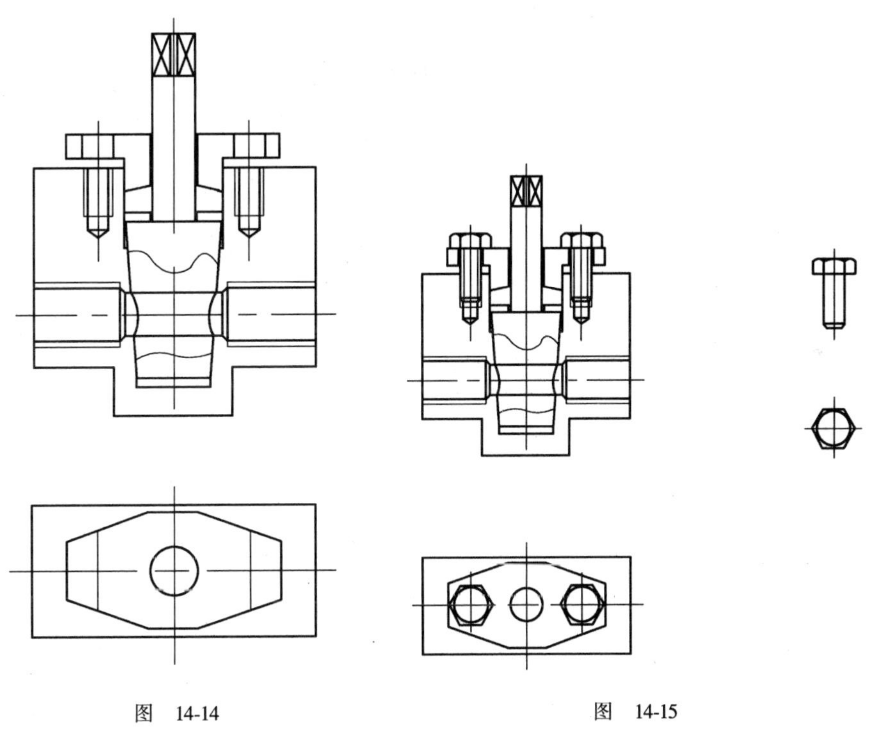

图 14-14　　图 14-15

8. 标注尺寸和文本

标注零件序号, 如图 14-16 所示。

9. 布局

10. 打印出图

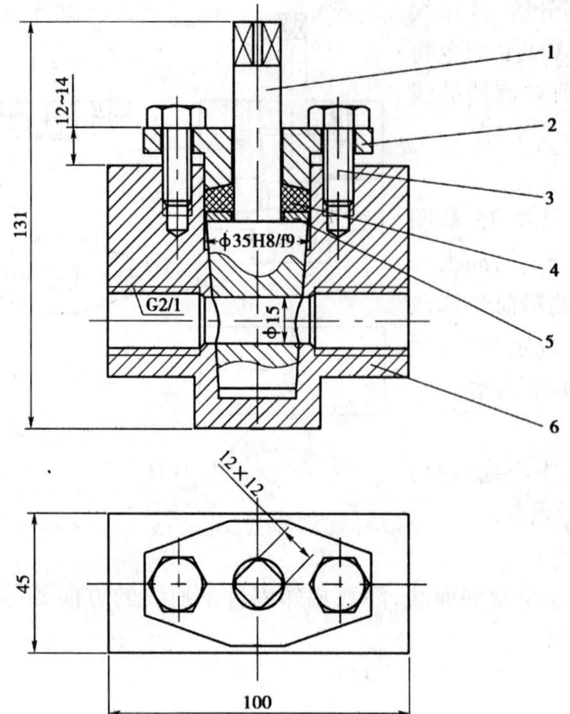

工作原理

旋塞的两侧以螺钉连接于管道上，作为开关设备，图示为开的位置，当锥形塞旋转 90° 后，则关闭。将锥形塞装入阀体后，再放入适量石棉，加上压盖，旋紧螺钉。

图 14-16

第 15 章　附录(AutoCAD 练习图)

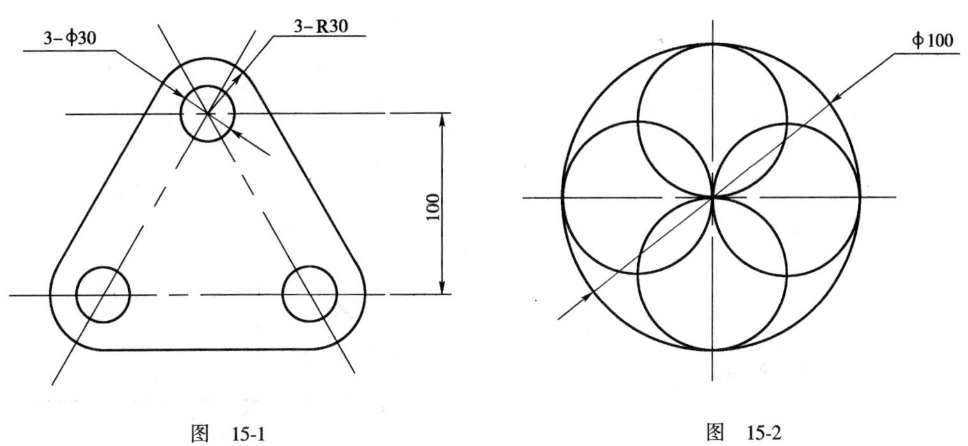

图　15-1

图　15-2

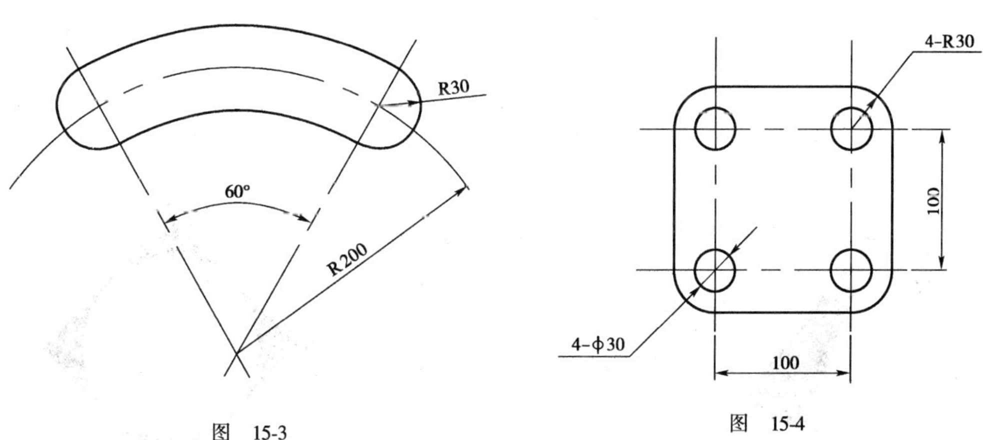

图　15-3

图　15-4

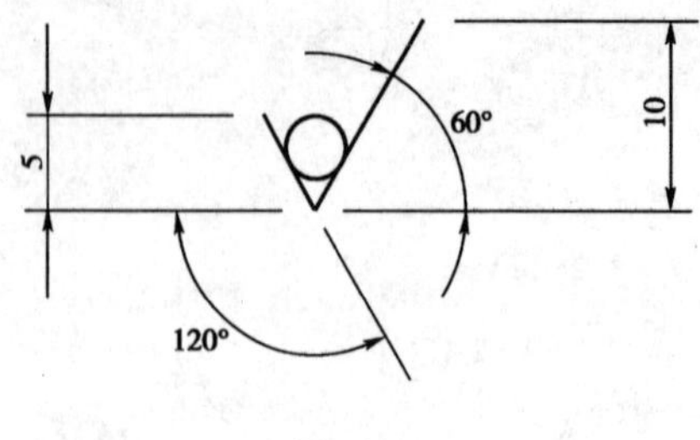

图 15-5

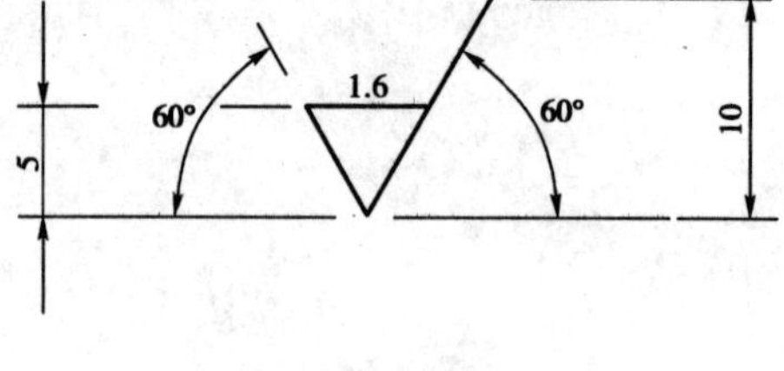

图 15-6

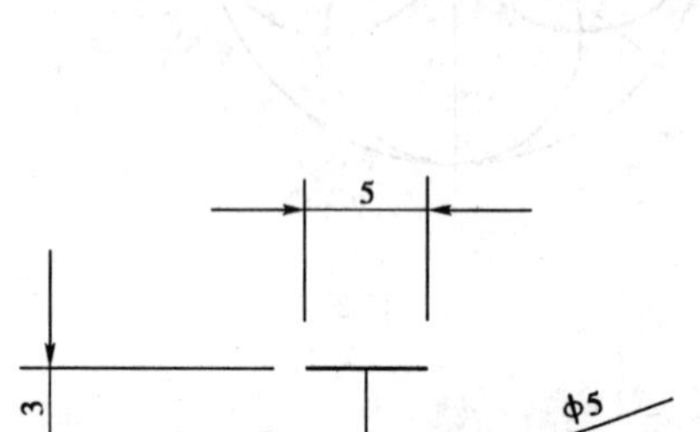

图 15-7

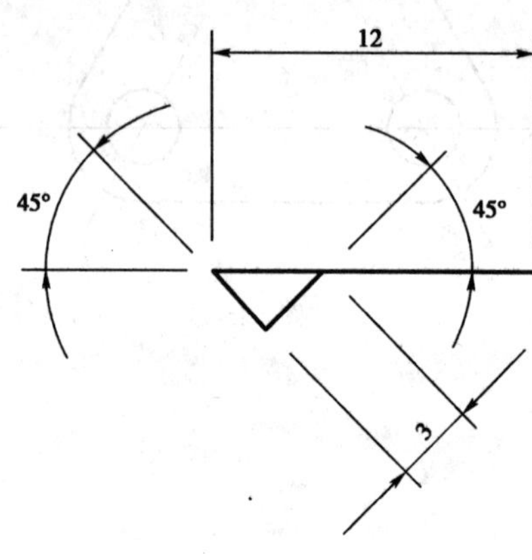

图 15-8

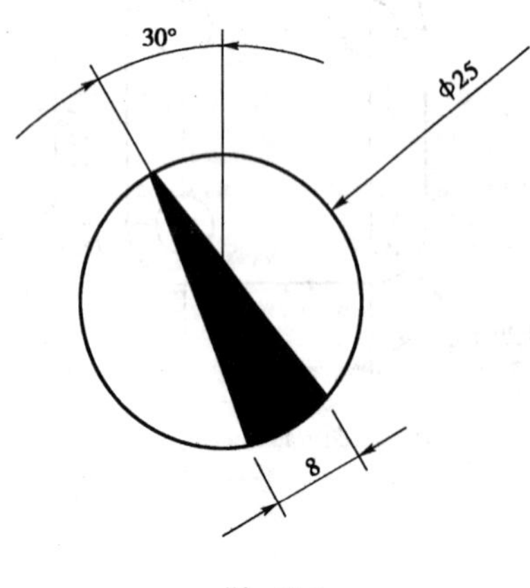

图 15-9

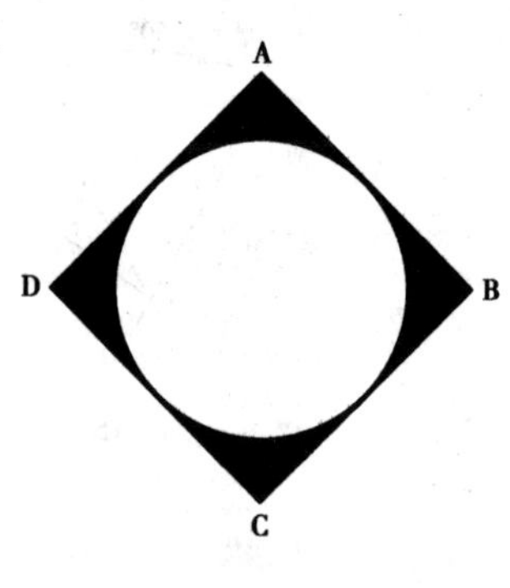

图 15-10

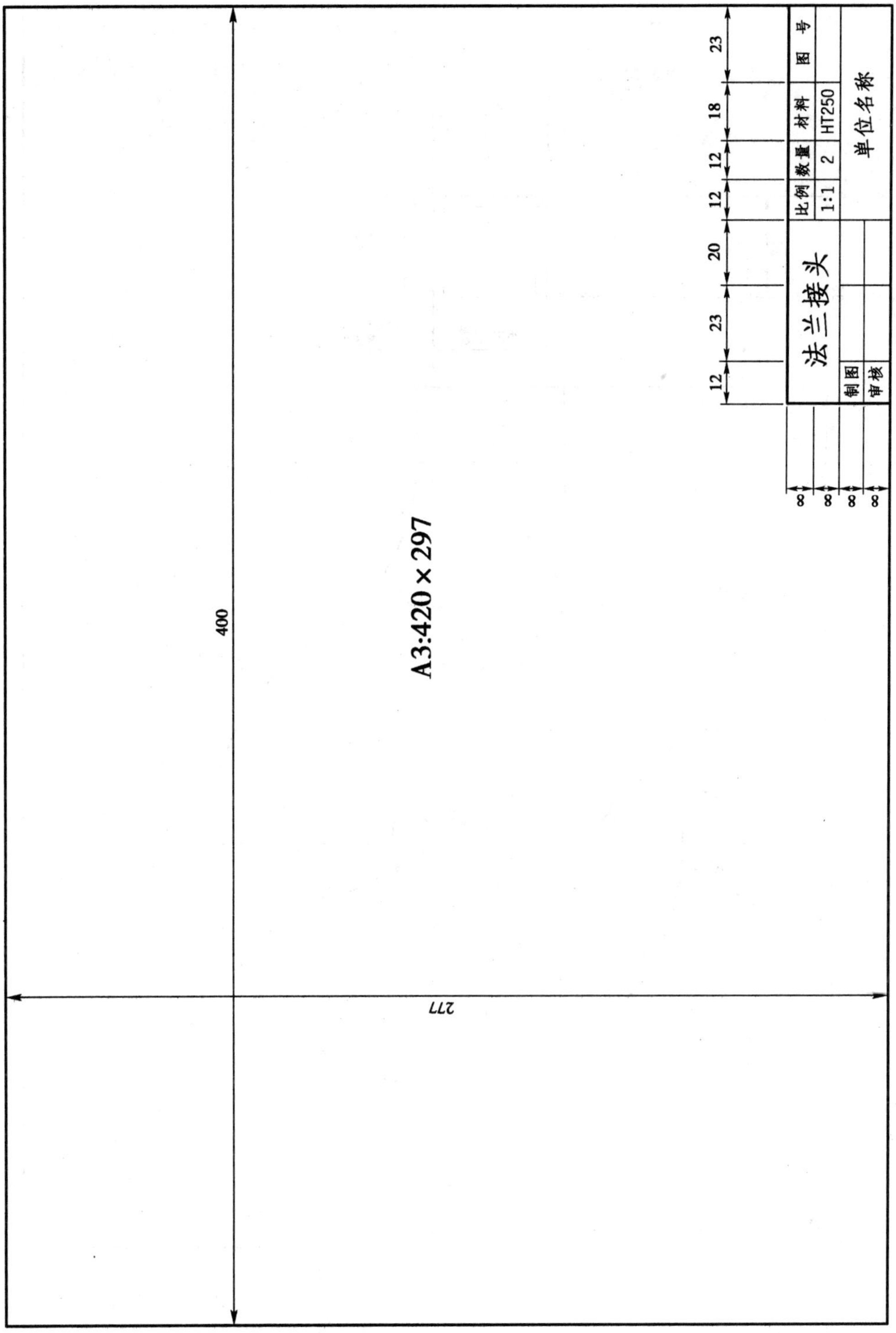

400

277

A3:420×297

12 23 20 12 12 18 23

8 8 8 8

<table>
<tr><td colspan="2" rowspan="2">法兰接头</td><td>比例</td><td>数量</td><td>材料</td><td>图　号</td></tr>
<tr><td>1:1</td><td>2</td><td>HT250</td><td></td></tr>
<tr><td>制图</td><td></td><td colspan="4" rowspan="2">单位名称</td></tr>
<tr><td>审核</td><td></td></tr>
</table>

图　15-11

M23
2×45°
20
38
ϕ23 +0.025 0.000
R3.5
ϕ30
R40
R60
90
R4
R23
ϕ40
R40
15
9
R48
吊　　钩

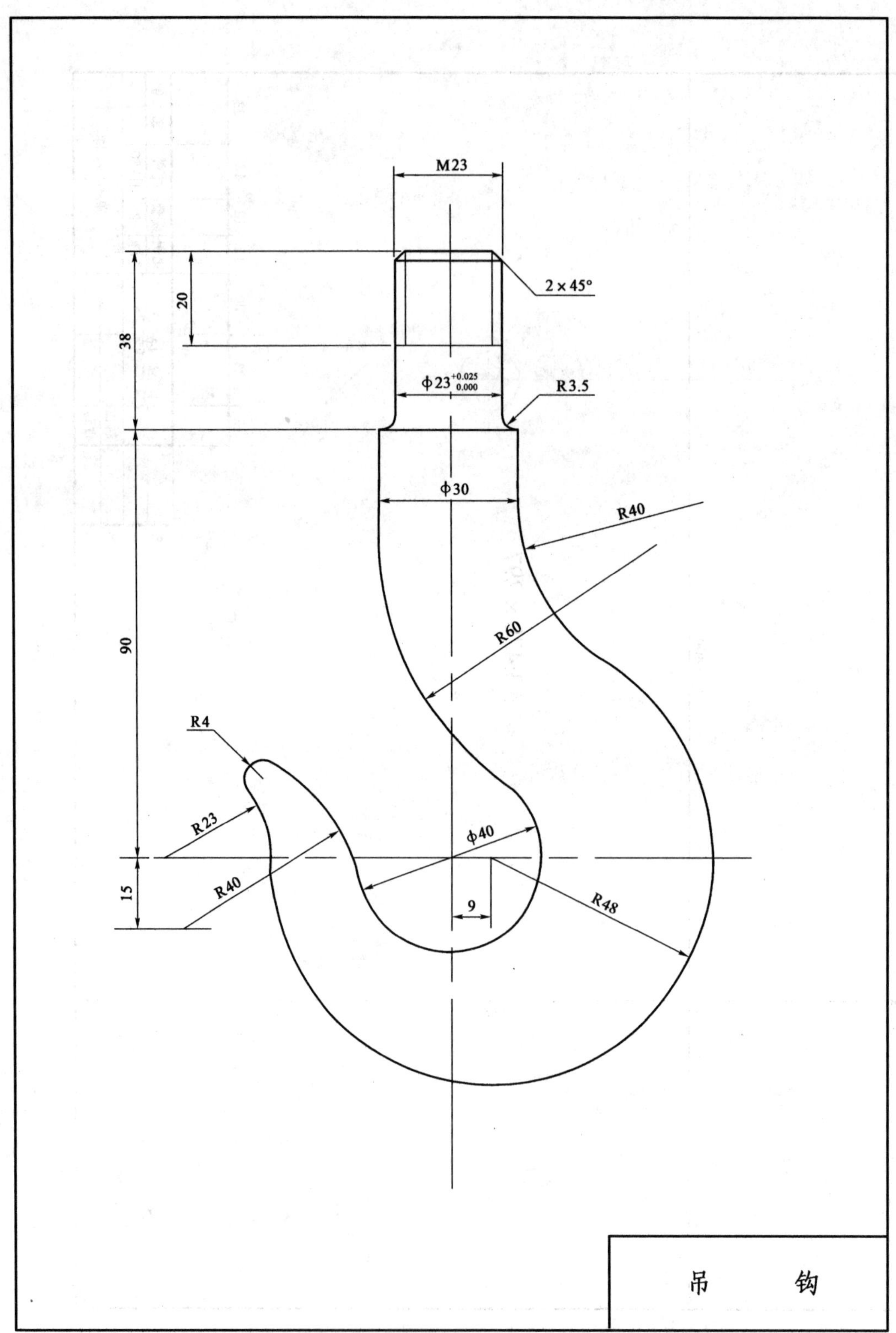

图 15-12

86
104
R26
φ40
75°
54
R16
4-φ20
15°
30°
30°
45°
R32
32
R112
R12
R24
R144
R20
滑 槽 板

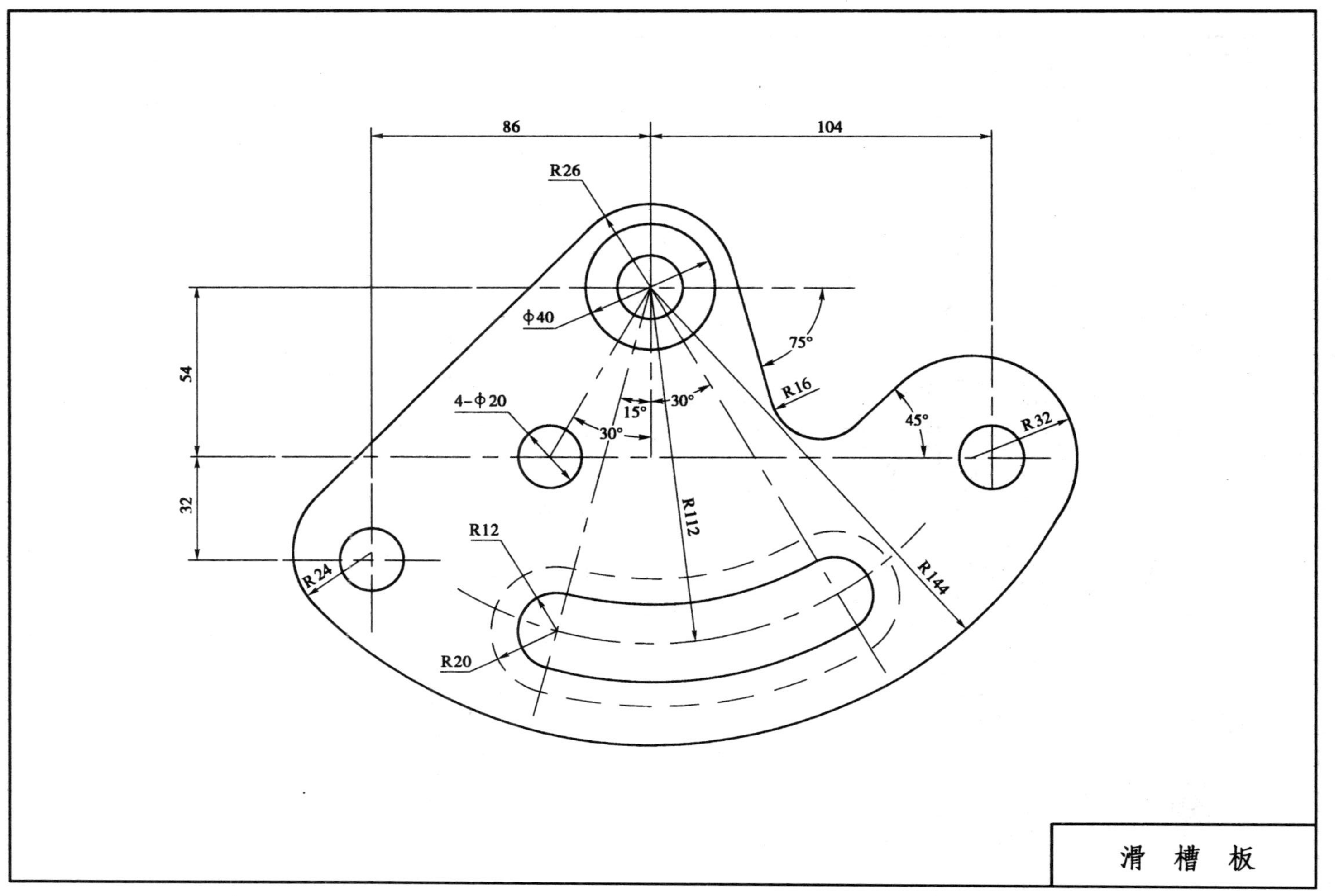

图 15-13

A—A
其余 12.5
ϕ0.02 B
3.2
1.6
18
M8
B
ϕ130
ϕ70 -0.010 -0.029
ϕ42 +0.025 0.000
ϕ55
1.6
R6
25
ϕ12
25
4-ϕ7
6
3
12
45
A
2-ϕ7
1.6
ϕ85
ϕ114
45°
A
技术要求：
1. 未注倒角 1×45°；
2. 未注铸造圆角均为R3;
3. 去尖角毛刺，人工时效处理。
法 兰 盘
比例
数量
材料
图 号
1:1
2
HT250
制图
审核
单位名称

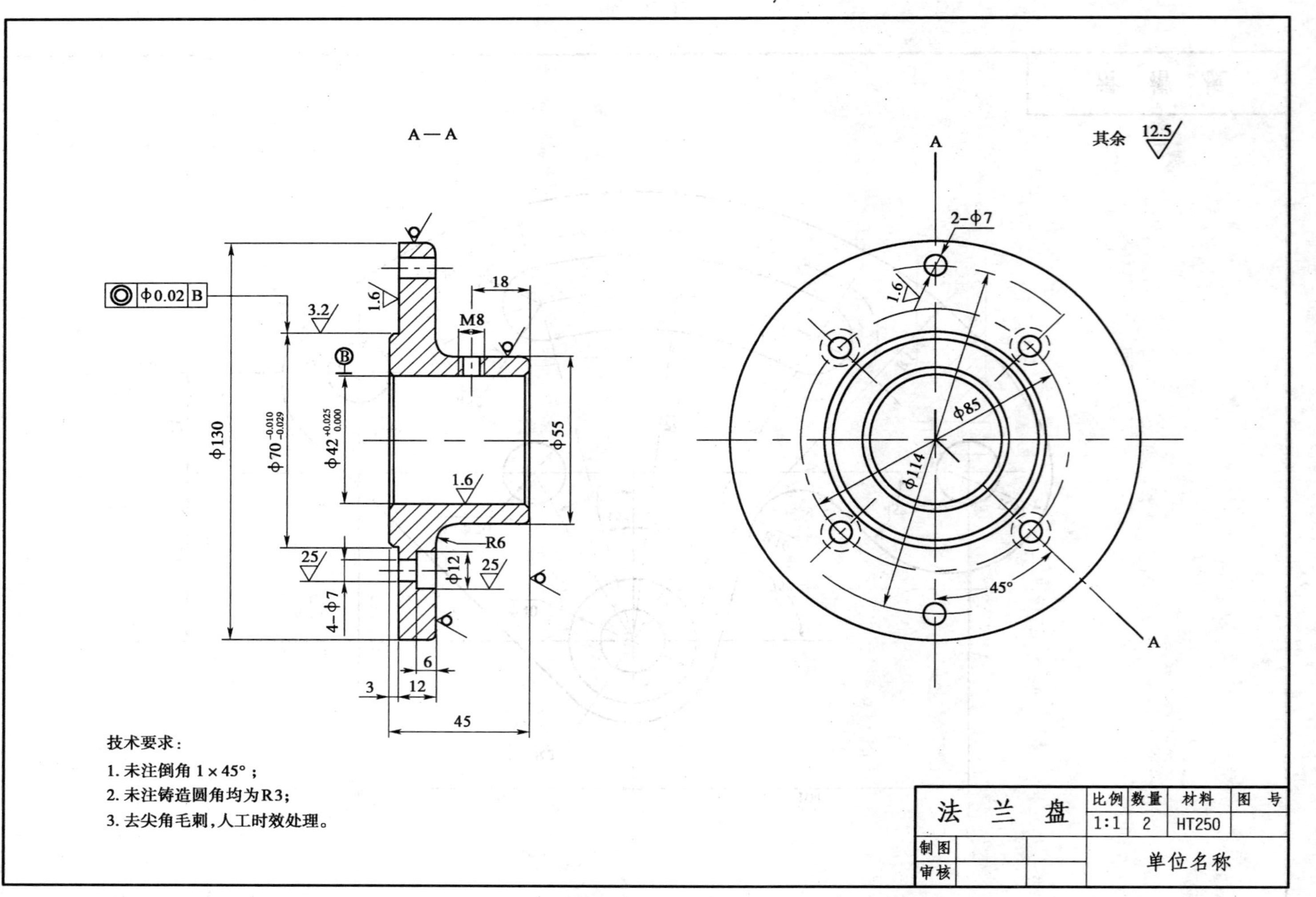

图 15-14

A—A
其余
φ50 +0.025 0.000
B
6.3
R24
1.6
88
48
25
φ24
6.3
φ70
// φ0.02 B
φ28 +0.021 0.000
20
6.3
1.6
28
28
R4
6.3
56
108±0.070
32
A
8
6.3
A
30°
φ48
A
技术要求：
1. 未注铸造圆角R5；
2. 去尖角毛刺，人工时效处理。
连 杆
比例
数量
材料
图 号
1:1
2
HT20-40
制图
审核
单位名称

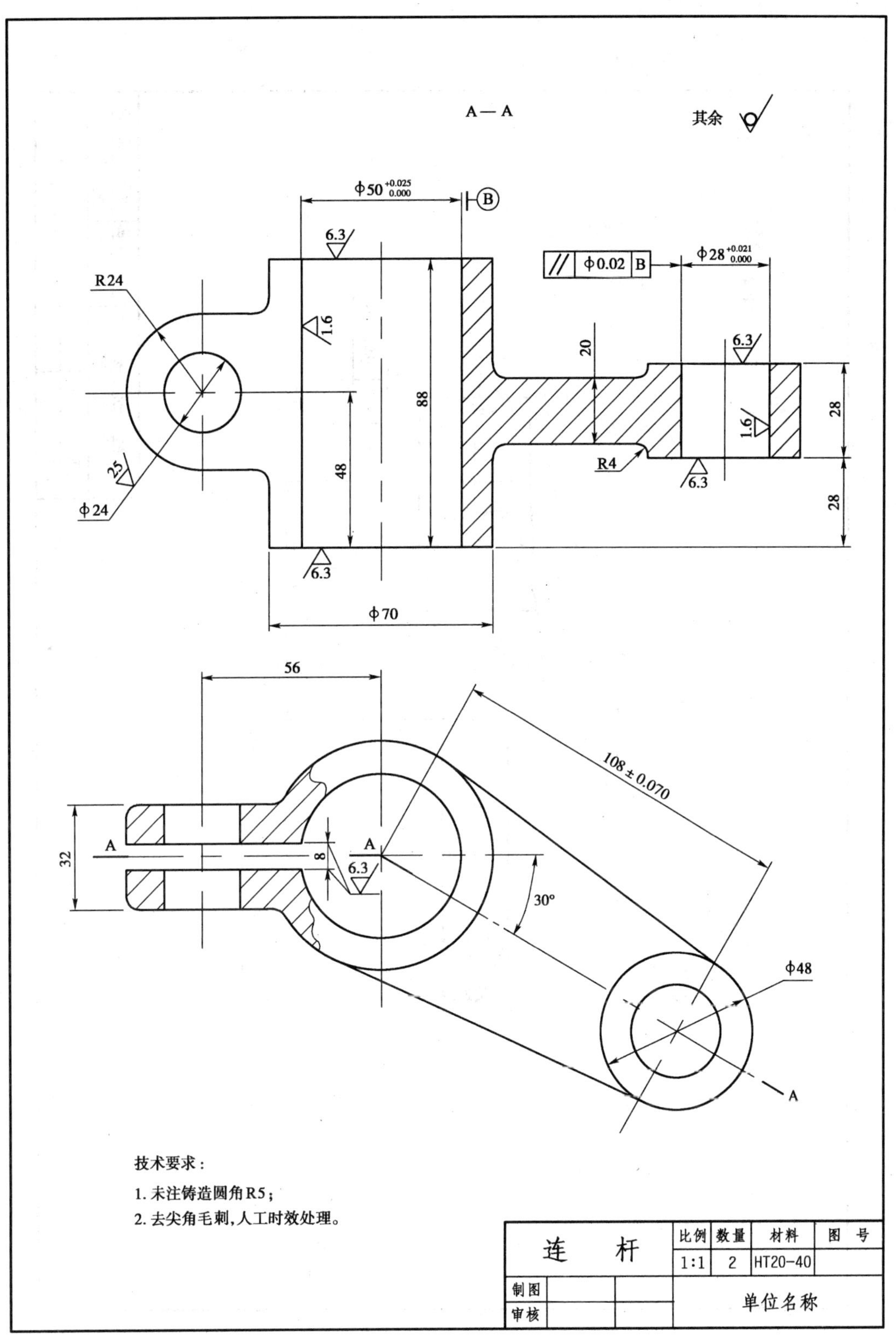

图 15-15

2×12
其余 6.3
1 : 7
Φ15
0.8
Φ25.57
3.2
Φ15
A
0.03
A
14
22
54
118
锥形塞
比例
数量
材料
图号
1:1
1
LY12
制图
审核
单位名称

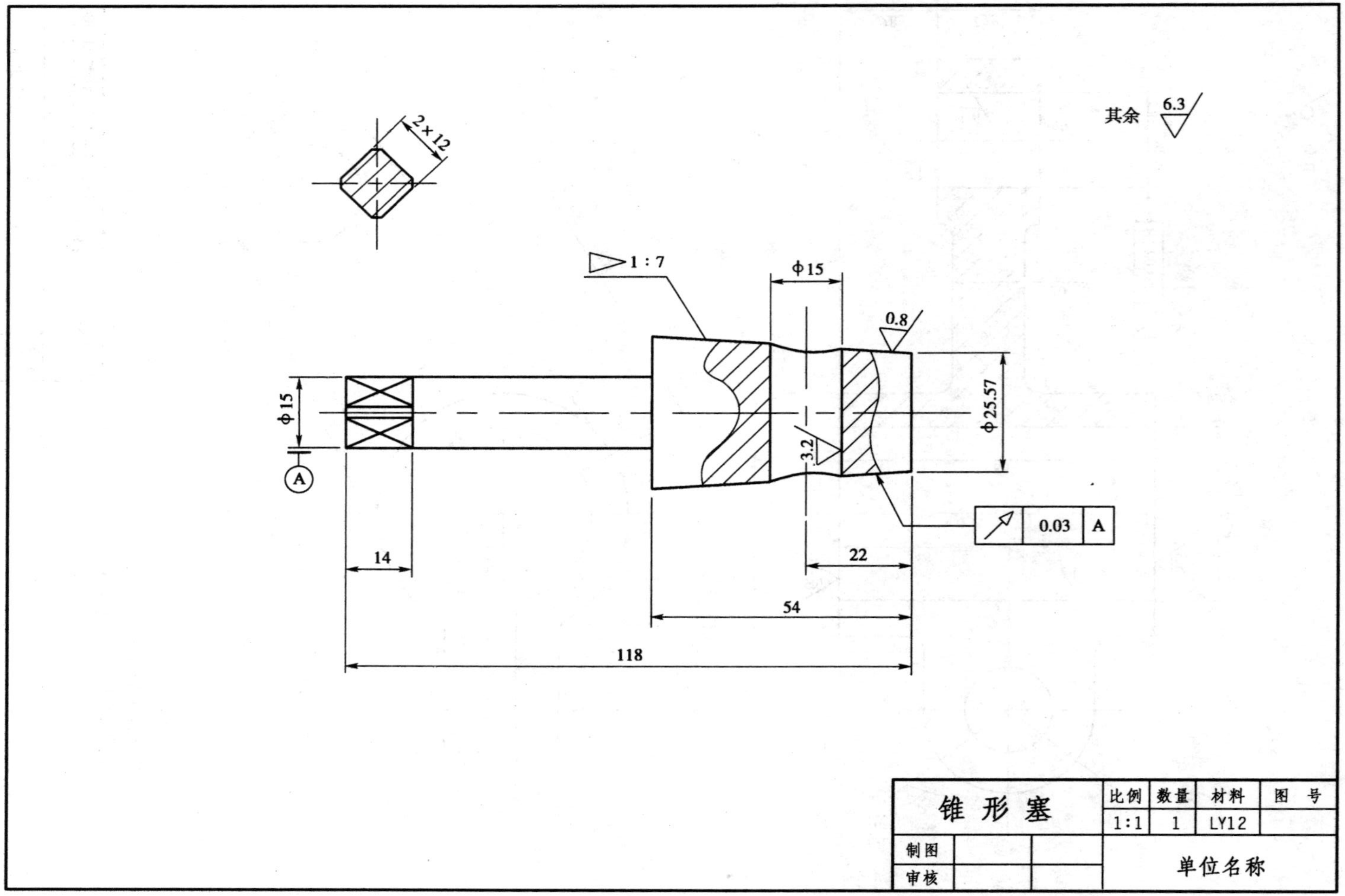

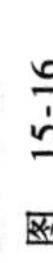

图 15-16

其余 6.3
Φ16
A
8
20
3.2
2
0.016
Φ35 -0.025 -0.087
0.06
A
12.5
2-Φ11
20
40
18
54
76
压 盖
比例
数量
材料
图 号
1:1
1
LY12
制图
审核
单位名称

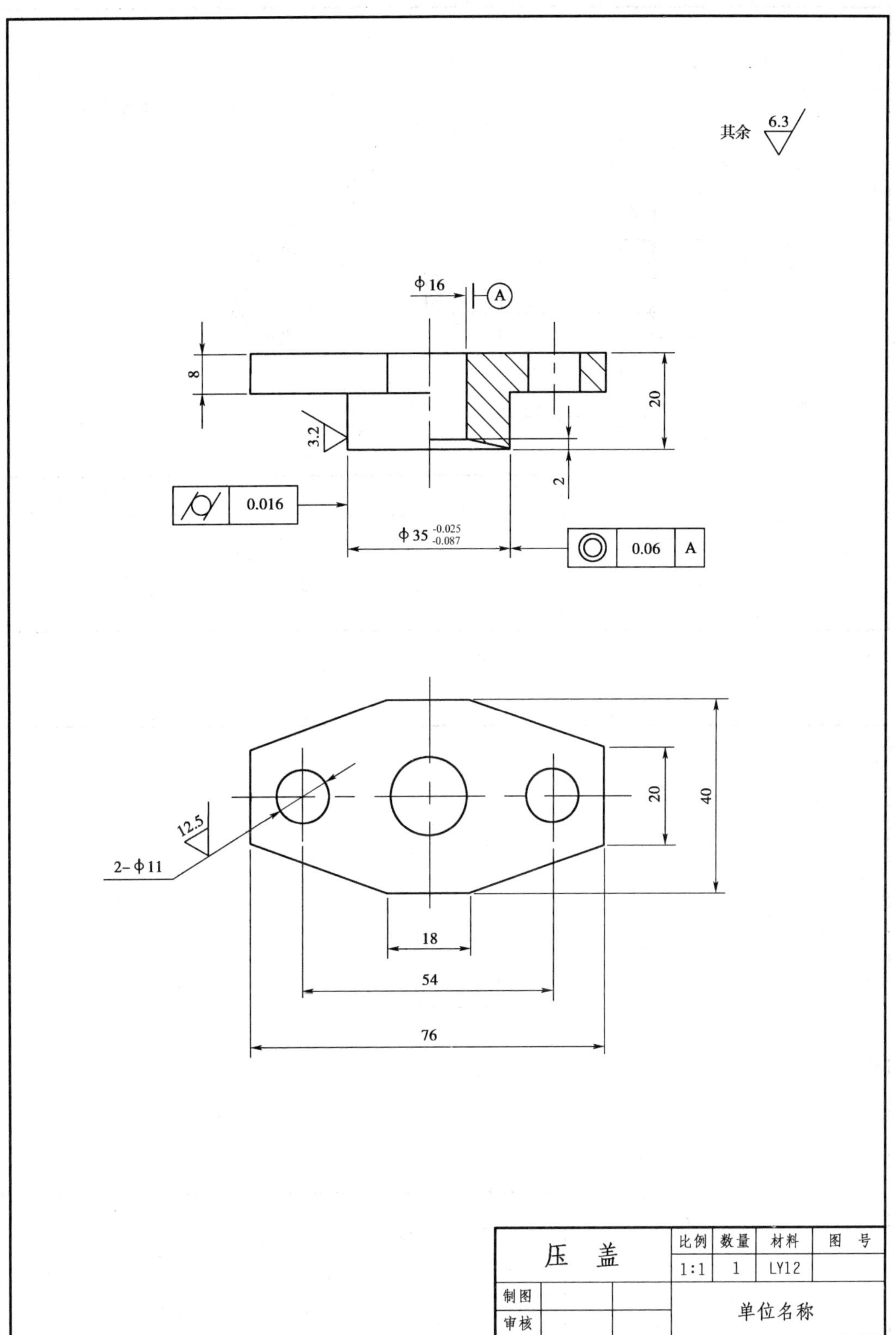

图 15-17

全部 6.3
30°
20
M10
25
32
螺 钉
比例
数量
材料
图 号
1:1
2
LY12
制图
审核
单位名称

图 15-18

全部 6.3
ϕ17
3
ϕ34
垫 圈
比例
数量
材料
图 号
1:1
1
LY12
制图
审核
单位名称

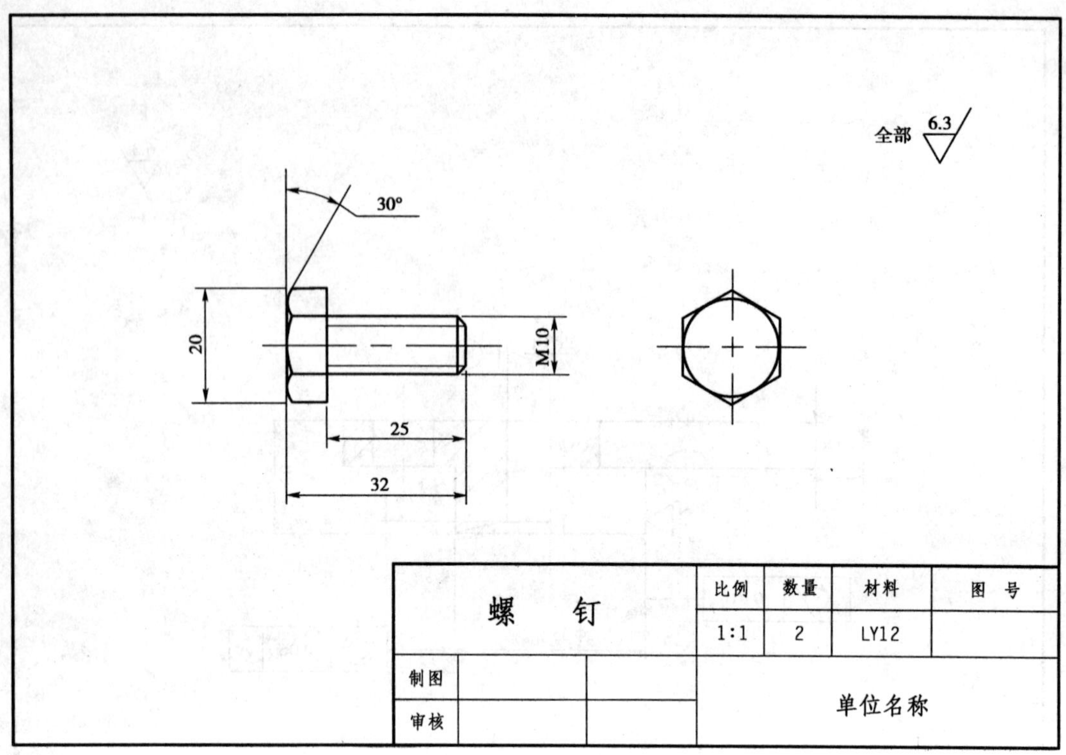

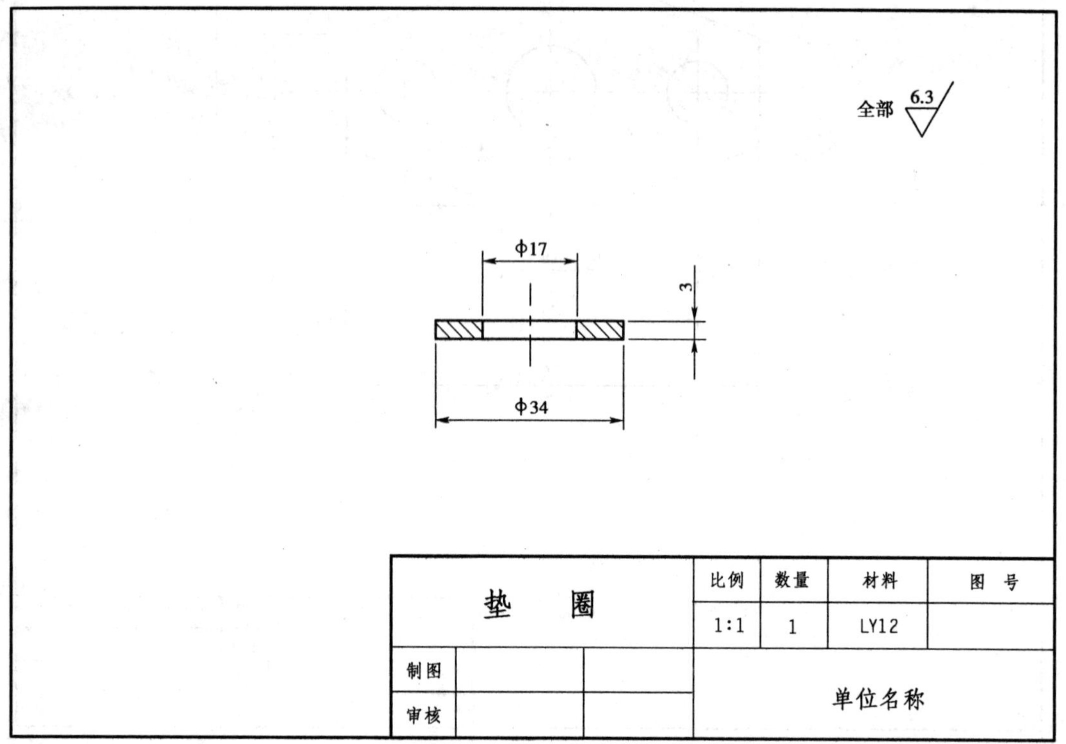

图 15-19

其余 12.5
100
φ35 +0.039 0
21
16
φ32
0.6
G1/2
1:7
φ15
31
50
68
85
5
10
42
1.6
27
45
2-M10
54
阀 体
比例
数量
材料
图 号
1:1
1
LY12
制图
审核
单位名称

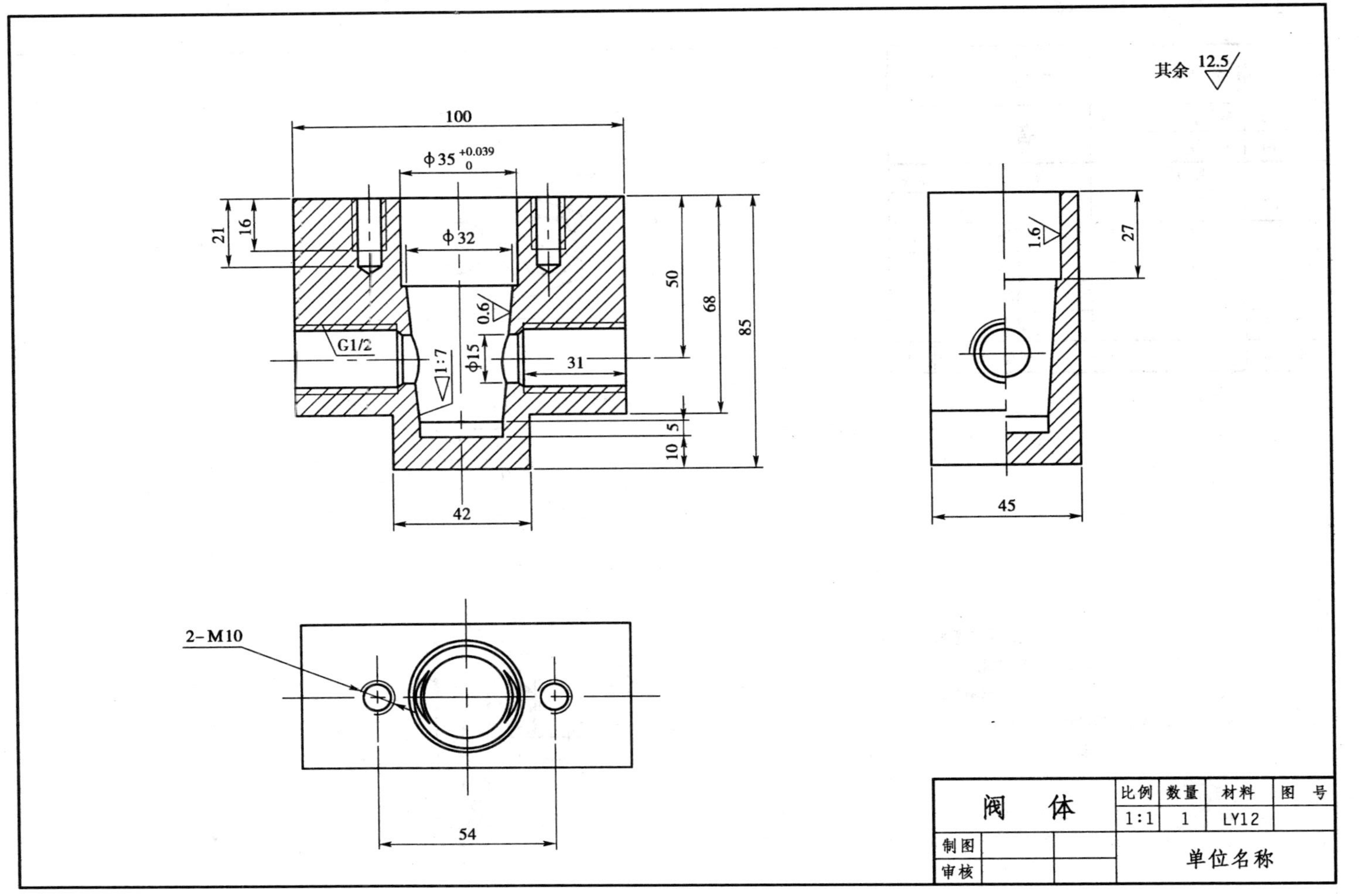

图 15-20

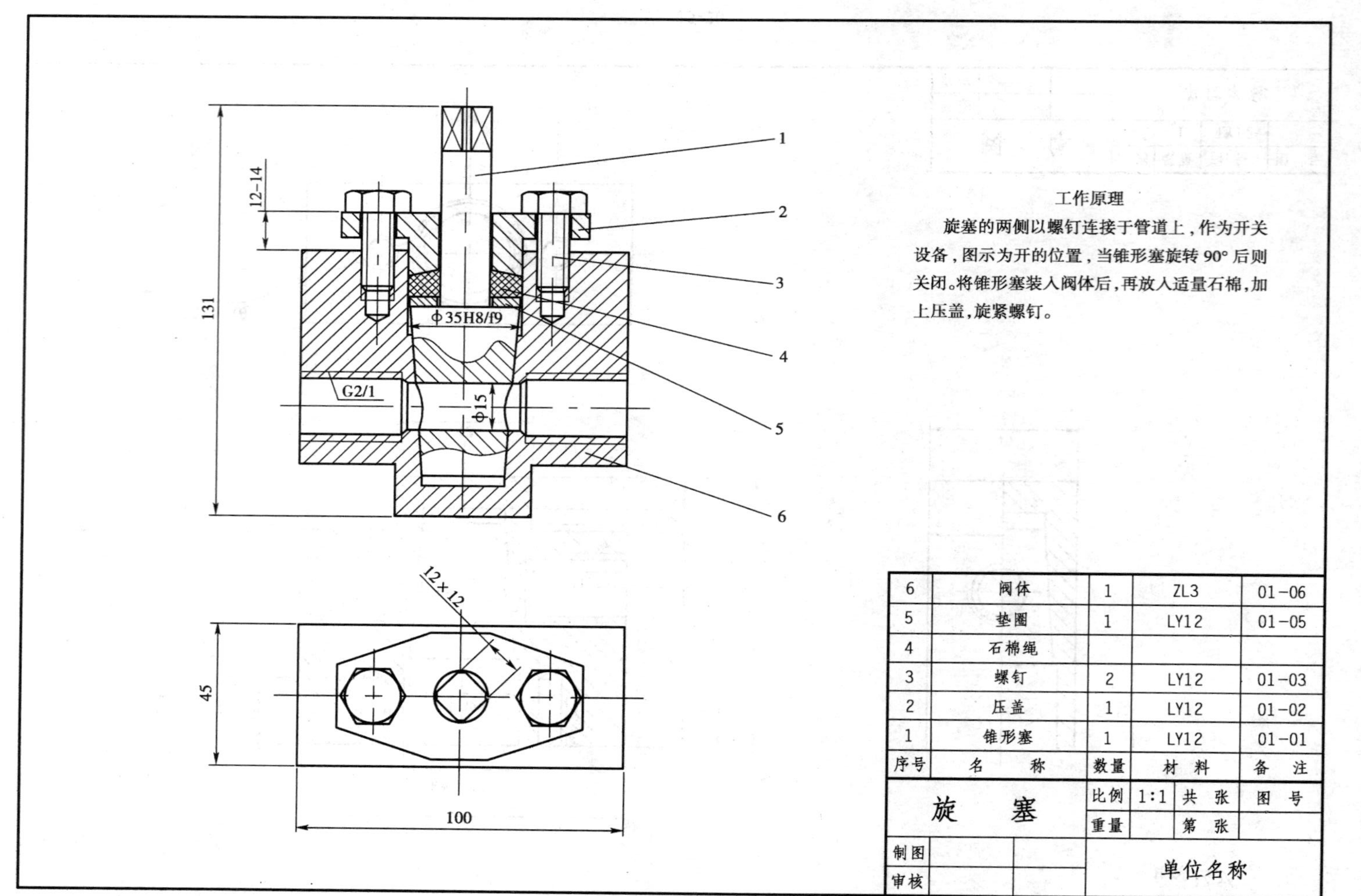

工作原理

旋塞的两侧以螺钉连接于管道上，作为开关设备，图示为开的位置，当锥形塞旋转 90° 后则关闭。将锥形塞装入阀体后，再放入适量石棉，加上压盖，旋紧螺钉。

序号	名称	数量	材料	备注
6	阀体	1	ZL3	01-06
5	垫圈	1	LY12	01-05
4	石棉绳			
3	螺钉	2	LY12	01-03
2	压盖	1	LY12	01-02
1	锥形塞	1	LY12	01-01

旋塞		比例	1:1	共 张	图号
		重量		第 张	
制图			单位名称		
审核					

图 15-21

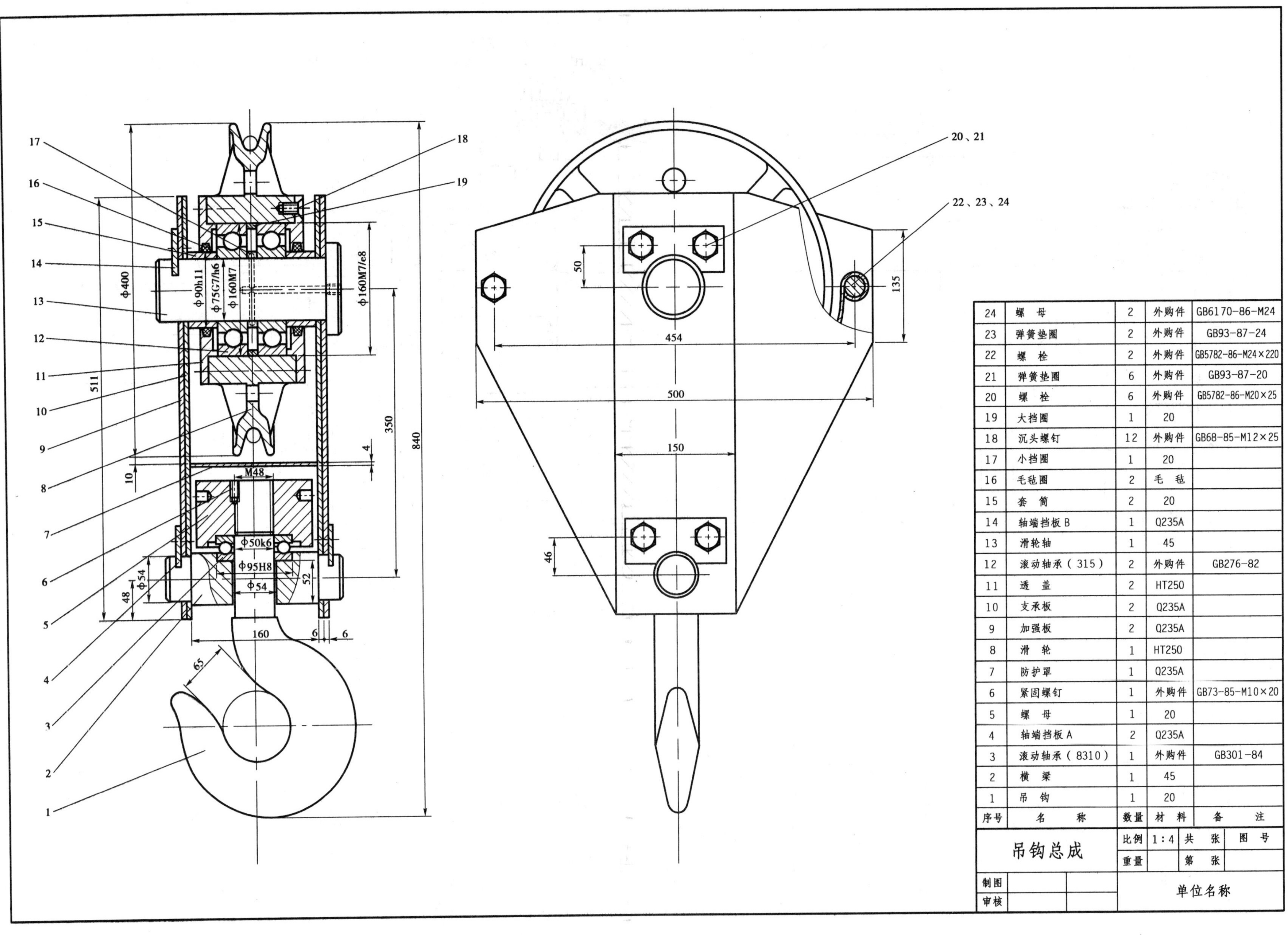

序号	名称	数量	材料	备注
24	螺母	2	外购件	GB6170-86-M24
23	弹簧垫圈	2	外购件	GB93-87-24
22	螺栓	2	外购件	GB5782-86-M24×220
21	弹簧垫圈	6	外购件	GB93-87-20
20	螺栓	6	外购件	GB5782-86-M20×25
19	大挡圈	1	20	
18	沉头螺钉	12	外购件	GB68-85-M12×25
17	小挡圈	1	20	
16	毛毡圈	2	毛毡	
15	套筒	2	20	
14	轴端挡板 B	1	Q235A	
13	滑轮轴	1	45	
12	滚动轴承（315）	2	外购件	GB276-82
11	透盖	2	HT250	
10	支承板	2	Q235A	
9	加强板	2	Q235A	
8	滑轮	1	HT250	
7	防护罩	1	Q235A	
6	紧固螺钉	1	外购件	GB73-85-M10×20
5	螺母	1	20	
4	轴端挡板 A	2	Q235A	
3	滚动轴承（8310）	1	外购件	GB301-84
2	横梁	1	45	
1	吊钩	1	20	

吊钩总成	比例	1:4	共 张	图号
	重量		第 张	
制图			单位名称	
审核				

图 15-25

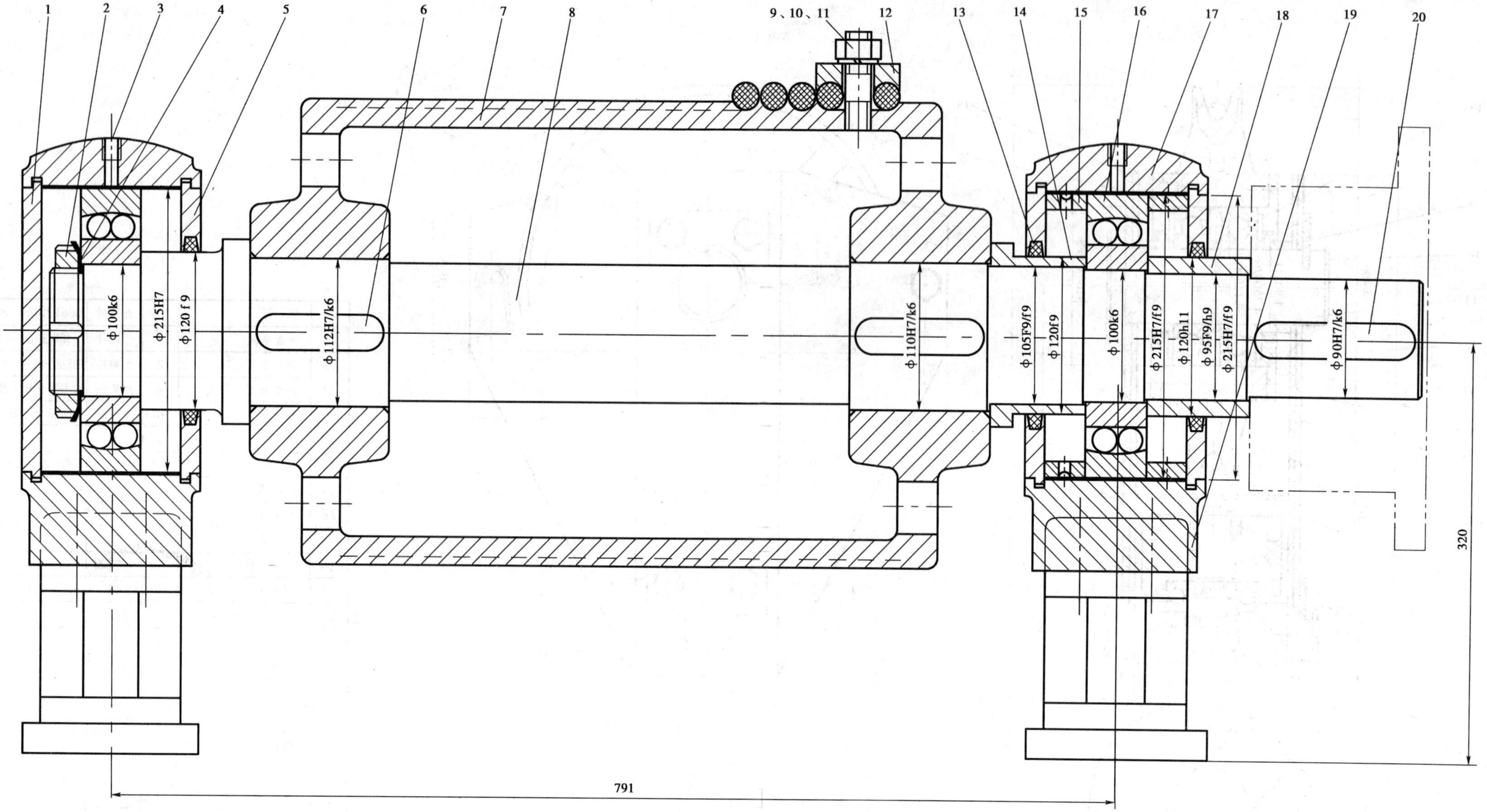

20	键	2	45	25×125 GB1096-79	14	阶梯套筒	1	45		8	卷筒轴	1	45	
19	轴承底座	2	HT250		13	毛毡圈	3	毛毡		7	卷　筒	1	HT250	
18	套　筒	1	45		12	压　板	3	Q235A	Q/DQ150-70压板A	6	键	4	45	28×100 GB1096-79
17	轴承盖	2	HT250		11	螺　母	3	外购件	GB6170-86-M20	5	嵌入透盖	3	Q235A	
16	滚动轴承（1320）	2	外购件	GB281-64	10	弹簧垫圈	3	外购件	GB93-87-20	4	圆螺母用止动垫圈	1	外购件	95 GB858-76
15	挡　圈	2	35		9	双头螺柱	3	外购件	GB898-88-M20	3	油　杯	2	外购件	B-25 GB1154-74
序号	名　称	数量	材　料	备　注	序号	名　称	数量	材　料	备　注	序号	名　称	数量	材　料	备　注

2	圆螺母	1	外购件	M95×2 GB812-76
1	嵌入闷盖	1	HT150	
序号	名　称	数量	材　料	备　注

卷筒总成	比例	1:3	共　张	图　号
	重量		第　张	
制图		单位名称		
审核				

图　15-24

其余 12.5
C—C
技术要求:
1. 调质处理硬度 217-255HBS;
2. 未注明圆角为R2。
卷 筒 轴
比例 1:3
数量 1
材料 45
图号
制图
审核
单位名称

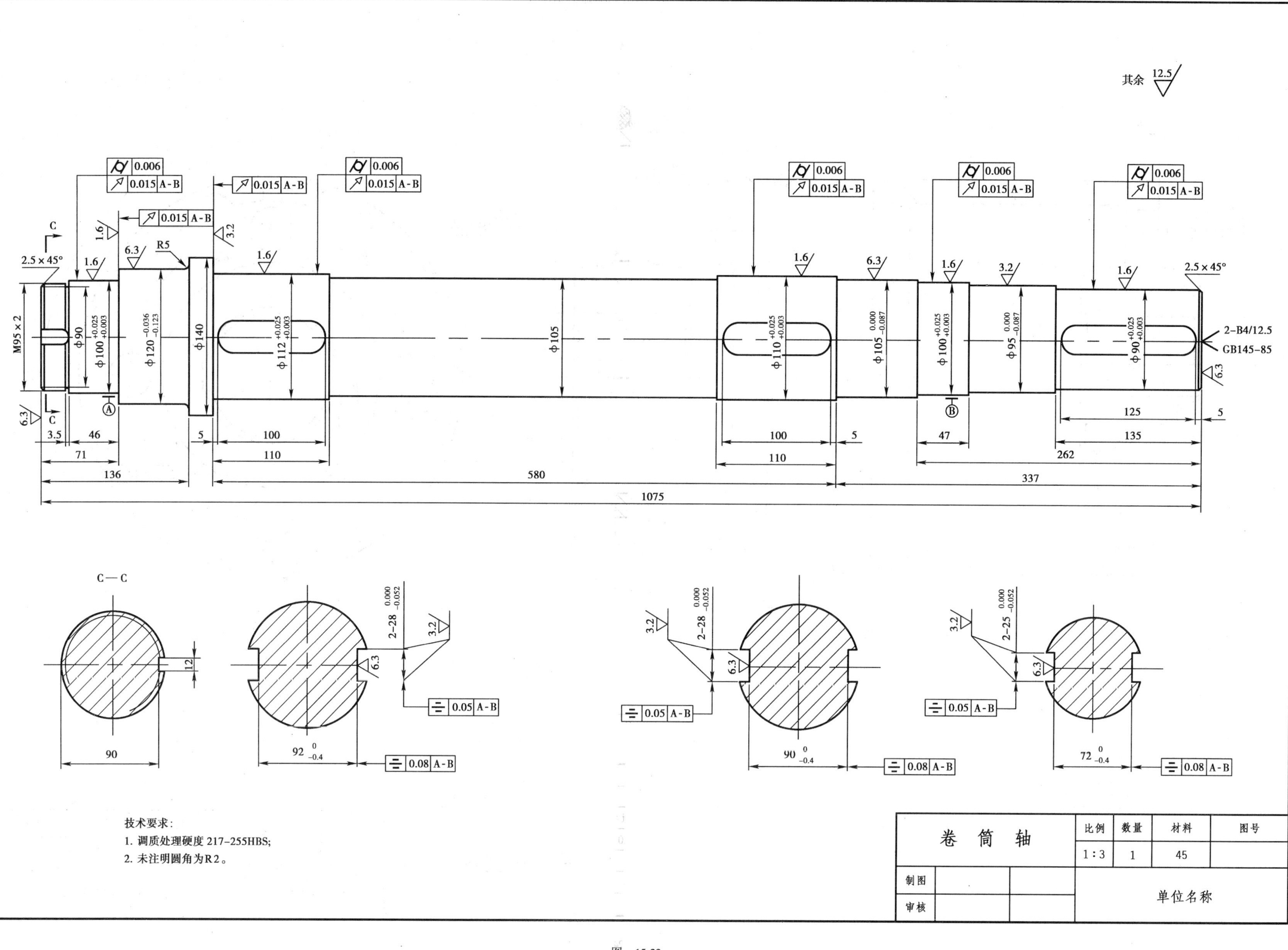

图 15-23

其余
C—C
3M20-7H
60°
60°
4-φ40
均布
2-28±0.026
3.2
0.05 A-B
6.3
124.8 +0.4 0
0.08 A-B
C
C
30
22
33
33
30
R11
R1.5
6.3
6.3
0.01
0.025 A-B
0.01
0.025 A-B
3.2
3.2
φ112 +0.035 0.000
φ110 +0.035 0.000
φ200
φ260
φ310
φ340
φ353
φ260
φ200
110
112
A
B
3.2
3.2
0.3 A-B
40
30
30
500
582
2-28±0.026
3.2
0.05 A-B
6.3
122.8 +0.4 0
0.08 A-B
技术要求:
1. 未注圆角为R8;
2. 未注倒角为2.5×45°;
3. 钢丝绳槽为右旋;
4. 卷筒轮毂φ200处锥度为1∶5。
卷 筒
比例
数量
材料
图号
1∶3
1
HT250
制图
审核
单位名称

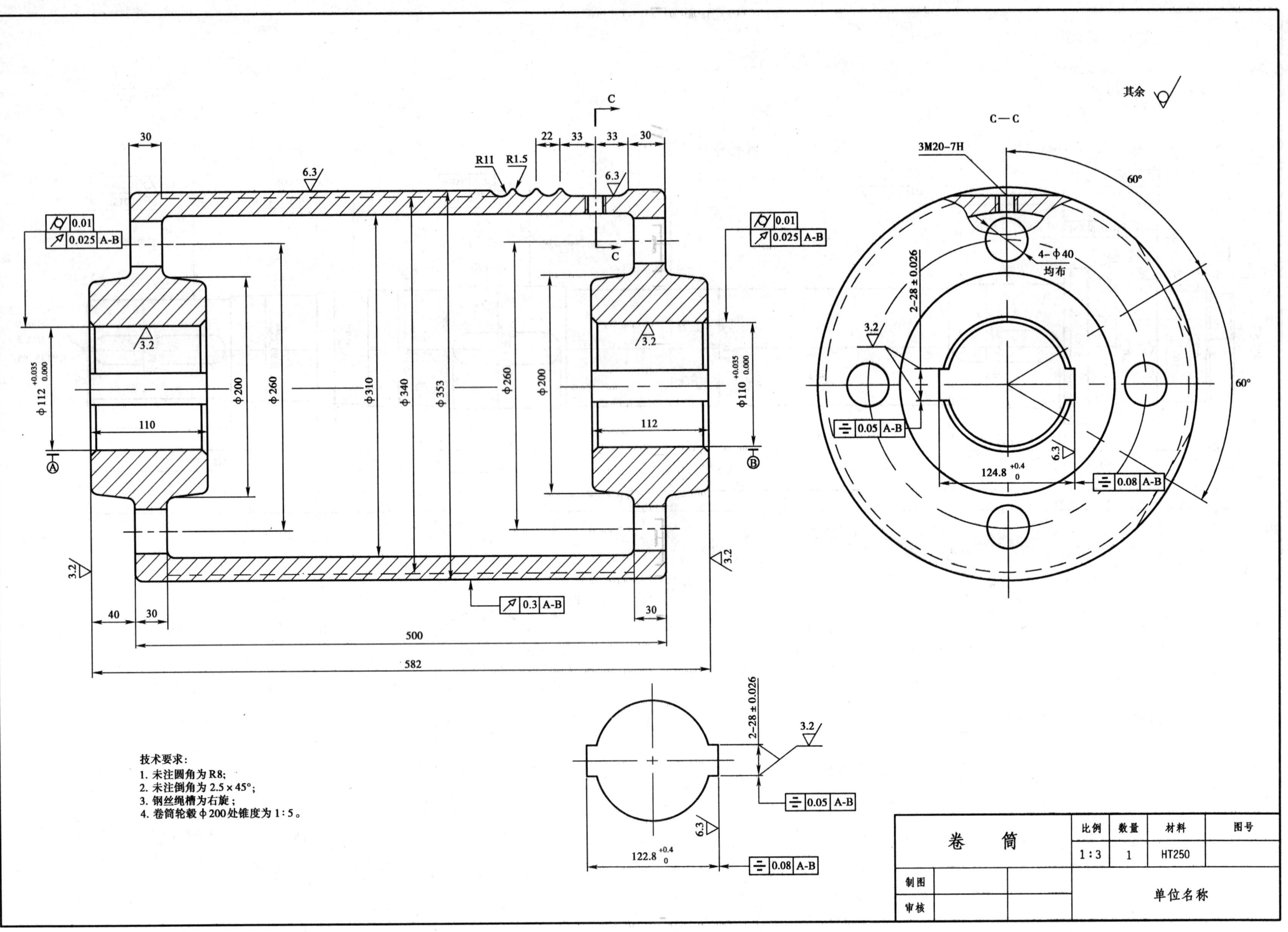

图 15-22